Compendium des indicateurs agro-environnementaux de l'OCDE

OCDE
DES POLITIQUES MEILLEURES
POUR UNE VIE MEILLEURE

Cet ouvrage est publié sous la responsabilité du Secrétaire général de l'OCDE. Les opinions et les interprétations exprimées ne reflètent pas nécessairement les vues de l'OCDE ou des gouvernements de ses pays membres.

Ce document et toute carte qu'il peut comprendre sont sans préjudice du statut de tout territoire, de la souveraineté s'exerçant sur ce dernier, du tracé des frontières et limites internationales, et du nom de tout territoire, ville ou région.

Merci de citer cet ouvrage comme suit :
OCDE (2014), *Compendium des indicateurs agro-environnementaux de l'OCDE*, Éditions OCDE.
http://dx.doi.org/10.1787/9789264181243-fr

ISBN 978-92-64-03949-0 (imprimé)
ISBN 978-92-64-18124-3 (PDF)

Crédit photo : Couverture © Shutterstock/Eky Studio.

Les corrigenda des publications de l'OCDE sont disponibles sur : *www.oecd.org/about/publishing/corrigenda.htm*.

Avant-propos

Le Compendium des indicateurs agro-environnementaux de l'OCDE *fournit l'ensemble d'indicateurs agro-environnementaux le plus récent et le plus complet concernant les 34 pays membres de l'OCDE sur la période 1990-2010. Il s'appuie sur les travaux conduits pendant vingt ans par l'OCDE dans ce domaine (voir www.oecd.org/fr/tad/agriculture-durable/indicateurs-agro-environnementaux.htm). Ces indicateurs ont pour objet de décrire l'état actuel de l'environnement dans l'agriculture et sa tendance ; de mettre en évidence les lieux où des situations critiques sont en train d'apparaître ; de comparer l'évolution des performances entre périodes et entre pays ; et de fournir un ensemble d'indicateurs et une base de données pour suivre et évaluer l'action publique, projeter les tendances futures et concevoir des indicateurs de croissance verte.*

Le rapport reconnaît les problèmes difficiles impliqués par la mise au point d'un ensemble de données agro-environnementales comparatives. Dans la plupart des pays, la collecte de ces données n'a commencé qu'au début des années 90. Les méthodologies pour mesurer les performances de l'agriculture en matière d'environnement ne sont pas bien établies dans tous les cas. Les moyennes nationales masquent souvent des écarts importants qui reflètent des valeurs spécifiques au site local. Beaucoup de données sont potentiellement intéressantes mais on entreprend ici, bien que de façon partielle, de se concentrer sur celles qui sont utiles pour les responsables de l'élaboration des politiques.

Mais, même avec ces mises en garde, le rapport fournit une profusion de données et d'informations pour les responsables de l'élaboration des politiques, les chercheurs et l'ensemble des acteurs intéressés qui souhaitent connaître, explorer et analyser les répercussions de l'agriculture sur l'environnement, que ce soit au moyen d'essais de modélisation ou simplement en regardant les séries de donnés temporelles ou les données sur les différents pays. De plus, le projet s'est évertué à mettre au point des méthodologies de mesure largement reconnues qui peuvent être utilisées aussi bien au niveau national, local ou de l'exploitation agricole.

Le projet a été réalisé sous les auspices du Groupe de travail mixte de l'OCDE sur l'agriculture et l'environnement, du Comité de l'agriculture et du Comité des politiques de l'environnement. Le Groupe de travail mixte a approuvé le rapport en vue de sa publication en janvier 2013.

Le Secrétariat de l'OCDE souhaite remercier les pays membres qui ont contribué à la préparation de ce rapport, en particulier en fournissant des commentaires d'experts sur le texte ainsi que des données pour l'étude. Le Secrétariat de l'OCDE souhaite également remercier Eurostat pour l'information fournie de diverses façons, en particulier Johan Selenius et Anne Miek Kremer, de même que le Conseil européen pour le recensement des oiseaux (European Bird Census Council), et les Secrétariats de la Commission économique des Nations Unies pour l'Europe, du Programme des Nations Unies pour l'Environnement et de la Convention-cadre des Nations Unies sur les changements climatiques.

Les principaux auteurs de ce rapport sont Julien Hardelin et Kevin Parris, tous les deux économistes dans la Division de l'environnement de la Direction des échanges et de l'agriculture (Kevin Parris a maintenant pris sa retraite et a quitté l'OCDE), sous la direction de Dale Andrew.

Au sein du Secrétariat, de nombreux collègues de la Direction des échanges et de l'agriculture et de la Direction de l'environnement ont contribué au rapport, en particulier, Françoise Bénicourt, Eric Espinasse, Frano Ilicic, Jussi Lankoski, Theresa Poincet, Véronique de Saint-Martin, Noura Takrouri-Jolly et Tetsuya Uetake. Une aide précieuse a également été fournie par le Service de traduction de l'OCDE et par la Direction des relations extérieures et de la communication, ainsi que par un certain nombre d'anciens collègues de l'OCDE, notamment Wilfrid Legg et Evelyne Misak.

Table des matières

Tableaux

Graphiques

Résumé

Encourageante, la performance environnementale de l'agriculture au cours des dernières années semble indiquer que le secteur est capable de faire face aux défis environnementaux de l'avenir (graphique 0.1). Les données sur les pays de l'OCDE montrent qu'entre 1990 et 2010, des progrès ont été faits dans la gestion des éléments nutritifs, des pesticides, de l'énergie et de l'eau, et que la consommation de ces intrants par unité de volume produite a baissé. L'amélioration de la performance environnementale est aussi due à l'adoption, par un nombre croissant d'agriculteurs, de pratiques bénéfiques pour l'environnement, telles que façons culturales antiérosives, perfectionnement du stockage des effluents d'élevage, mesure de la teneur des sols en éléments nutritifs et irrigation au goutte à goutte.

Graphique 0.1. **Principaux indicateurs agro-environnementaux, moyenne de la zone de l'OCDE : 1990-2010**

Taux de croissance annuel en % pour les périodes 1990-92 à 1998-2000 et 1998-2000 à 2008-10

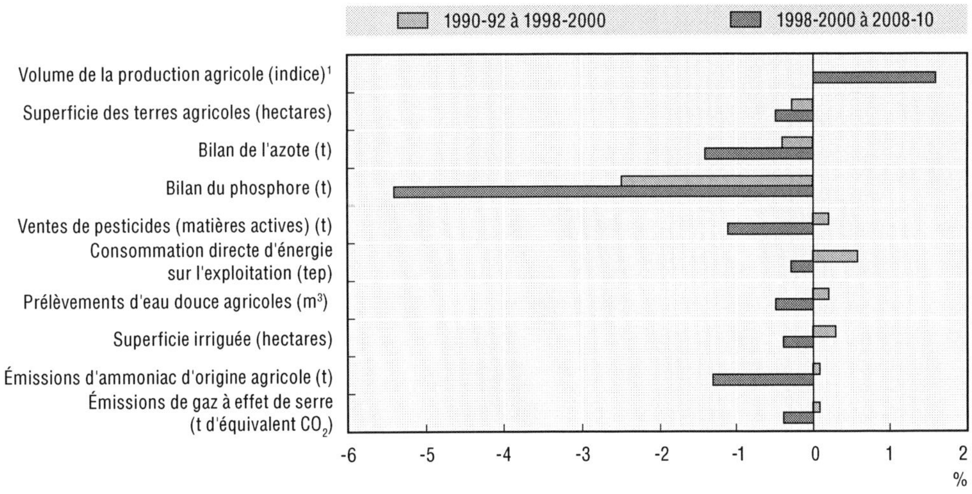

Notes : t : tonnes ; tep : tonnes d'équivalent pétrole ; m^3 : mètres cubes ; CO_2 : dioxyde de carbone.

La moyenne de la zone de l'OCDE, en ce qui concerne les indicateurs répertoriés ici, est la moyenne des 34 pays membres, sauf : (le chiffre entre parenthèses indique le nombre de pays pris en compte dans le calcul de la moyenne) : bilans de l'azote et du phosphore (31) ; ventes de pesticides (29) ; consommation d'énergie sur l'exploitation (32) ; prélèvements d'eau douce (24) ; superficie irriguée (21) ; et émissions d'ammoniac (26).

1. Pour des raisons techniques, le taux de croissance annuel moyen du volume de la production agricole de la zone de l'OCDE n'est pas calculé pour la période 1990-92 à 1998-2000.

StatLink http://dx.doi.org/10.1787/888932992154

L'agriculture joue un rôle notable sur l'environnement (tableau 1.1), eu égard au poids plus limité qu'elle occupe dans l'économie en général (en proportion de l'emploi total et du PIB, par exemple), notamment en ce qui concerne l'utilisation des terres et de l'eau. Il est admis qu'elle engendre des externalités environnementales positives (fixation du carbone, entre autres), mais aussi négatives (pollution de l'eau, notamment) qui, faute de marchés, ne sont pas prises en compte dans le calcul du PIB agricole. La valeur des externalités positives et négatives imputables à l'agriculture est probablement élevée, mais il n'existe pas, actuellement, d'évaluation monétaire globale de ces coûts et avantages.

Les signes positifs de progrès dans le domaine de l'environnement proviennent en partie de l'amélioration, depuis le début des années 90, de la prise en considération des problèmes environnementaux dans les décisions des agriculteurs. Cette évolution fait suite au durcissement de la réglementation sur la protection de l'environnement, à l'augmentation des paiements agro-environnementaux et au développement, entre autres, des instruments de marché, de l'action collective, de l'assistance technique et de la recherche. Par ailleurs, dans la plupart des pays de l'OCDE, la croissance de la production agricole a été moins rapide au cours de la décennie écoulée que dans les années 90. La progression de la consommation d'intrants agricoles (éléments nutritifs, pesticides, énergie et eau) a donc ralenti elle aussi dans la plupart des cas, de même que celle des émissions du bétail (ammoniac, méthane), ce qui a amélioré la qualité de l'environnement.

Les paiements totaux financés par les contribuables des pays de l'OCDE au bénéfice de leurs producteurs agricoles pour qu'ils accroissent les effets positifs de leurs activités sur l'environnement et en diminuent les effets négatifs ont sensiblement augmenté depuis le début des années 90 et s'élèvent désormais à plusieurs milliards de dollars par an, encore qu'il n'en existe pas d'estimation précise. Il reste difficile de dire dans quelle mesure ces paiements budgétaires ont influencé la performance environnementale de l'agriculture des pays de l'OCDE ces vingt dernières années. En effet, ils ne sont que l'un des facteurs qui retentissent sur l'évolution de l'environnement, les évolutions dans les autres domaines de l'action publique, l'économie, les marchés, les connaissances, les attentes de la société, la technique et le milieu naturel ayant toutes une incidence sur l'effet de l'agriculture sur l'environnement.

Dans certaines régions des pays de l'OCDE, l'amélioration de la performance environnementale de l'agriculture est décevante. Des efforts supplémentaires s'y imposent pour que les agriculteurs, les responsables de l'action publique et la filière agroalimentaire s'attaquent à la pollution de l'eau et au recul des populations d'oiseaux nicheurs des milieux agricoles. Le niveau de la pollution en termes absolus reste un problème lui aussi, car dans beaucoup de régions des pays de l'OCDE, elle continue de porter gravement atteinte à l'environnement. Ainsi, les excédents conséquents d'azote et de phosphore polluent les sols, l'eau et l'air, et les excédents de pesticides dégradent la qualité des eaux souterraines.

D'après les perspectives agricoles de l'OCDE et de la FAO, la production agricole devrait augmenter dans presque tous les pays de l'OCDE d'ici 2021. En cas de *statu quo*, cette hausse pourrait accentuer les pressions exercées sur l'environnement. Les pouvoirs publics doivent donc résoudre simultanément deux problèmes épineux, à savoir stimuler la production pour assurer la sécurité alimentaire mondiale, d'une part, et réduire les effets négatifs de l'agriculture sur l'environnement et favoriser ses effets positifs, d'autre part.

Pour atteindre le double objectif qui consiste à assurer la sécurité alimentaire mondiale et à améliorer la performance environnementale, il faut : accroître la productivité environnementale et des ressources de l'agriculture ; perfectionner les pratiques de gestion des sols ; réduire au minimum les rejets polluants ; diminuer les dommages causés à la biodiversité ; et renforcer les mesures qui évitent le recours aux subventions à la production et aux intrants préjudiciables à l'environnement.

PARTIE I

Contexte et portée du rapport

Chapitre 1

Vue d'ensemble

Ce chapitre présente les objectifs, la portée et la structure du rapport. Il examine la couverture et la méthodologie relatives aux données sur lesquelles se fondent les indicateurs agro-environnementaux de l'OCDE, les principaux avertissements et limites qui s'appliquent aux indicateurs, et une évaluation des indicateurs au regard des quatre critères de l'OCDE de pertinence politique, de justesse d'analyse, de mesurabilité et de facilité d'interprétation. Le chapitre fournit également un résumé des principales tendances des performances environnementales de l'agriculture dans la zone de l'OCDE depuis 1990.

Le **Compendium des indicateurs agro-environnementaux de l'OCDE** fournit l'ensemble d'indicateurs agro-environnementaux le plus récent et le plus complet concernant les 34 pays membres de l'OCDE sur la période 1990-2010. Il s'appuie sur les travaux conduits pendant plus de vingt ans par l'OCDE dans ce domaine (voir *www.oecd.org/fr/tad/agriculture-durable/indicateurs-agro-environnementaux.htm*). Ces indicateurs ont pour objet de décrire l'état actuel de l'environnement dans l'agriculture et sa tendance ; de mettre en évidence les lieux où des situations critiques sont en train d'apparaître ; de comparer l'évolution des performances entre périodes et entre pays ; de fournir un ensemble d'indicateurs et une base de données pour suivre et évaluer l'action publique, projeter les tendances futures et concevoir des indicateurs de croissance verte.

Le suivi agro-environnemental s'améliore dans la plupart des pays, mais des lacunes demeurent dans la couverture et la qualité des indicateurs présentés ici. Les informations sur les pesticides en fournissent une illustration : dans la plupart des pays, les données concernent uniquement les ventes et non l'utilisation réelle sur les exploitations ; la distinction entre les usages agricoles et les autres (dans les jardins d'agrément, par exemple) est rarement opérée ; et les indicateurs révélant les conséquences des pesticides utilisés en agriculture sur la santé humaine, la qualité de l'eau et la faune et la flore sauvages font défaut dans la majorité des pays membres de l'OCDE. En l'absence d'informations suffisantes pour suivre la performance environnementale de l'agriculture, il est difficile d'évaluer l'efficience et l'efficacité des mesures conçues pour développer les avantages environnementaux et limiter les dommages.

À la lecture du rapport, il importe de tenir compte d'un certain nombre d'avertissements et limites concernant l'évaluation des indicateurs agro-environnementaux au fil du temps et leur comparaison entre pays.

- *Les définitions et les méthodologies utilisées pour calculer les indicateurs* sont uniformisées dans la plupart des cas mais pas dans tous ; les indicateurs de l'érosion des sols et de la qualité de l'eau, en particulier, ne sont pas totalement normalisés.
- *Les connaissances scientifiques sur les relations biophysiques et leurs interactions avec les activités agricoles sont modestes dans plusieurs domaines,* par exemple en ce qui concerne le cheminement des polluants jusque dans les eaux souterraines et leur importance.
- *La disponibilité, la qualité et la comparabilité des données* sont, dans toute la mesure du possible, totales, cohérentes et harmonisées pour les différents indicateurs, mais des lacunes et des déficits de données subsistent.
- *Du point de vue spatial,* les indicateurs sont établis à l'échelon national, mais pour beaucoup d'entre eux (bilans des éléments nutritifs, érosion des sols, qualité de l'eau, entre autres), cela peut masquer des variations notables à l'échelle régionale.
- Dans de nombreux domaines, si l'on souhaite effectuer des comparaisons internationales, il vaut mieux se référer à *l'évolution des indicateurs* qu'à leur niveau absolu, d'autant que les conditions locales peuvent varier considérablement.

- *La contribution de l'agriculture à certains effets sur l'environnement peut être difficile à isoler,* notamment lorsque les incidences d'autres activités sont importantes (contribution de l'industrie à la pollution de l'eau, par exemple).
- Dans la plupart des cas, *l'amélioration ou la détérioration de l'environnement* est clairement mise en évidence par la direction dans laquelle évoluent les indicateurs, mais dans quelques-uns, les variations peuvent être ambigües (modifications de la couverture des sols, par exemple).
- De manière générale, *les références, seuils ou objectifs* ne sont pas utilisés pour évaluer l'évolution des indicateurs dans le présent rapport, car ils peuvent varier d'un pays à l'autre en raison de situations nationales différentes.

Ces avertissements et limites doivent être compris au sens large. Bien souvent, ils s'appliquent aussi aux autres indicateurs socioéconomiques auxquels se réfèrent régulièrement les responsables de l'action publique. Ainsi, les moyennes nationales de certains indicateurs socioéconomiques peuvent masquer des variations régionales très sensibles (chômage, revenu familial moyen, entre autres), et les problèmes méthodologiques sont monnaie courante, de même que les lacunes dans les données (sur la distribution de la richesse, par exemple). Par ailleurs, si l'on fait la comparaison avec les indicateurs économiques tels que le PIB, les travaux visant à établir des indicateurs agro-environnementaux sont relativement récents. Mesurer les liens de causalité entre le milieu physique et les activités humaines est au demeurant difficile, du fait que les marchés ne fixent pas de valeur (monétaire) à de nombreux effets sur l'environnement et que ces derniers sont souvent mesurés au moyen d'unités physiques différentes (tonnes, équivalents CO_2, potentiel d'appauvrissement de la couche d'ozone, etc.).

1.1. Performances agro-environnementales par domaines

Production et terres

La relation entre les variations de la production agricole en volume et la superficie des terres agricoles peut donner une indication de la performance environnementale de l'agriculture. L'augmentation de la production et des superficies utilisées se traduit souvent par une pression plus forte sur l'environnement, de même que l'intensification de la production sur des superficies en diminution. Néanmoins, la pression exercée est fonction des pratiques agricoles et elle peut être réduite, par exemple, par une utilisation plus efficiente des ressources.

Dans la zone de l'OCDE, la croissance en volume de la production agricole a été moins rapide au cours de la décennie 2000-10 que dans les années 90 (graphique 0.1). Tandis que ***la superficie agricole totale n'a pas cessé de baisser dans les pays de l'OCDE*** depuis les années 90 (graphique 0.1), la production agricole s'est intensifiée moyennant l'amélioration des rendements des cultures et l'accroissement du chargement en bétail. La hausse de la production a été plus rapide dans les grands pays agricoles de l'OCDE exportateurs (**Australie, Canada, Chili**, **États-Unis, Israël, Nouvelle-Zélande** et **Turquie**), que dans les pays européens de l'OCDE (à l'exception notable de l'**Espagne**) et au **Japon**. La pression exercée sur l'environnement s'est souvent accentuée là où l'augmentation de la production a été rapide, principalement sous l'effet de la consommation d'intrants en plus grandes quantités (engrais, pesticides et eau, par exemple) et de l'intensification des activités d'élevage.

Dans les pays de l'OCDE, la superficie des terres agricoles n'a cessé de reculer entre 1990 et 2010 (graphique 0.1). Toutefois, malgré une tendance générale à la soustraction de terres aux activités agricoles, l'agriculture reste le principal usage auquel sont affectées les terres dans de nombreux pays, les surfaces agricoles représentant plus de 40 % de la superficie totale des terres dans les deux tiers des pays de l'OCDE en 2008-10 (tableau 1.1). La superficie des terres agricoles a augmenté dans seulement six pays de l'OCDE entre 2000 et 2010. Il s'agit essentiellement de pays dans lesquels le secteur agricole a connu une croissance rapide (Canada et Chili par exemple) ou de pays où l'amélioration de la déclaration des terres exploitées tient en partie aux perfectionnements apportés aux systèmes d'enregistrement pour satisfaire aux exigences de certains dispositifs de paiements agro-environnementaux et, plus généralement, des politiques de soutien agricole surtout dans les pays de l'UE (comme la Finlande, le Luxembourg et la Suède).

Tableau 1.1. **Le secteur agricole primaire dans l'économie et l'environnement, pays de l'OCDE, 2008-10**

Place du secteur agricole primaire des pays de l'OCDE dans le total, en pourcentage :	Moyenne des pays de l'OCDE	Intervalle : minimum à maximum
● PIB	2.6 %	0.3 à 9.2 %
● Superficie des terres	36 %	3 à 72 %
● Superficie en agriculture biologique certifiée, en pourcentage de la superficie agricole totale	1.9 %	0.01 à 15.6 %
● Bilans des éléments nutritifs (excédents et déficits) :		
Azote, kg par hectare de terres agricoles	63 kg/ha	1 à 228 kg/ha
Phosphore, kg par hectare de terres agricoles	6 kg/ha	–10 à 49 kg/ha
● Ventes de pesticides	70 %	65 à 80 %
● Consommation d'énergie	1.6 %	0.4 à 6.3 %
● Prélèvements d'eau	44 %	0.2 à 89 %
● Proportion des superficies irriguées dans la superficie agricole totale	4 %	0.4 à 54 %
❖ Polluants de l'eau, *dont :*		
Nitrates dans les eaux de surface	..	33 à 82 %
Nitrates dans les eaux souterraines[1]	..	1 à 34 %
Nitrates dans les eaux côtières	..	35 à 78 %
Phosphore dans les eaux de surface	..	17 à 70 %
Phosphore dans les eaux côtières	..	23 à 50 %
Pesticides dans les eaux de surface[1]	..	0 à 75 %
Pesticides dans les eaux souterraines[1]	..	0 à 25 %
● Émissions d'ammoniac	91 %	82 à 98 %
● Émissions de gaz à effet de serre, *dont :*	8 %	2 à 46 %
Hémioxyde d'azote	75 %	..
Méthane	38 %	..
● Part de l'utilisation de bromure de méthyle des pays de l'OCDE dans le total mondial :		
Produits appauvrissant la couche d'ozone	5 %	..
Utilisation de bromure de méthyle	46 %	..

.. : Non disponible.

Note : Il convient d'interpréter les valeurs indiquées dans ce tableau comme étant approximatives plutôt que des valeurs exactes, et, pour certains indicateurs, elles comprennent la sylviculture et la pêche. Pour l'intégralité des notes et des sources, consulter le site Internet indiqué ci-dessous.

1. Proportion des sites de surveillance où les valeurs limites recommandées dans l'eau potable sont dépassées.

Source : Base de données des indicateurs agro-environnementaux de l'OCDE, www.oecd.org/fr/tad/agriculture-durable/indicateurs-agro-environnementaux.htm.

StatLink http://dx.doi.org/10.1787/888932993218

La proportion de terres agricoles exploitées en agriculture biologique certifiée reste très faible dans les pays de l'OCDE, puisqu'elle est en moyenne inférieure à 2 % en 2008-10 (tableau 1.1). Ce chiffre dissimule cependant des disparités prononcées entre les pays, cette proportion étant généralement supérieure à la moyenne dans les pays de l'**UE** principalement, et inférieure dans la plupart des pays non membres de l'UE. Ces écarts tiennent dans une certaine mesure aux différences entre les politiques publiques en vigueur, les agriculteurs de l'UE pouvant par exemple prétendre à des aides au titre de la conversion à la gestion biologique, contrairement à ceux d'autres pays comme l'**Australie**, le **Canada**, le **Chili**, **Israël** et la **Nouvelle-Zélande**. Ils correspondent aussi à la croissance variable de l'agriculture biologique entre 2002 et 2010, qui a été plus rapide dans les pays européens de l'OCDE essentiellement (comme l'**Autriche**, l'**Estonie**, la **République slovaque**, la **République tchèque** et la **Suède**), et plus lente dans les pays non européens de l'OCDE (comme le **Japon** et le **Mexique**).

Les systèmes d'agriculture biologique font généralement appel à des pratiques qui préservent ou améliorent l'état physique, chimique et biologique du sol par rapport à d'autres systèmes agricoles. Ces pratiques peuvent aussi apporter d'autres avantages, notamment en matière de qualité de l'eau en excluant le recours à des pesticides de synthèse, et fournir d'autres services écosystémiques, comme la fixation du carbone et l'enrichissement de la biodiversité. Dans certaines situations, cependant, une gestion intensive mise au service de la production biologique risque par exemple d'entraîner un épandage de fumier supérieur aux besoins. En outre, l'agriculture biologique suppose souvent un travail approfondi du sol pour contrôler les mauvaises herbes (en l'absence de pesticides), ce qui risque d'intensifier l'érosion.

En 2008-10, près de 20 % de la superficie totale des terres consacrées aux grandes cultures et aux cultures permanentes dans les pays de l'OCDE étaient plantés en cultures transgéniques (parfois appelées cultures génétiquement modifiées). Les États-Unis dominent la production commerciale de cultures transgéniques de l'OCDE. Dans les pays européens de l'OCDE et en Corée, l'exploitation commerciale de ces variétés est interdite et seules de petites surfaces sont cultivées à des fins expérimentales. La superficie affectée à ces cultures s'est accrue rapidement depuis le milieu des années 90, surtout au Canada et aux États-Unis. Il s'agit en majorité de cultures tolérantes aux herbicides (soja, maïs, canola et coton). Les pays de l'OCDE représentent un peu plus de la moitié de la superficie mondiale affectée aux cultures transgéniques, mais des pays comme l'Argentine, le Brésil, la Chine et l'Inde ont sensiblement accru la superficie consacrée à ces cultures au cours de la décennie écoulée.

L'essor des cultures transgéniques a suscité des discussions et un débat, toujours d'actualité, sur les coûts et avantages environnementaux potentiels de ces cultures, et sur leur sécurité pour la santé humaine. Des préoccupations se sont notamment exprimées quant au risque de mélange génétique des espèces traditionnelles et des espèces sauvages apparentées, par exemple pour le maïs au **Mexique**. Le **Mexique** est un centre « Vavilov » officiel, c'est-à-dire une zone où une culture donnée a été domestiquée pour la première fois et a évolué sur plusieurs milliers d'années, comme c'est le cas du maïs. Concurremment, certains chercheurs considèrent que les cultures transgéniques apportent des avantages, par exemple lorsqu'elles présentent des caractères qui permettent de réduire les quantités d'eau ou de pesticides utilisées.

Bilans des éléments nutritifs *(différence entre les apports d'azote et de phosphore, principalement sous forme d'engrais minéraux et d'effluents d'élevage, et les prélèvements résultant de leur absorption par les cultures et les pâturages)*

Les apports d'éléments nutritifs, tels que l'azote et le phosphore, sont des composantes nécessaires des systèmes de production parce qu'ils contribuent à maintenir et à accroître la productivité des cultures, y compris fourragères. Un déficit de ces éléments nutritifs se traduira par une baisse de la fertilité des sols et de la production, tandis qu'un excédent, eu égard aux quantités nécessaires à la croissance des végétaux, risque d'entraîner une pollution des sols, de l'air et de l'eau (eutrophisation). Le secteur agricole des pays de l'OCDE constitue une importante source de rejets d'azote et de phosphore dans l'environnement parce que les apports d'éléments nutritifs sont dans la plupart des cas supérieurs aux besoins des plantes.

Mesurés en tonnes d'éléments nutritifs et en termes d'excédents d'éléments nutritifs par hectare de terres agricoles, ***les excédents d'azote et de phosphore d'origine agricole de l'ensemble de la zone de l'OCDE ont suivi une tendance à la baisse sur toute la période allant de 1990 à 2009*** (graphique 0.1). Cette diminution a été plus nette dans les années 2000 que dans les années 90, notamment dans le cas du phosphore. Elle fait écho à l'amélioration globale de l'efficience avec laquelle les agriculteurs utilisent les éléments nutritifs et, aussi, au ralentissement de la croissance de la production de l'agriculture dans de nombreux pays au cours des années 2000. De plus, s'agissant du phosphore, les exploitants ont pris conscience du fait qu'il s'était accumulé en grandes quantités dans les sols.

La diminution des excédents d'éléments nutritifs a atténué le risque de pression environnementale sur les sols, l'eau et l'air. Il n'en demeure pas moins que ***les quantités d'éléments nutritifs apportées par hectare de terre agricole demeurent élevées, dans la plupart des pays de l'OCDE, du point de vue des dommages qu'ils sont susceptibles de causer à l'environnement***, les moyennes pour l'OCDE s'établissant à 63 kilogrammes d'azote (N) et à 6 kilogrammes de phosphore (P) par hectare en 2007-09. L'intensité avec laquelle les éléments nutritifs sont utilisés et l'évolution des excédents sont néanmoins très variables à l'intérieur des pays et entre eux (tableau 1.1). La production naturelle d'azote émanant de sources électriques et autres est généralement estimée aux alentours de 1-2 kgN/ha ; dans le cas du phosphore, le chiffre est d'environ 0.1 kgP/ha, suivant les conditions géologiques et la nature des sédiments.

Ventes de pesticides et risques associés pour la santé humaine et l'environnement

L'utilisation de pesticides est particulièrement importante en agriculture parce qu'elle contribue à l'obtention de rendements élevés. Le secteur agricole est le principal consommateur de ces produits (tableau 1.1), en vertu de quoi il représente potentiellement une source majeure de pollution de l'eau et une menace pour la santé humaine et celle de la faune sauvage et pour le fonctionnement des écosystèmes. Les pays de l'OCDE recourent à un large éventail d'instruments d'action pour parer à ces menaces, ainsi qu'à la pollution de l'eau imputable à l'application de pesticides sur les cultures et à leur élimination.

Globalement, les ventes de pesticides (en volume de matières actives) ont diminué de plus de 1 % par an dans la zone de l'OCDE au cours de la période 2000-10, alors qu'elles avaient enregistré une augmentation annuelle de 0.2 % dans les années 90 (graphique 0.1). Elles se sont néanmoins accrues dans quelques pays durant les années 2000, en grande partie sous l'effet d'une hausse de la production végétale, en particulier horticole et viticole, ce qui explique en partie l'augmentation des ventes de pesticides constatée au Chili, en Espagne, en Estonie, en Finlande, en Hongrie, en Islande, au Mexique, en Nouvelle-Zélande, en Pologne et en Turquie ces dernières années.

D'après les données, dans un nombre croissant de pays, ***le volume des productions végétales progresse plus vite depuis 2000 que les ventes de pesticides***. L'amélioration manifeste de l'efficience avec laquelle les pesticides sont employés dans la production végétale peut être attribuée à de nombreux facteurs dont l'importance varie selon les pays : la sensibilisation et la formation des agriculteurs, par exemple, qui calibrent les pulvérisateurs et vérifient leur bon fonctionnement ; le découplage global du soutien et de la production agricole et de l'utilisation d'intrants ; le versement de paiements destinés à encourager l'adoption de pratiques bénéfiques de gestion des pesticides ; la taxation des pesticides ; l'utilisation de produits pesticides nouveaux, en plus petites doses et mieux ciblée ; et le développement de l'agriculture biologique.

Il n'existe pas de données comparables entre pays concernant les risques que l'utilisation des pesticides en agriculture fait peser sur la santé humaine et sur l'environnement, et ce malgré les recherches considérables réalisées dans ce domaine et bien que quelques pays aient conçu leurs propres indicateurs pour évaluer ces risques. Au déficit de données et d'indicateurs sur les risques imputables aux pesticides s'ajoute le manque de connaissances et d'informations sur les effets sanitaires et environnementaux des rejets non pas d'un seul pesticide mais de mélanges de plusieurs produits, et des interactions dans l'environnement entre les pesticides et d'autres produits chimiques polluants (produits pharmaceutiques destinés aux humains ou aux animaux, produits d'hygiène personnelle et produits chimiques industriels). Dans la plupart des pays de l'OCDE, toutefois, des processus réglementaires retirent d'anciens pesticides plus persistants et toxiques, comme le DDT, du marché.

Consommation d'énergie sur l'exploitation et production de biocarburants à partir de matières premières agricoles

L'agriculture joue un double rôle sur le plan de l'énergie : en tant que consommatrice pour faire fonctionner ses équipements et en tant que productrice de bioénergie, notamment de biocarburants à base de matières premières agricoles. Le soutien au titre de la consommation d'énergie en agriculture est monnaie courante dans les pays de l'OCDE et consiste généralement à accorder au secteur une réduction des taxes sur les carburants et les combustibles. Il revêt aussi souvent la forme de prescriptions, d'incitations fiscales et de paiements à l'appui de l'utilisation et de la production de biocarburants.

La consommation directe d'énergie sur les exploitations a diminué au cours de la période 2000-10, alors qu'elle avait marqué une hausse dans les années 90 (graphique 0.1). Cette évolution s'explique en grande partie par le ralentissement de la production agricole observé dans la zone OCDE pendant cette période. Toutefois, la part du secteur agricole primaire dans la consommation nationale totale d'énergie est extrêmement modeste dans la plupart des pays de l'OCDE (tableau 1.1). L'amélioration de l'efficacité énergétique dans ce secteur joue un rôle de plus en plus important dans la quasi-totalité des pays. Elle est motivée par la nécessité de limiter de manière générale les coûts d'exploitation dans l'agriculture, mais résulte aussi de programmes nationaux visant à réduire les émissions de gaz à effet de serre imputables à l'utilisation de combustibles fossiles.

La production de biocarburants a commencé depuis longtemps dans certains pays, mais dans la plupart, elle a décollé au cours de la période 2000-10. Le bioéthanol est le principal biocarburant fabriqué dans les pays de l'OCDE, puisqu'il a représenté 77 % du total de la production de biocarburants au sein de la zone OCDE en 2008-10 après conversion en équivalent énergétique. Les États-Unis utilisent surtout du maïs, avec lequel ils fabriquent du bioéthanol, et les pays de l'Union européenne transforment principalement de l'huile de colza pour produire du biodiesel.

Il convient de noter que, d'après la majorité des études consacrées aux ***conséquences des cultures énergétiques sur l'environnement***, les grandes cultures annuelles (comme le maïs et le colza) peuvent causer de manière générale plus de dommages que la production de matières premières de deuxième génération (alpiste roseau, biomasse forestière à rotation rapide, déchets agricoles, par exemple). Autre conclusion importante : le lieu, le type de travail du sol, le système de rotation des cultures et les autres pratiques agricoles appliquées pour produire la matière première des biocarburants déterminent fortement eux aussi les retombées sur l'environnement.

Érosion éolienne et hydrique des sols

L'érosion, principalement d'origine hydrique et éolienne, est l'une des formes de dégradation des sols les plus répandues dans les pays de l'OCDE. Les sols agricoles assurent deux fonctions essentielles : ils servent de support à la production (notamment agricole, mais aussi forestière, entre autres) et ils ont une utilité environnementale (filtration et stockage de l'eau, fixation du carbone, réservoir de biodiversité, par exemple). Il est crucial de les préserver, notamment en limitant les risques d'érosion, pour qu'ils continuent de remplir leur rôle.

Plus de 20 % des superficies agricoles sont touchés par une érosion hydrique modérée à grave dans environ un tiers des pays membres de l'OCDE. Les pays qui souffrent d'un niveau d'érosion similaire sous l'effet du vent sont beaucoup moins nombreux. Le nombre de pays atteints par une forte érosion est probablement sous-estimé, car certains d'entre eux ne figurent pas dans la série de données de l'OCDE, ou bien les informations les concernant n'ont pas été mises à jour depuis plus de 20 ans.

L'évolution générale de l'érosion des sols dans la zone de l'OCDE est le signe d'une amélioration continue depuis 1990 ou à tout le moins d'une stabilisation dans la plupart des cas, comme en témoigne l'accroissement de la proportion des terres agricoles touchées par une érosion tolérable ou faible plutôt qu'élevée. La majorité des pays applique une politique de réduction des risques d'érosion des sols, qui conjugue des paiements, des réglementations et des actions de formation à destination des agriculteurs. Les dispositifs prévoient par exemple la conversion de terres arables en herbages, le pâturage extensif, l'installation d'un couvert végétal (principalement pendant la période hivernale) et la promotion des façons culturales antiérosives.

Prélèvements d'eau et irrigation

La gestion des ressources en eau en agriculture porte sur l'irrigation, pour répartir les apports tout au long de la campagne de production ; la gestion des crues et des sécheresses et le drainage ; la préservation des écosystèmes ; et la satisfaction des besoins culturels et récréatifs de la collectivité liés à l'eau. Dans les régions où l'irrigation est indispensable faute de précipitations suffisantes, l'approvisionnement est assuré principalement par les eaux de surface (cours d'eau, lacs, retenues) ou souterraines (puits peu profonds et aquifères), et seulement dans une proportion limitée par le recyclage des eaux usées ou la désalinisation.

Globalement, les prélèvements totaux d'eau douce imputables à l'agriculture dans la zone de l'OCDE ont diminué dans les années 2000, alors qu'ils avaient progressé dans les années 90 (graphique 0.1). L'agriculture est le secteur qui prélève le plus d'eau douce, mais sa part dans le total varie selon les pays (tableau 1.1). La superficie irriguée a évolué parallèlement aux prélèvements d'eau dans l'agriculture, accusant une légère augmentation dans les années 90, mais une diminution au cours de la décennie écoulée (graphique 0.1). Par ailleurs, inégale dans les années 90, l'efficience de l'irrigation s'est améliorée dans la plupart des pays au cours des années 2000 (on utilise moins d'eau par hectare irrigué). Ces changements sont dus pour l'essentiel aux facteurs suivants, conjugués dans des proportions variables selon les pays : la quasi-stabilité ou la réduction de la superficie irriguée ; l'amélioration des techniques d'irrigation et de gestion des eaux irriguées ; la sécheresse ; le rejet d'eau pour répondre aux besoins de l'environnement ; et un ralentissement de la croissance de la production agricole.

L'agriculture prélève une part croissante de l'eau dont elle a besoin dans les nappes souterraines. Les prélèvements d'eau d'irrigation souterraine qui dépassent les capacités de recharge des nappes dans certaines régions, notamment en **Australie**, aux **États-Unis**, en **Grèce**, en **Italie** et au **Mexique**, sapent la viabilité économique de l'agriculture dans les zones concernées. L'agriculture est en outre une source majeure et de plus en plus importante de pollution des eaux souterraines, en particulier dans les zones où l'approvisionnement en eau destiné à satisfaire les besoins humains et ceux du secteur agricole est assuré en grande partie par les ressources souterraines.

Dans certains pays de l'OCDE, le stress hydrique pourrait à l'avenir avoir des incidences sur les prélèvements d'eau douce opérés par l'agriculture. Il est mesuré par le rapport entre les prélèvements totaux d'eau douce (dans l'ensemble de l'économie, agriculture comprise) et les ressources renouvelables totales disponibles annuellement. Dans les pays caractérisés par un stress hydrique intermédiaire (notamment la Belgique, la Corée, l'Espagne et l'Italie), le secteur agricole représente plus de 40 % de la totalité des prélèvements d'eau. Israël est l'un des pays du monde qui connaît le stress hydrique le plus grave, le rapport de la quantité annuelle d'eau prélevée à la quantité d'eau disponible s'établissant à environ 90 %.

Dans certains pays membres de l'OCDE, l'agriculture irriguée représente, en valeur, une part substantielle de la production agricole. Elle fournit en outre des emplois en milieu rural, notamment en Australie, au Chili, en Corée, en Espagne, aux États-Unis, en Grèce, en Israël, en Italie, au Japon, au Mexique, au Portugal et en Turquie. Dans ces pays, plus de 40 % des prélèvements d'eau douce destinés au secteur agricole lui sont imputables.

Pour accroître la production agricole sur les terres irriguées, améliorer la rentabilité de l'agriculture irriguée et économiser l'eau dans les régions soumises au stress hydrique, il est essentiel d'***augmenter la productivité physique (technique) et économique (valeur des produits par unité d'eau prélevée) des prélèvements d'eau***. C'est ce que font de nombreux pays de l'OCDE, moyennant une amélioration de la gestion de l'eau et l'adoption de pratiques plus efficientes telles que l'irrigation au goutte à goutte et l'étanchéification des canaux d'irrigation. Par ailleurs, des réformes se sont parfois efforcées de réduire le soutien accordé aux agriculteurs au titre de l'eau et de l'énergie nécessaire au pompage, pour faire payer aux irrigants le coût de leur approvisionnement. Dans certains pays, elles se sont traduites par l'allocation de l'eau à des produits à valeur plus élevée qui, souvent, nécessitent moins d'eau, comme la vigne et les cultures horticoles.

Toutefois, dans la plupart des pays de l'OCDE, les réformes de la politique de l'eau n'ont pas encore amené les irrigants à diminuer les volumes d'eau qu'ils utilisent de manière significative (en mégalitres d'eau par hectare de superficie irriguée). La baisse des quantités d'eau utilisées en irrigation au cours des vingt dernières années est principalement due à l'amélioration des techniques d'irrigation et des pratiques de gestion. L'Australie est le pays membre de l'OCDE qui a obtenu les résultats les plus notables et les plus constants dans ce domaine sur la période 1990-2010, non seulement en améliorant les techniques d'irrigation et les pratiques de gestion, mais aussi en adoptant des réformes qui ont modifié les droits de propriété de l'eau, créé des marchés de l'eau et majoré les prix de l'eau payés par les agriculteurs. Israël a aussi sensiblement réformé sa politique de l'eau, notamment en augmentant le prix de l'eau pour les irrigants, ce qui a favorisé une diminution des apports d'eau par hectare irrigué et l'adoption de pratiques de gestion et de techniques d'irrigation plus efficaces.

Qualité de l'eau – nitrates, phosphore et pesticides

Étant donné que presque tous les pays de l'OCDE sont parvenus à réduire la pollution de l'eau imputable aux sources ponctuelles (épuration des eaux usées, industrie, par exemple), beaucoup d'entre eux se concentrent désormais sur la pollution de l'eau d'origine agricole. En effet, si les élevages intensifs et l'élimination de pesticides inutilisés, entre autres, sont des sources ponctuelles de pollution de l'eau liées à l'agriculture, cette dernière est à l'origine d'une pollution diffuse due au vaste espace qu'occupent les exploitations.

Sur la période 2000-10, l'évolution générale de la pollution agricole de l'eau par les nitrates, le phosphore et les pesticides dans les pays de l'OCDE est nuancée, mais des améliorations notables sont signalées dans quelques cas. Des évaluations nationales récentes et quelques données sur les tendances nationales font état d'une situation variable d'un pays à l'autre du point de vue de l'évolution de la pollution de l'eau imputable à l'agriculture par types de polluants, la contribution de l'agriculture à la pollution totale et l'ampleur de l'écart entre la concentration de contaminants et les normes de qualité de l'eau potable (tableau 1.1).

Parmi les 15 à 20 pays membres de l'OCDE qui mesurent les concentrations d'éléments nutritifs et de pesticides dans les eaux superficielles et souterraines, la moitié environ indique qu'***au moins 10 % des sites de surveillance situés en zone agricole affichent des teneurs supérieures aux limites nationales admises pour l'eau potable***. La disponibilité des relevés effectués sur les sites de surveillance varie cependant beaucoup selon les pays et les polluants, et selon qu'ils sont réalisés dans les eaux de surface ou les eaux souterraines. Par exemple, la proportion de sites surveillés où les concentrations de polluants dépassent les valeurs admises dans les eaux souterraines ou superficielles pour l'approvisionnement en eau potable est généralement plus basse dans le cas des pesticides que dans celui des éléments nutritifs, mais la pollution des eaux souterraines par les pesticides continue de poser des problèmes.

Néanmoins, dans les pays de l'OCDE, l'eau consommée par la majeure partie de la population respecte largement les normes de qualité de l'eau potable, moyennant des traitements qui permettent de supprimer efficacement ces polluants et coûtent d'après les estimations aux compagnies des eaux et aux consommateurs des milliards de dollars chaque année. Il n'en reste pas moins que dans certaines zones rurales non raccordées aux réseaux d'eau potable, la pollution d'origine agricole peut poser un problème sanitaire, en particulier lorsque l'eau est prélevée dans des puits peu profonds.

La tendance à la baisse des excédents d'éléments nutritifs et des ventes de pesticides ces dix dernières années dans beaucoup de pays de l'OCDE semble indiquer que la pression exercée par l'agriculture sur les systèmes aquatiques diminue (graphique 0.1). De plus, les résultats obtenus dans la lutte contre l'érosion des sols agricoles dans bon nombre de pays de l'OCDE pourraient laisser envisager une diminution du risque de pollution de l'eau d'origine agricole, dans la mesure où les sédiments sont une source majeure de pollution des systèmes aquatiques, notamment parce que les particules de sol transportent des polluants jusque dans l'eau.

La contradiction apparente entre la diminution de la charge polluante imputable à l'agriculture et la stabilité ou l'aggravation de la pollution de l'eau constatée sur les sites de mesure s'explique en grande partie par les décalages temporels. En effet, il s'écoule du temps entre l'adoption de nouvelles pratiques de gestion et l'enregistrement d'une amélioration mesurable de la qualité de l'eau dans la masse d'eau visée. L'ampleur du décalage dépend beaucoup du site (eaux superficielles ou souterraines) et du type de polluant, et elle peut aller de quelques heures à plusieurs décennies.

Émissions d'ammoniac – acidification et eutrophisation

Les émissions d'ammoniac peuvent avoir des effets préjudiciables sur la santé humaine, la santé des animaux et l'environnement. À proximité de la source d'émission, de fortes concentrations d'ammoniac peuvent être nocives pour l'appareil respiratoire des êtres humains et des animaux et perturber la physiologie végétale. À une distance plus importante de la source, les émissions contribuent à l'acidification et à l'eutrophisation des sols et de l'eau.

Après une légère augmentation dans les années 90, les émissions d'ammoniac d'origine agricole ont globalement suivi une tendance à la baisse dans les pays de l'OCDE au cours des années 2000 (graphique 0.1). Ce résultat doit toutefois être relativisé, dans la mesure où un cinquième des pays de l'OCDE ne déclarent pas de données sur ces émissions. On peut supposer que la baisse se traduit par une réduction de la pression exercée sur la santé humaine, la santé des animaux et l'environnement. En 2008-10, l'agriculture était responsable de 91 % des émissions d'ammoniac, essentiellement du fait de l'élevage (90 % des émissions d'origine agricole) (tableau 1.1).

La part des émissions d'ammoniac d'origine agricole dans le total des émissions acidifiantes a augmenté, malgré la diminution de ces émissions dans les années 2000. En effet, les émissions d'autres gaz acidifiants (dioxyde de soufre, oxydes d'azote et ammoniac) de l'industrie et du secteur de l'énergie ont baissé plus fortement que celles de l'agriculture au cours de la décennie écoulée. Principalement dues à l'élevage (fumier et lisier), les émissions agricoles d'ammoniac sont aussi imputables dans une moindre mesure à l'application d'engrais chimiques aux cultures et à la dégradation des résidus de récolte.

Dans la plupart des pays de l'OCDE, au cours de la dernière décennie, la diminution des émissions agricoles d'ammoniac a été plus rapide que l'évolution des productions animales. Ce net gain d'efficience environnementale peut être attribué en premier lieu à l'augmentation du nombre d'agriculteurs qui recourent à des technologies (installations couvertes de stockage des effluents d'élevage, par exemple) et à des pratiques (épandage localisé des engrais) contribuant à la réduction du niveau global et unitaire des émissions agricoles d'ammoniac. L'adoption de ces technologies et pratiques est en partie due à divers instruments d'action employés dans beaucoup de pays de l'OCDE, comme les réglementations sur le stockage et l'épandage des effluents d'élevage ou les paiements au titre du stockage de ces effluents.

Étant un gaz atmosphérique, l'ammoniac est très mobile et franchit les frontières nationales. Entre autres efforts déployés à l'échelle internationale pour réduire les émissions d'ammoniac et d'autres gaz acidifiants, certains pays de l'OCDE ont, en 1999, adopté le Protocole de Göteborg relatif à la réduction de l'acidification, de l'eutrophisation et de l'ozone troposphérique (*Protocole de Göteborg*), dans le cadre de la *Convention sur la pollution atmosphérique transfrontière à longue distance*. Ce protocole établissait des plafonds nationaux d'émission d'ammoniac à respecter à l'horizon 2010, sauf pour le **Canada** et les **États-Unis**, la directive de l'**UE** sur *les plafonds d'émission nationaux pour certains polluants atmosphériques* définissant pour sa part des plafonds identiques.

S'agissant des progrès enregistrés en matière de respect des plafonds d'émission fixés pour 2010 par le Protocole de Göteborg, la situation est contrastée dans les pays de l'OCDE. En 2008-10, bon nombre de pays avaient ramené leurs émissions à un niveau conforme aux objectifs prévus, mais certains devront continuer de les réduire pour y parvenir, notamment le Danemark et la Finlande. Néanmoins, tous les pays de l'OCDE encouragent l'adoption de pratiques de gestion des éléments nutritifs et mettent en œuvre des programmes visant à réduire les émissions d'ammoniac.

Émissions de gaz à effet de serre – changement climatique

Les liens entre l'activité et le changement climatique sont plus complexes dans le secteur agricole que dans beaucoup d'autres secteurs économiques, car l'agriculture : contribue aux émissions de gaz à effet de serre (GES) ; assure la fonction de puits de carbone en présence de certaines pratiques de gestion ; tout en étant elle-même soumise aux effets du changement climatique. Tous les pays de l'OCDE se sont engagés à réduire leurs émissions de GES, mais ils ne se sont pas fixé d'objectifs précis pour le méthane et l'hémioxyde d'azote, et le secteur agricole, comme d'autres, n'a pas à respecter d'engagements qui lui soient propres au titre de la Convention-cadre des Nations Unies sur les changements climatiques (CCNUCC). Néanmoins, tous les pays de l'OCDE déploient des programmes de lutte contre le changement climatique dans le secteur agricole, qui visent à réduire les émissions de GES, à créer des puits de carbone et à améliorer la capacité de l'agriculture à s'adapter au changement climatique.

Alors qu'elles avaient légèrement augmenté dans les années 90, les émissions brutes totales de GES imputables à l'agriculture dans la zone de l'OCDE ont diminué pendant la décennie écoulée, ce qui s'est traduit par une réduction globale de près de 44 millions de tonnes d'équivalent dioxyde de carbone (CO_2) sur la décennie 2000-10 (graphique 0.1). Quelques pays ont enregistré une hausse de leurs émissions de GES dans les années 2000, notamment le Canada, le Chili, les États-Unis et la Nouvelle-Zélande, où elles ont augmenté de plus de 11 millions de tonnes d'équivalent CO_2. Dans le même temps, le recul des émissions de GES d'origine agricole dans l'UE15 s'est chiffré à près de 40 millions de tonnes d'équivalent CO_2. La part de l'agriculture dans les émissions totales de GES de l'OCDE était relativement modeste en 2008-10, mais elle était beaucoup plus élevée en moyenne dans les cas de l'hémioxyde d'azote (N_2O) et du méthane (CH_4) (tableau 1.1).

L'évolution des émissions de GES dans l'agriculture est principalement déterminée par les variations des productions animales, qui se traduisent par des modifications des émissions de méthane (CH_4), et par les variations des productions végétales, qui rejaillissent sur les émissions d'hémioxyde d'azote (N_2O) par l'intermédiaire de la consommation d'engrais. En faisant le rapport entre évolution de la production agricole et évolution des émissions de GES d'origine agricole au cours de la période 1990-2010, on observe que globalement l'éco-efficience des émissions de GES s'est améliorée, en ce sens que la réduction des émissions a été plus prononcée que la hausse de la production.

L'amélioration de l'éco-efficience liée à la réduction du niveau et de l'intensité des émissions agricoles de GES au cours de la décennie écoulée s'explique essentiellement par l'adoption de techniques et de pratiques de gestion agricole plus efficaces et par la mise en œuvre de mesures incitatives dans les pays de l'OCDE. Ces mesures prévoient par exemple des conseils aux agriculteurs en matière d'efficacité de l'alimentation et de taux de croissance du bétail en vue de limiter les émissions de GES, et des paiements au titre des biodigesteurs destinés à remplacer des sources d'énergie à fortes émissions, comme le charbon.

Bromure de méthyle – appauvrissement de la couche d'ozone

Le bromure de méthyle, utilisé comme produit de fumigation dans les secteurs agricole, horticole et agroalimentaire, est surtout dangereux parce qu'il détruit la couche d'ozone, constituant ainsi un risque pour la santé humaine et l'environnement. Les parties au *Protocole de Montréal relatif à des substances qui appauvrissent la couche d'ozone* sont convenues en 1997 d'un calendrier en vue de l'éliminer progressivement, à l'échelle mondiale. Dans ce cadre, la plupart des pays membres de l'OCDE devaient avoir réduit l'utilisation du bromure de méthyle de 100 % en 2005, par rapport aux niveaux de 1991. Les pays en développement (dont les pays membres visés par l'article 5 du *Protocole de Montréal*, à savoir, parmi les pays de l'OCDE, le **Chili**, la **Corée**, le **Mexique** et la **Turquie**), ont commencé par geler leur consommation en 2002 au niveau moyen de 1995-98, et sont censés avoir atteint une réduction de 20 % en 2005 et de 100 % en 2015.

La plupart des pays de l'OCDE ont respecté les objectifs de réduction de l'utilisation de bromure de méthyle prévus par le Protocole de Montréal à l'horizon 2010. En 2010, soit au-delà de la date de 2005 établie par le Protocole de Montréal, cette substance était toutefois encore employée pour des utilisations critiques dans certains pays de l'OCDE, notamment les États-Unis et, dans une moindre mesure, Israël et le Japon. Ces pays en avaient toutefois réduit l'utilisation de 90 % au moins en 2010, Israël l'ayant pour sa part totalement interdite depuis 2012. Les quatre pays de l'OCDE visés par l'article 5 du Protocole de Montréal (Chili, Corée, Mexique et Turquie) ont également réduit l'utilisation du bromure de méthyle : le bromure de méthyle n'est plus du tout utilisé en Corée et en Turquie, tandis que le Chili et le Mexique sont en avance sur le calendrier d'élimination prévu par le Protocole de Montréal.

À l'échelle mondiale, l'utilisation de l'ensemble des produits qui ont un pouvoir d'appauvrissement de la couche d'ozone a diminué de 95 % entre 1991 et 2010, tandis que l'utilisation de bromure de méthyle a reculé de 89 %, soit légèrement moins, et que sa part dans l'utilisation mondiale de produits qui ont un pouvoir d'appauvrissement de la couche d'ozone a peu évolué durant cette période, s'établissant à 5 % environ (tableau 1.1).

Par ailleurs, la part des pays de l'OCDE dans l'utilisation mondiale totale de bromure de méthyle a diminué elle aussi au cours de cette période (tableau 1.1). La baisse de l'utilisation de bromure de méthyle résulte à la fois de réglementations prises par les pouvoirs publics et d'évolutions du marché, ainsi que de la pression d'organisations non gouvernementales et d'initiatives d'entreprises privées.

Dans certains pays de l'OCDE, la recherche des solutions de remplacement nécessaires pour respecter le calendrier d'élimination progressive du bromure de méthyle représentait un défi technique, notamment dans le secteur horticole. Compte tenu de ces difficultés, les parties au Protocole de Montréal sont autorisées à demander, en plus des dérogations possibles pour quarantaine et traitement préalable à l'expédition, des dérogations pour utilisations critiques lorsqu'il n'existe pas de solution de remplacement. Ces dérogations pour utilisations critiques sont destinées à permettre aux utilisateurs de bromure de méthyle de disposer de plus de temps pour trouver des produits de substitution. En 2012, les parties au Protocole de Montréal auxquelles des dérogations pour utilisations critiques ont été accordées pour 2012 comprennent l'Australie, les États-Unis, le Canada, Israël et le Japon. Ces dérogations risquent toutefois de compromettre le respect du calendrier d'élimination prévu par le Protocole et de décourager les pays qui en bénéficient de rechercher des solutions de remplacement.

Biodiversité – populations d'oiseaux des milieux agricoles et couverture des sols agricoles

L'agriculture est inextricablement liée à la biodiversité. Productrice de biens alimentaires et non alimentaires, elle assure aussi des services environnementaux utiles à la collectivité en général, lesquels peuvent présenter un intérêt scientifique, récréatif ou écologique, par exemple. Les pays de l'OCDE recourent à des mesures et approches diverses pour concilier la nécessité d'accroître la production agricole et la nécessité de réduire les effets dommageables sur la biodiversité, en particulier sur la faune et la flore sauvages (les oiseaux, par exemple), et sur les écosystèmes (habitats semi-naturels, entre autres). Par ailleurs, la plupart d'entre eux sont signataires d'accords internationaux importants dans le domaine de la préservation de la biodiversité, comme la *Convention sur la diversité biologique,* la *Convention sur la conservation des espèces migratrices appartenant à la faune sauvage* et la *Convention de Ramsar* sur la protection des zones humides.

Il n'existe pas, dans les pays de l'OCDE, de programme permettant de surveiller les liens entre agriculture et biodiversité dans toutes leurs dimensions. Compte tenu de cette lacune, l'OCDE n'a conçu, pour l'instant, que deux indicateurs qui donnent une idée générale de ces interactions. Le premier, à savoir l'indice relatif aux oiseaux des milieux agricoles, se rapporte à l'évolution moyenne d'un groupe d'espèces qui nichent ou se reproduisent sur les terres agricoles. Les oiseaux peuvent être considérés comme une « espèce témoin », qui fournit un baromètre de la santé de l'environnement. Se situant au sommet de la chaîne alimentaire ou non loin, ils rendent compte plus vite que d'autres espèces des modifications de l'écosystème.

Le deuxième indicateur concerne l'***évolution de la superficie des pâturages permanents***, utilisée pour représenter l'espace occupé par les habitats semi-naturels. Suivre l'évolution de la superficie des habitats semi-naturels agricoles peut apporter des informations sur les superficies soumises à des pratiques agricoles d'une intensité relativement faible, comme les herbages, qui sont généralement gérés sans grande perturbation mécanique et avec peu d'intrants et où le chargement en bétail est modeste.

Entre 1990 et 2010, les populations d'oiseaux des milieux agricoles ont affiché une tendance continue à la baisse dans presque tous les pays de l'OCDE. Dans la plupart des cas, cependant, cette diminution a été moins prononcée dans les années 2000 que pendant la décennie antérieure. L'évolution générale dans l'ensemble de la zone de l'OCDE doit être commentée avec prudence, car beaucoup de pays membres ne figurent pas dans les séries de données. Néanmoins, des données partielles sur les pays manquants (Australie, Chili, Corée, Islande, Japon, Mexique, Nouvelle-Zélande et Turquie) indiquent que les populations d'oiseaux des milieux agricoles y suivent une tendance similaire à celle des pays sur lesquels on dispose de chiffres. Ces populations ont sans doute globalement diminué au cours des deux dernières décennies.

Le ralentissement de la contraction des populations d'oiseaux des milieux agricoles dans les années 2000 par rapport aux années 90 est en partie attribué (à des degrés divers selon les pays) : aux efforts consentis depuis le début des années 90 pour mettre en place des dispositifs agro-environnementaux visant à encourager la préservation d'espaces semi-naturels sur les exploitations (bordures des champs, bandes tampon le long des cours d'eau et terres humides par exemple) ; à la modification des pratiques de gestion agricole, par exemple l'extension des surfaces faisant l'objet de façons culturales antiérosives, qui a permis d'accroître la quantité de nourriture disponible pour les oiseaux et autres espèces sauvages ; et à la diminution des excédents d'éléments nutritifs et des ventes de pesticides (graphique 0.1) dans la majorité des pays, qui a limité les effets toxiques sur les oiseaux et leur approvisionnement alimentaire (vers, insectes, par exemple).

Néanmoins, dans certaines régions de l'OCDE, la poursuite de l'intensification de l'agriculture et de la disparition d'habitats naturels et semi-naturels ***continue d'exercer une pression sur les populations d'oiseaux et les autres espèces végétales et animales liées à l'agriculture***. On observe aussi que les espèces d'oiseaux vivant dans d'autres habitats, notamment dans les forêts, n'ont pas connu une raréfaction aussi rapide que celles qui vivent en milieu agricole.

Une partie importante des habitats agricoles semi-naturels est constituée de pâturages permanents dont la superficie a constamment régressé, dans l'ensemble des pays de l'OCDE, entre 1990 et 2010. La superficie totale des terres agricoles ayant diminué depuis 1990 dans la zone de l'OCDE, celle des pâturages permanents a elle aussi régressé, mais représente encore les deux tiers de l'ensemble des terres agricoles. Une grande partie de la contraction de la superficie des pâturages permanents est due à leur conversion en exploitation forestière, mais dans certains pays, elle est imputable aussi à leur conversion en terres labourables et en cultures permanentes.

Les conséquences de l'évolution des superficies consacrées aux pâturages permanents sur les oiseaux et autres espèces sauvages vivant sur les terres agricoles ne sont pas faciles à interpréter. Les changements d'affectation des terres peuvent être difficiles à analyser en l'absence de connaissances sur leur nature et sur les pratiques de gestion adoptées après le changement. Ainsi, la conversion de pâturages en forêt peut être plus ou moins bénéfique à la biodiversité selon la qualité des habitats agricoles qui sont transformés et, aussi, selon que la forêt est exploitée commercialement ou laissée libre de se développer naturellement.

Le morcellement des habitats sur les terres agricoles est lui aussi considéré comme ayant des répercussions négatives sur la biodiversité. Toutefois, étant donné son ampleur, la diminution de la superficie des pâturages permanents observée dans la plupart des pays de l'OCDE au cours de la décennie écoulée a vraisemblablement été parmi les facteurs du déclin des populations d'oiseaux des milieux agricoles et, peut-être, d'autres espèces végétales et animales présentes dans cet habitat.

1.2. Perspectives de la performance environnementale de l'agriculture de l'OCDE

Selon les projections de l'OCDE et de la FAO concernant les produits agricoles de base à l'horizon 2021, la hausse prévue des prix nominaux et réels pourrait inciter les exploitants à accroître leur production, ce qui risque d'accentuer la pression exercée sur l'environnement. Néanmoins, l'ampleur du phénomène sera fonction des pratiques, systèmes et techniques agricoles adoptés par le secteur, ainsi que de la vulnérabilité de l'environnement dans les zones où la production augmentera. Parallèlement, on prévoit une hausse des coûts de production consécutive à la montée des prix de l'énergie, des engrais et des aliments du bétail, ainsi qu'une aggravation de la pression exercée sur les ressources naturelles, à commencer par les sols et l'eau. Globalement, étant donné que l'on s'attend à une hausse des prix des produits, d'une part, et des intrants agricoles, d'autre part, les répercussions sur l'environnement sont difficiles à établir sans ambiguïté et elles seront fonction de l'ampleur et de la localisation des effets sur la production.

D'après les projections établies par l'OCDE dans l'hypothèse du statu quo, l'accroissement prévu de la production est susceptible de remettre en question les récentes améliorations en matière de diminution des pressions sur l'environnement réalisées par les agriculteurs, notamment en Amérique du Nord, en Australie, en Nouvelle-Zélande, en Turquie et dans quelques pays d'Europe, ou dans certaines régions de ces pays. Les incidences sur l'environnement sont néanmoins incertaines, car elles dépendent de l'ampleur des variations du volume de la production et de leur localisation, ainsi que des effets de compensation entre hausse des prix des produits de base et montée des prix des intrants agricoles.

Plusieurs éléments nouveaux sont cependant encourageants et pourraient contribuer à atténuer à l'avenir la pression que l'agriculture exerce sur l'environnement. Il s'agit, entre autres, de l'amélioration de l'efficience avec laquelle les intrants agricoles sont utilisés conjuguée à l'adoption de pratiques et systèmes agricoles bénéfiques à l'environnement ; du renforcement des politiques agro-environnementales et environnementales ; de la poursuite du recul du soutien à l'agriculture subordonné à la production et à l'utilisation d'intrants ; des innovations réalisées dans les technologies et les institutions le long de la filière agroalimentaire, susceptibles de modifier le comportement des agriculteurs et les actions menées par les entreprises agroalimentaires dans le sens d'un accroissement de la productivité des ressources au bénéfice de l'environnement.

1.3. Guide de lecture du *Compendium des indicateurs agro-environnementaux de l'OCDE*

Objectifs et portée

Cette publication s'inscrit dans la continuité de la série *La performance environnementale de l'agriculture – Panorama*. La première édition a été publiée en 2008 (OCDE, 2008a), accompagnée d'un volume plus détaillé, intitulé *La performance environnementale de l'agriculture dans les pays de l'OCDE depuis 1990* (OCDE, 2008b). Cette série s'appuie sur de précédents rapports de l'OCDE consacrés aux *Indicateurs environnementaux pour l'agriculture* (OCDE, 1999 ; 2001). L'un des objectifs essentiels des travaux de l'OCDE sur l'agriculture et l'environnement est de mettre spécifiquement les indicateurs agro-environnementaux (IAE) au service des décideurs et, pour ce faire, de :

1. décrire la situation actuelle et les évolutions de l'état de l'environnement dans l'agriculture pouvant nécessiter une intervention des pouvoirs publics (en fournissant des données de référence pour l'analyse des politiques) ;
2. mettre en évidence les éventuels cas d'urgence ou problèmes nouveaux ;
3. comparer l'évolution des performances dans le temps et d'un pays à l'autre, notamment pour aider les concepteurs de l'action publique à respecter les objectifs environnementaux, normes et niveaux de seuil fixés par les pouvoirs publics ou par des accords internationaux ;
4. élaborer des indicateurs et un ensemble de données élémentaires pouvant être utilisés dans le cadre d'activités connexes, comme l'élaboration d'indicateurs de la croissance verte, par exemple (annexe A) ;
5. fournir un ensemble d'indicateurs et une base de données pouvant être utilisés pour assurer le suivi et l'évaluation des politiques et pour déterminer les tendances futures.

Le cadre structurant de ce rapport est une variante du modèle causes agissantes-état-réponses (DSR) (graphique 1.1). Un large éventail de facteurs liés à l'action publique (politiques agricoles et agro-environnementales, par exemple), aux marchés (marchés des produits de base, technologie) et à l'environnement (sols, conditions météorologiques, changement climatique, par exemple) influent sur les systèmes et pratiques agricoles, l'utilisation d'intrants, la production agricole et les services écosystémiques assurés par l'agriculture. Ces

Graphique 1.1. **Liens entre l'action publique, les facteurs agricoles et l'état de l'agriculture et son impact sur l'environnement et le bien-être humain**

Action publique, marchés, environnement →	Facteurs agricoles →	État de l'environnement →	Impacts sur le bien-être humain
• **Mesures** : ➢ *Agricoles* : Soutien agricole, par exemple. ➢ *Agro-environnementales* : Paiements au titre des zones tampons riveraines, par exemple ➢ *Environnementales* : Cadre national d'action sur l'eau, par exemple. • **Marchés** : ➢ Marchés, économie, technologies des produits. • **Environnement** : ➢ Sols, météorologie, relief. ➢ Changement climatique.	• **Systèmes agricoles** : Systèmes agricoles intégrés (précision supérieure et plus grande efficience dans l'utilisation des ressources) et agriculture biologique, par exemple. • **Pratiques agricoles** : Application de pesticides et d'éléments nutritifs, travail du sol et pratiques d'irrigation, par exemple. • **Utilisation d'intrants agricoles** : Éléments nutritifs (azote et phosphore), pesticides, eau, énergie, par exemple. • **Production agricole** : Produits végétaux, produits animaux, couverture du sol, par exemple. • **Services écosystémiques agricoles** : Fixation du carbone, préservation de la biodiversité, par exemple.	• **Érosion des sols** • **Qualité de l'eau** Éléments fertilisants dans l'eau. Éléments fertilisants et pesticides dans l'eau potable. • **Émissions atmosphériques** Ammoniac. Gaz à effet de serre. Bromure de méthyle. • **Biodiversité** Populations d'oiseaux des milieux agricoles. Type de couverture du sol, pâturages, par exemple.	• **Santé humaine** : Pesticides, par exemple. • **Usages collectifs** Cours d'eau et lacs impropres aux activités récréatives, pêche, agrément visuel, par exemple. • **Agriculture et pêches commerciales** Pollution de l'eau touchant les consommateurs en aval, par exemple. • **Industrie et centres urbains** Pollution de l'air due à l'ammoniac, par exemple.

Note : Il convient de noter que les éléments cités dans chacun des encadrés sont donnés à titre d'exemple, et que certains sont interchangeables. L'érosion des sols figure ainsi dans l'encadré « État de l'environnement » au titre de la quantité de sédiments retirés d'un sol agricole, mais pourrait aussi être citée dans les « Facteurs agricoles », étant donné le transport de sédiments dans les systèmes aquatiques.

derniers ont à leur tour un impact sur l'état de l'environnement (sol, eau, air, biodiversité), qui se répercute ensuite sur les activités humaines, notamment la santé, les valeurs sociales (usages récréatifs, par exemple), l'agriculture, la pêche commerciale, l'industrie et les centres urbains. En fonction des tendances de l'état de l'environnement et des répercussions sur le bien-être humain, il pourra en résulter une réaction des pouvoirs publics et/ou du marché.

À la suite des sections *Résumé* et *Vue d'ensemble*, **le rapport comprend quatre sections principales**. Le *chapitre 2* décrit les instruments d'action et les forces du marché qui ont une incidence sur la performance environnementale de l'agriculture. Les *chapitres 3 à 13* passent en revue la performance agro-environnementale par thèmes : terres ; éléments nutritifs ; pesticides ; énergie ; érosion des sols ; ressources en eau ; qualité de l'eau ; ammoniac ; gaz à effet de serre ; bromure de méthyle ; et biodiversité. L'annexe A est consacrée à l'utilisation qui a été faite dernièrement des indicateurs agro-environnementaux de l'OCDE dans le domaine du suivi et de l'évaluation des politiques. On trouvera à l'annexe 1.A1 une liste récapitulative des IAE figurant dans ce rapport, ainsi que leur définition.

Sources de données et d'information

Les principales sources de données, de méthodologies relatives aux indicateurs et d'informations sur les pays utilisées dans ce rapport sont :

1. les données communiquées par les **pays membres de l'OCDE** au Secrétariat de l'OCDE jusqu'à la fin de 2012 ;
2. les ***travaux réguliers de l'OCDE sur la collecte de données environnementales***, dans le cadre du *Compendium de données sur l'environnement* (OCDE, 2008c) ;
3. **Eurostat** (Office statistique de l'UE), à la faveur d'un processus de coopération mutuelle et d'échange de données destiné à harmoniser l'ensemble des données sur les indicateurs agro-environnementaux entre l'OCDE et l'Union européenne ;
4. des ***sources extérieures*** (annexe 1.A2), notamment des organisations gouvernementales internationales telles que la FAO, les secrétariats de divers accords environnementaux internationaux (par ex. le *Protocole de Kyoto*, le *Protocole de Göteborg* et le *Protocole de Montréal*), et des organisations non gouvernementales telles que BirdLife International ;
5. un ***examen approfondi des travaux de recherche, des bases de données et des sites Internet***, destiné en particulier à obtenir des éléments supplémentaires pour étayer la base de données élémentaires sur les IAE.

Les évolutions temporelles indiquées dans les graphiques et tableaux du rapport sont en général exprimées en pourcentages moyens de variation annuelle pour une période donnée. Faute de données concernant certains indicateurs environnementaux, et par souci de cohérence entre les indicateurs, les pourcentages moyens de variation annuelle correspondent au taux de croissance géométrique entre deux dates. Pour réduire l'influence des fluctuations d'une année sur l'autre, chaque date correspond, dans la mesure où les données voulues sont disponibles, à une moyenne sur trois ans pour chaque indicateur.

Avertissements, limites et évaluation des indicateurs au regard des critères de l'OCDE

Avertissements et limites concernant les indicateurs

Étant donné la complexité du calcul d'un large éventail d'indicateurs portant sur les 34 pays de l'OCDE et couvrant les évolutions intervenues depuis 1990, il est inévitable que des avertissements et des limites s'appliquent lorsqu'on procède à des comparaisons dans le temps et entre les pays, notamment en ce qui concerne les aspects suivants (annexe 1.A2) :

- ***Les définitions et les méthodologies utilisées pour calculer les indicateurs*** sont normalisées dans la plupart des cas mais pas dans tous, en particulier pour l'érosion des sols et la qualité de l'eau. L'OCDE et la CCNUCC s'emploient à améliorer certains indicateurs, tels que les émissions de gaz à effet de serre (GES).
- ***La disponibilité, la qualité et la comparabilité des données*** sont, dans toute la mesure du possible, complètes, cohérentes et harmonisées pour les différents indicateurs. Des carences et lacunes subsistent toutefois, car certaines séries de données font défaut (sur la qualité de l'eau, par exemple), leur couverture est variable (consommation d'énergie, par exemple) et des moyens différents sont utilisés pour les obtenir (recensement dans le cas de l'utilisation des terres et enquêtes sur le terrain concernant les oiseaux des milieux agricoles, par exemple).
- ***L'agrégation spatiale*** des indicateurs s'effectue au niveau national mais, pour certains indicateurs (bilans des éléments nutritifs, par exemple) cela peut masquer des variations importantes au niveau régional. Des exemples sont néanmoins fournis dans le rapport pour illustrer cette variation spatiale.
- Si l'on veut effectuer des comparaisons internationales, ***la tendance et l'ampleur des variations*** des indicateurs sont plus importantes que les niveaux absolus dans beaucoup de domaines, d'autant que les conditions locales peuvent varier considérablement au sein des pays et d'un pays à l'autre. Par ailleurs, les méthodes de calcul des indicateurs, les coefficients et les données primaires ne sont pas toujours harmonisés entre pays. Cependant, les niveaux absolus sont significatifs lorsque : les pouvoirs publics ont défini des limites fondées sur des données scientifiques (concentration de nitrates dans l'eau, par exemple) ; des cibles sont adoptées dans le cadre d'accords nationaux et internationaux (émissions d'ammoniac, par exemple) ; ou la contribution à la pollution planétaire est importante (gaz à effet de serre, par exemple).
- ***La contribution de l'agriculture à certains effets sur l'environnement*** est parfois difficile à isoler, en particulier dans des domaines tels que la qualité des sols et de l'eau, pour lesquels l'impact d'autres activités économiques est important (exploitation forestière, par exemple) ou pour lesquels l'état « naturel » de l'environnement lui-même contribue à la charge de pollution (l'eau peut par exemple contenir naturellement des nitrates ou du phosphore).
- ***L'amélioration ou la détérioration de l'environnement*** est dans la plupart des cas clairement indiquée par la direction dans laquelle évoluent les indicateurs (érosion des sols, gaz à effet de serre, par exemple) mais, dans certains cas, l'évolution peut être ambiguë. Ainsi, pour obéir à la réglementation sur la qualité de l'eau, un agriculteur peut réduire la teneur en éléments nutritifs des effluents épandus sur ses terres (indicateur bilan de l'azote) en ayant recours au stockage des effluents d'élevage qui libèrent davantage d'azote dans l'atmosphère sous forme d'ammoniac (indicateur émissions d'ammoniac).
- Dans ce rapport, on n'utilise généralement pas de ***niveaux de référence, de seuils ou d'objectifs*** pour évaluer les tendances des indicateurs, car ils risquent de varier d'un pays et d'une région à l'autre en raison de différences liées aux conditions environnementales et climatiques, de même qu'aux contextes nationaux. Pour certains indicateurs, toutefois, des niveaux de seuil sont utilisés afin de déterminer l'évolution de l'indicateur, par exemple lorsque des objectifs convenus à l'échelle internationale servent de point de comparaison pour les tendances des indicateurs (émissions d'ammoniac et utilisation de bromure de méthyle, par exemple).

Évaluation des indicateurs au regard des critères de l'OCDE

Les indicateurs développés par l'OCDE doivent répondre à un ensemble de critères de pertinence politique, de justesse d'analyse (rigueur scientifique), de mesurabilité et de facilité d'interprétation, pour permettre des comparaisons plus faciles dans le temps et d'un pays à l'autre. Dans quelle mesure les indicateurs agro-environnementaux de l'OCDE répondent-ils à ces critères (voir aussi la synthèse présentée à l'annexe 1.A2) ?

- ***Pertinence politique*** – il est impératif que les indicateurs suivent convenablement les évolutions qui préoccupent la population et intéressent l'action des pouvoirs publics. Le nombre de pays de l'OCDE couverts par chaque indicateur du rapport est récapitulé à l'annexe 1.A2. Dans la plupart des cas, la couverture est représentative des pays membres de l'OCDE, même s'il convient de noter que le nombre de pays couverts est plus limité pour les indicateurs concernant l'impact de l'agriculture sur les ressources en sols et en eau que pour d'autres indicateurs ; cela tient en partie à ce que ces problèmes ne revêtent pas la même importance dans tous les pays de l'OCDE, à la différence de la qualité de l'eau et de la diversité biologique par exemple. La contribution éventuelle du secteur agricole à certains effets sur l'environnement est décrite dans le tableau 2.1, qui s'appuie sur l'annexe 1.A2 et souligne l'importance de l'agriculture dans l'économie en général (s'agissant par exemple de l'utilisation des terres et des prélèvements d'eau).

  Certains indicateurs agro-environnementaux pertinents ne sont pas disponibles actuellement dans un groupe représentatif de pays membres de l'OCDE, par exemple ceux qui portent sur les pratiques de gestion agricole favorables à l'environnement (adoption de façons culturales antiérosives, nombre d'exploitants mesurant la teneur des sols en éléments nutritifs, adoption de techniques d'irrigation efficientes) ; sur la fixation du carbone ; sur les risques associés aux pesticides ; et sur la préservation de la biodiversité. Toutefois, à mesure que les politiques agro-environnementales s'étoffent, davantage de pays commencent à concevoir des indicateurs dans certains de ces domaines (la fixation du carbone en agriculture, par exemple, dans le cadre des mesures d'atténuation du changement climatique).

- ***Justesse d'analyse*** – la compréhension scientifique des relations biophysiques et de leur interaction avec les activités agricoles est variable. Les indicateurs se rapportant aux bilans des éléments nutritifs et à l'érosion des sols sont fondés sur une solide compréhension scientifique du cycle de l'azote et des modèles de transport et de devenir dans les sols. Dans un certain nombre d'autres domaines, en revanche, les connaissances restent incomplètes. Ainsi, on connaît encore mal le cheminement et l'importance des polluants agricoles dans les eaux souterraines. La variabilité de la justesse d'analyse des indicateurs se traduit également par des différences dans le degré de certitude entre les estimations des indicateurs.

- ***Mesurabilité*** – la mesurabilité des indicateurs dépend de la bonne couverture et de la qualité des données, qui varient d'un pays à l'autre. Si certaines données sont régulièrement collectées dans la plupart des pays au moyen de recensements agricoles (superficie agricole, par exemple), on recourt par ailleurs souvent à des enquêtes pour recueillir des données environnementales (telles que les indicateurs de qualité de l'eau), mais la couverture des pays est habituellement incomplète.

  La définition de la couverture des données varie souvent d'un pays à l'autre. C'est ainsi que dans certains pays, les données sur les pesticides et l'énergie comprennent uniquement l'agriculture, alors que dans d'autres, elles englobent aussi d'autres activités, telles que la sylviculture. Les gouvernements sont habituellement la principale institution qui recueille les données nécessaires au calcul des indicateurs, mais l'OCDE a aussi fait appel à d'autres organisations internationales (comme la CCNUCC pour les gaz à effet de serre) et organisations non gouvernementales (BirdLife International, par exemple, pour l'évolution des populations d'oiseaux des milieux agricoles).

- ***Interprétation*** – dans la plupart des cas, les indicateurs sont faciles à interpréter par les décideurs et le grand public, mais certains, tels que les indicateurs de la biodiversité, restent difficiles à comprendre pour qui ne possède pas de connaissances spécialisées. L'interprétation des résultats des indicateurs exige une grande prudence et, dans certains cas, il n'est pas possible de comparer les valeurs absolues entre pays.

  Les tendances moyennes de la zone de l'OCDE peuvent masquer de grandes différences entre les pays, et les tendances des indicateurs nationaux peuvent aussi cacher de fortes variations régionales et locales, comme c'est le cas en particulier pour les excédents d'éléments nutritifs et la pollution de l'eau. Il existe également des disparités marquées entre les pays quant au niveau des indicateurs en valeur absolue, en particulier s'agissant des excédents d'éléments nutritifs, des ventes de pesticides, de la consommation d'énergie, des prélèvements d'eau et des émissions dans l'atmosphère.

Les limitations auxquelles se heurte l'interprétation des indicateurs de ce rapport doivent être considérées dans un contexte plus large. Dans de nombreux cas, elles s'appliquent aussi aux autres indicateurs régulièrement utilisés par les décideurs. On peut ainsi constater de grandes variations de part et d'autre des moyennes nationales des indicateurs socio-économiques (chômage, revenu familial moyen par exemple) et les problèmes de méthodologie et de manque de données ne sont pas rares (répartition de la richesse, par exemple).

Les travaux consacrés à l'établissement d'indicateurs agro-environnementaux sont relativement récents, alors que la mise au point d'indicateurs économiques, tel le produit intérieur brut, est beaucoup plus ancienne. Il est plus complexe de mesurer les liens de causalité entre l'environnement biophysique et les activités humaines au moyen d'indicateurs que de suivre l'évolution des phénomènes socio-économiques, étant donné que beaucoup d'effets agro-environnementaux n'ont pas l'avantage d'avoir une valeur (monétaire) sur le marché et sont même difficiles à mesurer en termes physiques (oiseaux des milieux agricoles, par exemple).

Structure du rapport

Suite à cette Vue d'ensemble, le rapport est structuré comme suit :

- Chapitre 2 : action publique et forces du marché exerçant une influence sur la performance environnementale récente et à venir de l'agriculture.
- Chapitre 3 : production agricole, utilisation des terres, agriculture biologique et cultures transgéniques.
- Chapitre 4 : éléments nutritifs : bilans de l'azote et du phosphore.
- Chapitre 5 : ventes de pesticides.
- Chapitre 6 : énergie : consommation d'énergie sur l'exploitation et production de biocarburants à partir de matières premières agricoles.
- Chapitre 7 : sols – érosion hydrique et éolienne.
- Chapitre 8 : prélèvements d'eau, superficie irriguée et doses d'application de l'eau d'irrigation.
- Chapitre 9 : qualité de l'eau : nitrates, phosphore et pesticides.

- Chapitre 10 : émissions d'ammoniac : acidification et eutrophisation.
- Chapitre 11 : émissions de gaz à effet de serre : changement climatique.
- Chapitre 12 : bromure de méthyle : appauvrissement de la couche d'ozone.
- Chapitre 13 : biodiversité : populations d'oiseaux des milieux agricoles et couverture des sols agricoles.

Chacun de ces chapitres, à l'exception du chapitre 2, est structuré comme suit :

- Contexte général
  - Problématique
  - Principaux défis
- Indicateurs
  - Définitions
  - Concepts, interprétation, points faibles et liens avec d'autres indicateurs
  - Mesurabilité et qualité des données
- Principales tendances
- Bibliographie

Toutes les données primaires utilisées pour calculer les indicateurs des chapitres 3 à 13 (voir la liste à l'annexe 1.A1) et toutes les séries chronologiques internationales se trouvent sur le site Internet de l'OCDE à l'adresse : *www.oecd.org/fr/tad/agriculture-durable/indicateurs-agro-environnementaux.htm.*

L'annexe A porte sur l'utilisation des IAE dans l'analyse et le suivi des politiques. Elle traite de l'utilisation des IAE dans les pays membres de l'OCDE, dans les rapports du Secrétariat de l'OCDE, par d'autres organisations internationales et la communauté des chercheurs.

Bibliographie

OCDE (2008a), *La performance environnementale de l'agriculture : Panorama*, Éditions OCDE, *http://dx.doi.org/10.1787/9789264046771-fr.*

OCDE (2008b), *La performance environnementale de l'agriculture dans les pays de l'OCDE depuis 1990*, Éditions OCDE, *http://dx.doi.org/10.1787/9789264040946-fr.*

OCDE (2008c), *Données OCDE sur l'environnement – Compendium 2008*, Éditions OCDE, *www.oecd.org/fr/env.*

OCDE (2001), *Indicateurs environnementaux pour l'agriculture : Méthodes et résultats, volume 3*, Éditions OCDE, *http://dx.doi.org/10.1787/9789264288553-fr.*

OECD (1999), *Indicateurs environnementaux pour l'agriculture : vol. 1 : Concepts et cadre d'analyse*, vol. 2 : *Questions clés et conception* – « Le séminaire de York », Éditions OCDE, *http://dx.doi.org/10.1787/9789264273757-fr.*

ANNEXE 1.A1

Liste des indicateurs retenus dans le Compendium des indicateurs agro-environnementaux de l'OCDE

Thème	Intitulé[1]	Définition de l'indicateur[2]
I. Sols	**Érosion des sols** Chapitre 7	1. Terres agricoles touchées par l'érosion hydrique et éolienne, classées comme exposées à un risque d'érosion modéré à grave.
II. Eau	**Ressources en eau** Chapitre 8	2. Prélèvement d'eau douce à des fins agricoles.
		3. Superficies irriguées.
		4. Doses d'application de l'eau d'irrigation – mégalitres d'eau par hectare irrigué.
	Qualité de l'eau Chapitre 9	5. Pollution des eaux de surface, des eaux souterraines et des eaux marines par les nitrates, les phosphates et les pesticides, imputable à l'agriculture.
III. Air et changement climatique	**Ammoniac** Chapitre 10	6. Émissions d'ammoniac d'origine agricole.
	Gaz à effet de serre Chapitre 11	7. Total des émissions brutes de gaz à effet de serre d'origine agricole (méthane et hémioxyde d'azote, mais pas le dioxyde de carbone).
	Bromure de méthyle Chapitre 12	8. Utilisation de bromure de méthyle, en tonnes d'équivalents substance appauvrissant la couche d'ozone.
IV. Biodiversité	**Oiseaux des milieux agricoles** Chapitre 13	9. Populations d'un groupe donné d'espèces d'oiseaux nicheurs qui dépendent des terres agricoles pour la nidification ou la reproduction.
	Couverture des sols agricoles Chapitre 13	10. Types de couverture des sols agricoles – superficie des grandes cultures, des cultures permanentes et des pâturages.
V. Intrants et produits agricoles	**Production** Chapitre 3	11. Production agricole, indice de variation en volume de la production agricole, végétale et animale totale.
	Éléments nutritifs Chapitre 4	12. Bilan brut de l'azote et du phosphore d'origine agricole, excédent ou déficit.
	Pesticides Chapitre 5	13. Ventes de pesticide, en tonnes de matières actives.
	Énergie Chapitre 6	14. Consommation directe d'énergie par le secteur agricole.
		15. Production de biocarburants (bioéthanol et biodiesel) à partir de matières premières agricoles.
	Terres Chapitre 3	16. Superficie des terres agricoles.
		17. Superficies en agriculture biologique certifiée.
		18. Superficies en cultures transgéniques.

Notes : Tous les indicateurs concernent le secteur agricole primaire, sauf indication contraire dans les notes au tableau annexe 1.A2.

1. Le chapitre concerné dans le rapport est indiqué pour chaque indicateur (colonne « Intitulé »).
2. Les définitions des indicateurs sont développées dans chacun des chapitres correspondants. Une définition générale est donnée ici pour chaque indicateur principal mais, pour la plupart des indicateurs énumérés, elle est exprimée sous la forme d'un ensemble de sous-indicateurs. L'indicateur « ressources en eau », qui se décompose comme suit, en est un exemple :

- Évolution des prélèvements d'eau douce de l'agriculture, millions de m^3, 1990 à 2010.
- Taux moyen de croissance annuelle des prélèvements d'eau douce de l'agriculture, 1990 à 2010.
- Taux moyen de croissance annuelle des prélèvements totaux d'eau douce, 1990 à 2010.
- Part des prélèvements d'eau douce de l'agriculture dans les prélèvements totaux d'eau douce, moyenne 2008-10.
- Évolution des superficies irriguées, hectares, 1990 à 2010.
- Taux moyen de croissance annuelle des superficies irriguées, 1990 à 2010.
- Part des superficies irriguées dans la superficie agricole totale, moyenne 2008-10.
- Part des prélèvements d'eau douce destinés à l'irrigation dans les prélèvements totaux d'eau douce de l'agriculture, moyenne 2008-10.
- Évolution des doses d'application de l'eau d'irrigation, mégalitres par hectare irrigué, 1990 à 2010.
- Taux moyen de croissance annuelle des doses d'application de l'eau d'irrigation, 1990 à 2010.

L'évolution dans le temps de chacun des indicateurs est exprimée par un taux de croissance annuelle, à l'aide de moyennes sur trois ans : 1990-92 à 1998-2000 et 1998-2000 à 2008-10. Dans la plupart des graphiques, les pays sont classés du taux de croissance positif le plus élevé au taux de croissance le plus bas (il peut être négatif) pendant la période la plus récente, c'est-à-dire 2008-10.

Lorsqu'un indicateur est exprimé en proportion d'une autre variable, le calcul est en général effectué sur une période de trois ans, par exemple 2008–10. Les moyennes établies sur trois ans permettent de contourner le problème des années hors norme, principalement dues aux variations annuelles des conditions météorologiques.

ANNEXE 1.A2

Évaluation des indicateurs selon les critères applicables aux indicateurs de l'OCDE

	Érosion des sols (hydrique et éolienne)		Ressources en eau		
	1. Proportion des terres agricoles jugées exposées à un risque d'érosion hydrique modérée à grave	1. Proportion des terres agricoles jugées exposées à un risque d'érosion éolienne modérée à grave	2. Part des prélèvements d'eau douce de l'agriculture dans les prélèvements totaux d'eau douce	3. Part des superficies irriguées dans les superficies agricoles totales	4. Doses d'application de l'eau d'irrigation
Pertinence politique					
1. Nombre de pays[1]	27	18	29	26	15
2. Contribution de l'agriculture aux effets sur l'environnement[2]	n.c.	n.c.	44 %	4 %	n.c.
Justesse d'analyse					
1. Rigueur de la méthode de calcul[3]	Bonne	Bonne	Moyenne	Bonne	Moyenne
2. Certitude des estimations des indicateurs[4]	Faible	Faible	Moyenne	Élevée	Moyenne
Mesurabilité					
1. Période couverte par l'indicateur[5]	1990-2010	1995-2010	1990-2010	1990-2010	1990-2010
2. Fréquence de collecte des données[6]	Peu fréquente	Peu fréquente	Annuelle	Annuelle	Annuelle
3. Méthode de collecte des données primaires[7]	Enquête/modèle	Enquête/modèle	Terrain/modèle	Recensement	Terrain/modèle/recensement
4. Couverture des données[8]	Agriculture	Agriculture	Agriculture	Agriculture	Agriculture
5. Institution collectant les données[9]	Gouvernement	Gouvernement	Gouvernement	Gouvernement	Gouvernement
Interprétation					
1. Facilité d'interprétation[10]	Élevée	Élevée	Élevée	Élevée	Élevée
2. Comparabilité entre les pays[11]	Oui	Oui	Oui	Oui	Oui

n.c. : Non calculé.

	Qualité de l'eau							
	5. Part des éléments nutritifs agricoles dans les eaux :		5. Proportion des sites de mesure, en milieu agricole, où les normes de concentration d'éléments nutritifs sont dépassées dans les eaux :		5. Proportion des sites de mesure, en milieu agricole, où les normes de concentration de pesticides sont dépassées dans les eaux :		5. Proportion des sites de mesure, en milieu agricole, où un pesticide au moins est présent dans les eaux :	
Pertinence politique								
1. Nombre de pays[1]	De surface	Côtières	De surface	Souterraines	De surface	Souterraines	De surface	Souterraines
N :	13	9	15	21	11	14	7	6
P :	12	8	7	..				
2. Contribution de l'agriculture aux effets sur l'environnement[2] N :	n.c.	n.c.	n.c.	n.c.	n.c.	n.c.	n.c.	n.c.
P :	n.c.	n.c.	n.c.	n.c.	n.c.	n.c.	n.c.	n.c.
Justesse d'analyse								
1. Rigueur de la méthode de calcul[3]	Bonne		Bonne		Moyenne		Moyenne	
2. Certitude des estimations des indicateurs[4]	Élevée		Élevée		Moyenne		Moyenne	
Mesurabilité								
1. Période couverte par l'indicateur[5] N :	2000-09	2000-08	2000-10	2000-10	2000-10		2000-10	
P :	2000-09	2000-08	2000-10	..	2000-10		2000-10	
2. Fréquence de collecte des données[6]	Peu fréquente		Peu fréquente		Peu fréquente		Peu fréquente	
3. Méthode de collecte des données primaires[7]	Enquête par sondage		Enquête par sondage		Enquête par sondage		Enquête par sondage	
4. Couverture des données[8]	Agriculture		Agriculture		Agriculture		Agriculture	
5. Institution collectant les données[9]	Gouvernement		Gouvernement		Gouvernement		Gouvernement	
Interprétation								
1. Facilité d'interprétation[11]	Élevée		Élevée		Élevée		Élevée	
2. Comparabilité entre les pays[12]	Oui		Oui		Oui		Oui	

.. : Non disponible.
n.c. : Non calculé.

	Ammoniac	GES	Bromure de méthyle	Diversité des espèces sauvages
	6. Proportion des émissions agricoles d'ammoniac dans les émissions totales d'ammoniac	7. Proportion des émisions agricoles de GES dans les émissions totales de GES de l'OCDE	8. Porportion de la consommation agricole de bromure de méthyle dans la consommation mondiale totale	9. Évolution des populations de certaines espèces d'oiseaux des milieux agricoles qui dépendent des terres agricoles pour la nidification ou la reproduction
Pertinence politique				
1. Nombre de pays[1]	27	34	34	20
2. Contribution de l'agriculture aux effets sur l'environnement[2]	91 %	8 %	46 %	n.c.
Justesse d'analyse				
1. Rigueur de la méthode de calcul[3]	Bonne	Bonne	Bonne	Bonne
2. Certitude des estimations des indicateurs[4]	Élevée	Élevée	Élevée	Élevée
Mesurabilité				
1. Période couverte par l'indicateur[5]	1990-2010	1990-2010	1991-2010	1990-2010
2. Fréquence de collecte des données[6]	Annuelle	Annuelle	Annuelle	Annuelle
3. Méthode de collecte des données primaires[7]	Modèle	Modèle	Modèle	Enquête
4. Couverture des données[8]	Agriculture	Agriculture, sylviculture, pêche	Agriculture + secteur agroalimentaire	Agriculture
5. Institution collectant les données[9]	CEE-ONU	CCNUCC	PNUE	Associations nationales de protection des oiseaux et BirdLife International (ONG)
Interprétation				
1. Facilité d'interprétation[11]	Moyenne	Élevée	Moyenne	Élevée
2. Comparabilité entre les pays[12]	Oui	Oui	Oui	Oui

.. : Non disponible.

	Éléments nutritifs		Pesticides	Énergie	Biocarburants	
	12. Bilan brut de l'azote	12. Bilan brut du phosphore	13. Ventes de pesticides en tonnes de matières actives	14. Consommation directe d'énergie sur l'exploitation	15. Production de bioéthanol	15. Production de biodiesel
Pertinence politique						
1. Nombre de pays[1]	33	33	33	33	15	14
2. Contribution de l'agriculture aux effets sur l'environnement[2]	n.c.	n.c.	n.c.	1.6 %	n.c.	n.c.
Justesse d'analyse						
1. Rigueur de la méthode de calcul[3]	Bonne	Bonne	Moyenne	Moyenne	Bonne	Bonne
2. Certitude des estimations des indicateurs[4]	Élevée	Élevée	Moyenne	Moyenne	Élevée	Élevée
Mesurabilité						
1. Période couverte par l'indicateur[5]	1990-2009	1990-2009	1990-2010	1990-2010	1994-2011	2000-10
2. Fréquence de collecte des données[6]	Annuelle	Annuelle	Annuelle	Annuelle	Annuelle	Annuelle
3. Méthode de collecte des données primaires[7]	Recensement et coefficients	Recensement et coefficients	Enquête	Recensement	Enquête	Enquête
4. Couverture des données[8]	Agriculture	Agriculture	Agriculture, sylviculture	Agriculture, sylviculture, pêche	Agriculture, sylviculture	Agriculture, sylviculture
5. Institution collectant les données[9]	Gouvernement	Gouvernement	Gouvernement	Gouvernement	Gouvernement Industrie	
Interprétation						
1. Facilité d'interprétation[10]	Moyenne	Moyenne	Élevée	Moyenne	Moyenne	Moyenne
2. Comparabilité entre les pays[11]	Oui	Oui	Oui	Oui	Oui	Oui

n.c. : Non calculé.

	Production	Terres			
	11. Indice du volume total de production agricole, végétale et animale	16. Part des terres agricoles dans la superficie nationale totale des terres	10. Proportion de la superficie agricole totale consacrée aux cultures permanentes, aux grandes cultures et aux pâturages	17. Proportion de la superficie agricole totale consacrée à l'agriculture biologique certifiée	18. Part des cultures transgéniques dans la superficie totale des grandes cultures et des cultures permanentes
Pertinence politique					
1. Nombre de pays[1]	34	34	34	34	34
2. Contribution de l'agriculture aux effets sur l'environnement[2]	n.c	36 %	n.c.	1.9 %	18 %
Justesse d'analyse					
1. Rigueur de la méthode de calcul[3]	Bonne	Bonne	Bonne	Bonne	Bonne
2. Certitude des estimations des indicateurs[4]	Élevée	Élevée	Élevée	Élevée	Élevée
Mesurabilité					
1. Période couverte par l'indicateur[5]	1990-2010	1990-2010	1990-2010	2002-10	1996-2011
2. Fréquence de collecte des données[6]	Annuelle	Annuelle	Annuelle	Annuelle	Annuelle
3. Méthode de collecte des données primaires[7]	Recensement	Recensement	Recensement	Enquête	Enquête
4. Couverture des données[8]	Agriculture	Agriculture	Agriculture	Agriculture	Agriculture
5. Institution collectant les données[9]	FAO	Gouvernement	Gouvernement	Gouvernement + IFOAM	ISAAA
Interprétation					
1. Facilité d'interprétation[10]	Élevée	Élevée	Élevée	Élevée	Élevée
2. Comparabilité entre les pays[11]	Oui	Oui	Oui	Oui	Oui

n.c. : Non calculé.

Notes : Les indicateurs recensés ici sont numérotés de la même façon qu'à l'annexe 1.A1 (veuillez noter que certains sous-ensembles, par exemple l'érosion hydrique et l'érosion éolienne des sols, portent le même numéro). Leur évaluation s'appuie sur les critères de l'OCDE : pertinence politique, justesse d'analyse, mesurabilité et facilité d'interprétation.

1. « *Nombre de pays* » : le nombre de pays pour lesquels des données sont disponibles pour l'indicateur concerné (33 pays sur les 34 membres de l'OCDE ont fourni des données sur les bilans des éléments nutritifs, par exemple).
2. « *Contribution de l'agriculture aux effets sur l'environnement* » : la contribution de l'agriculture des pays de l'OCDE aux différents effets sur l'environnement, le cas échéant ; par exemple, l'agriculture des pays de l'OCDE représente 44 % des prélèvements totaux d'eau douce sur la période 2008-10. Ces données sont résumées dans le tableau 2.1.
3. « *Rigueur de la méthode de calcul* » : évaluation qualitative (bonne, moyenne, faible) de la rigueur scientifique de la méthode utilisée pour calculer chaque indicateur. Le nombre de pays qui utilisent la bonne méthode n'est pas indiqué, mais en général, ils emploient tous la même (les exceptions sont signalées dans les différents chapitres du rapport).
4. « *Certitude des estimations des indicateurs* » : évaluation qualitative (élevée, moyenne, faible) de la certitude attachée aux estimations effectuées pour chaque indicateur.
5. « *Période couverte par l'indicateur* » : il s'agit de la période sur laquelle l'indicateur est calculé, en général 1990-2010. Cela ne signifie pas que des séries chronologiques annuelles soient disponibles pour chacun d'eux, par exemple l'érosion des sols et la qualité de l'eau (voir le point suivant).
6. « *Fréquence de collecte des données* » : la fréquence (annuelle ou tous les 5 ans, par exemple) de la collecte des données élémentaires utilisées dans le calcul des indicateurs.
7. « *Méthode de collecte des données primaires* » : décrit la méthode (enquête, recensement, par exemple) utilisée pour recueillir les données élémentaires destinées au calcul des indicateurs.
8. « *Couverture des données* » : dans la plupart des cas, les données portent sur le secteur agricole primaire, mais dans certains (consommation d'énergie et ventes de pesticides, entre autres), elles peuvent englober aussi d'autres utilisateurs (la sylviculture, par exemple), lorsque les pays ne sont pas en mesure de les ventiler.
9. « *Institution collectant les données* » : la principale institution ayant la responsabilité de recueillir les données nécessaires au calcul des indicateurs.
10. « *Facilité d'interprétation* » : évaluation quantitative – élevée, moyenne, médiocre – de la facilité avec laquelle les décideurs et le grand public peuvent interpréter les indicateurs.
11. « *Comparabilité entre les pays* » : précise si les indicateurs sont comparables d'un pays à l'autre. Il convient de noter que la réponse « oui » peut signifier que seules les grandes tendances sont comparables et non pas les niveaux absolus, par exemple les doses d'application de l'eau d'irrigation.

Chapitre 2

Action publique et forces du marché influant sur la récente et future performance environnementale de l'agriculture

Ce chapitre fournit une vue d'ensemble du rôle de l'agriculture dans l'économie et l'environnement, en soulignant l'importance du secteur agricole pour l'environnement. Il examine aussi l'action publique et les forces du marché qui influent sur les tendances récentes de la performance environnementale de l'agriculture, tels que les variations du niveau global et de la composition du soutien aux agriculteurs, l'évolution des politiques agro-environnementales et les tendances des prix des produits agricoles de base. Enfin, le chapitre présente les perspectives de la performance environnementale de l'agriculture par rapport à l'évolution prévue des prix et de la production des produits agricoles de base, et identifie les éléments nouveaux qui pourraient contribuer à réduire la pression de l'agriculture sur l'environnement et encourager le développement d'avantages pour l'environnement associés à l'agriculture.

La performance environnementale de l'agriculture dépend de certains facteurs essentiels, tels que les politiques publiques, les marchés, les technologies, les pratiques de gestion agricole et l'état de l'environnement (sols, conditions météorologiques, etc.) (graphique 1.1). L'utilisation d'intrants par les agriculteurs, comme les engrais, les pesticides, les terres et l'eau, est fonction, *in fine*, de leurs prix, des prix relatifs des produits agricoles et des compétences en matière de gestion agricole. En outre, les exploitants sont plus ou moins encouragés à adopter des pratiques agricoles bénéfiques à l'environnement suivant le niveau et la composition du soutien aux producteurs agricoles, les forces du marché en général et les technologies disponibles.

2.1. Contexte : le rôle de l'agriculture dans l'économie et l'environnement

Le secteur agricole primaire représente en général une part limitée du produit intérieur brut (PIB) des pays de l'OCDE, mais la part de l'agriculture est plus importante quand on tient compte de l'ensemble de la filière agroalimentaire (graphique 2.1). Toutefois, les pays de l'OCDE sont encore à l'origine d'une proportion non négligeable de la production et des exportations mondiales de certains produits de base comme le blé, le lait et la viande. Cette proportion est cependant appelée à diminuer dans les dix années à venir sous l'effet de la poursuite de l'expansion du secteur industriel et des services dans certains pays émergents (OCDE, 2012a).

Graphique 2.1. **Structure du produit intérieur brut agricole, pays de l'OCDE, 2009**

Part en % du PIB

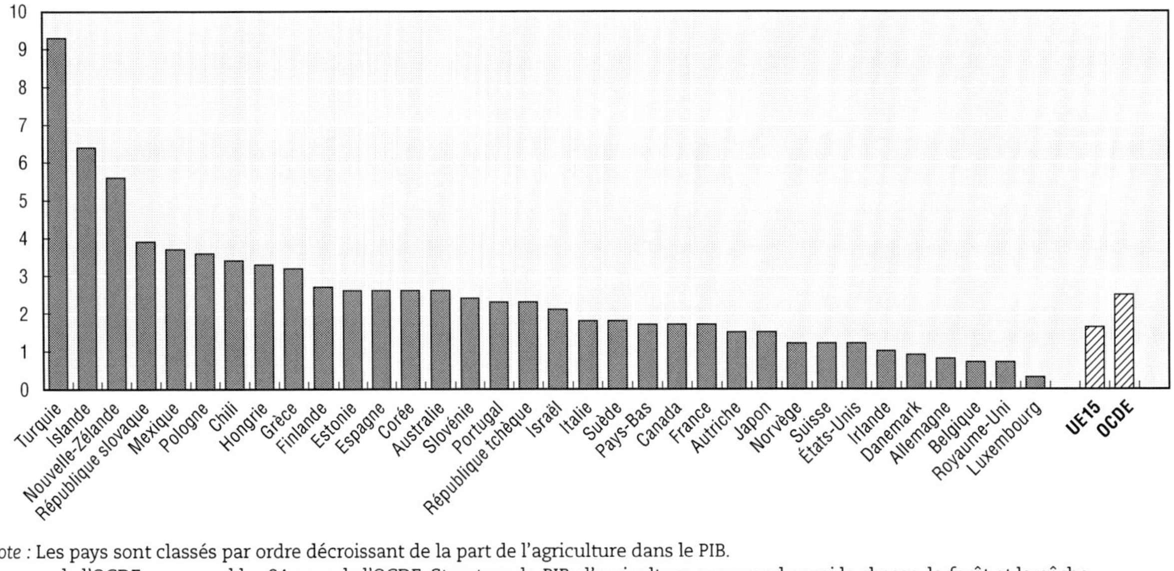

Note : Les pays sont classés par ordre décroissant de la part de l'agriculture dans le PIB.
La zone de l'OCDE comprend les 34 pays de l'OCDE. Structure du PIB : l'agriculture comprend aussi la chasse, la forêt et la pêche.
Les données statistiques concernant Israël sont fournies par et sous la responsabilité des autorités israéliennes compétentes. L'utilisation de ces données par l'OCDE est sans préjudice du statut des hauteurs du Golan, de Jérusalem-Est et des colonies de peuplement israéliennes en Cisjordanie aux termes du droit international.

Source : OCDE (2011), *Vers une croissance verte : suivre les progrès – Les indicateurs de l'OCDE*, *www.oecd.org/fr/croissanceverte*.

StatLink http://dx.doi.org/10.1787/888932992173

Le commerce agricole mondial devrait donc évoluer, ce qui pourrait avoir une incidence sur l'ampleur et la répartition des atteintes à l'environnement dans le monde, pour les pays qui exportent des produits agricoles comme pour ceux qui en importent. Cette évolution pourrait être renforcée par le fait que les marchés sont en passe de devenir les principaux déterminants des décisions des agriculteurs en matière de production et d'investissement, en particulier si la réduction du soutien agricole amorcée récemment se poursuit et si le soutien à l'agriculture continue d'être de plus en plus découplé de la production et de l'utilisation d'intrants (OCDE, 2012b).

En dépit de son rôle modeste dans l'ensemble de l'économie, le secteur agricole primaire a une forte incidence sur l'environnement. L'agriculture est à l'origine de diverses externalités environnementales positives (comme la préservation de la biodiversité) et négatives (comme la pollution atmosphérique), dont sa contribution au PIB ne rend pas compte parce qu'il n'existe généralement pas de marché pour ces externalités. Le rôle relatif du secteur agricole des pays de l'OCDE en termes d'utilisation des ressources naturelles et d'atteintes à l'environnement, tel qu'il est mis en évidence par les chapitres 3 à 12 du présent rapport, est résumé dans le tableau 2.1.

Tableau 2.1. **La place du secteur agricole primaire dans l'économie et l'environnement, pays de l'OCDE, 2008-10**

Place du secteur agricole primaire des pays de l'OCDE dans le total, en pourcentage :	Moyenne des pays de l'OCDE	Intervalle : minimum à maximum
• PIB	2.6 %	0.3 à 9.2 %
• Superficie des terres	36 %	3 à 72 %
• Superficie en agriculture biologique certifiée, en pourcentage de la superficie agricole totale	1.9 %	0.01 à 15.6 %
• Bilans des éléments nutritifs (excédents et déficits) :		
Azote, kg par hectare de terres agricoles	63 kg/ha	1 à 228 kg/ha
Phosphore, kg par hectare de terres agricoles	6 kg/ha	–10 à 49 kg/ha
• Ventes de pesticides	70 %	65 à 80 %
• Consommation d'énergie	1.6 %	0.4 à 6.3 %
• Prélèvements d'eau	44 %	0.2 à 89 %
• Proportion des superficies irriguées dans la superficie agricole totale	4 %	0.4 à 54 %
❖ Polluants de l'eau, *dont :*		
Nitrates dans les eaux de surface	..	33 à 82 %
Nitrates dans les eaux souterraines[1]	..	1 à 34 %
Nitrates dans les eaux côtières	..	35 à 78 %
Phosphore dans les eaux de surface	..	17 à 70 %
Phosphore dans les eaux côtières	..	23 à 50 %
Pesticides dans les eaux de surface[1]	..	0 à 75 %
Pesticides dans les eaux souterraines[1]	..	0 à 25 %
• Émissions d'ammoniac	91 %	82 à 98 %
• Émissions de gaz à effet de serre, *dont :*	8 %	2 à 46 %
Hémioxyde d'azote	75 %	..
Méthane	38 %	..
• Part de l'utilisation de bromure de méthyle des pays de l'OCDE dans le total mondial :		
Produits appauvrissant la couche d'ozone	5 %	..
Utilisation de bromure de méthyle	46 %	..

.. : Non disponible.

Notes : Il convient d'interpréter les valeurs indiquées dans ce tableau comme étant des valeurs approximatives plutôt que des valeurs exactes et, pour certains indicateurs, elles comprennent la sylviculture et la pêche. Pour l'intégralité des notes et des sources, consulter le site Internet indiqué ci-dessous.

1. Proportion des sites de mesure où les valeurs limites recommandées dans l'eau destinée à la consommation sont dépassées.

Source : Base de données des indicateurs agro-environnementaux de l'OCDE, www.oecd.org/fr/tad/agriculture-durable/indicateurs-agro-environnementaux.htm.

StatLink http://dx.doi.org/10.1787/888932993237

Le principal défi que les pouvoirs publics ont à relever consiste à faire diminuer progressivement les retombées négatives des activités agricoles sur l'environnement et à accroître peu à peu leurs effets positifs, de façon à préserver les fonctions des écosystèmes et à assurer la sécurité alimentaire d'une population mondiale qui ne cesse de croître. Il faut, à cette fin, améliorer la productivité et la durabilité des systèmes agroalimentaires, par exemple en améliorant les pratiques de gestion des terres, en réduisant les rejets agricoles polluants dans l'air et dans l'eau, en freinant le rythme d'appauvrissement de la biodiversité sur les terres agricoles et en s'attaquant aux politiques de soutien agricole couplées à la production et à l'utilisation d'intrants, qui peuvent encourager une production plus intensive que celle qui serait pratiquée en leur absence.

2.2. Action publique et forces du marché influant sur les tendances récentes de la performance environnementale de l'agriculture

Les réformes des politiques de soutien agricole engagées par la plupart des pays de l'OCDE depuis 1990 ont contribué à réduire le niveau global des atteintes à l'environnement et à favoriser les avantages écologiques (OCDE, 2012c) :

1. ***La réduction du niveau global et de la composition du soutien aux agriculteurs.*** Au cours de la période 2009-11, d'après l'indicateur « estimation du soutien aux producteurs » (ESP), les pays de l'OCDE auraient consacré près de 250 milliards USD (180 milliards EUR) au soutien aux producteurs (OCDE, 2012b). Ainsi, l'ESP a chuté, passant de 37 % des recettes

Graphique 2.2. **Le soutien à l'agriculture et sa composition, pays de l'OCDE, 1986-2011**

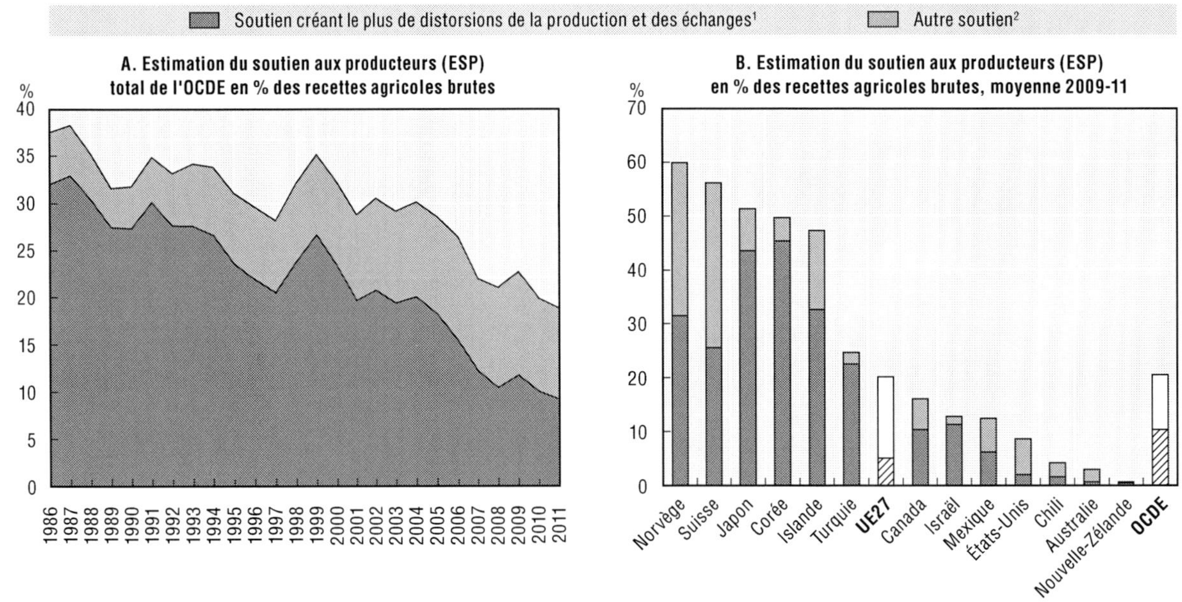

Notes : Estimation du soutien aux producteurs (ESP) : valeur monétaire annuelle des transferts bruts des consommateurs et des contribuables au titre du soutien aux producteurs agricoles, au départ de l'exploitation, découlant des mesures de soutien à l'agriculture, quels que soient leur nature, leurs objectifs ou leurs incidences sur la production ou le revenu agricoles.

Les données statistiques concernant Israël sont fournies par et sous la responsabilité des autorités israéliennes compétentes. L'utilisation de ces données par l'OCDE est sans préjudice du statut des hauteurs du Golan, de Jérusalem-Est et des colonies de peuplement israéliennes en Cisjordanie aux termes du droit international.

1. Le soutien pouvant créer le plus de distorsions de la production et des échanges est défini comme comprenant le soutien des prix du marché, les paiements au titre de la production et de l'utilisation d'intrants variables sans contrainte sur les intrants.
2. L'autre soutien représente l'écart entre le soutien total aux producteurs et le soutien pouvant créer le plus de distorsions.

Source : OCDE, *Base de données des ESP/ESC*, 2012, *www.oecd.org/agriculture/pse*.

StatLink http://dx.doi.org/10.1787/888932992192

totales des exploitants agricoles en 1986-88, en moyenne, à 20 % en 2009-11. Cette baisse est en grande partie imputable à la réduction de la protection douanière et du soutien budgétaire à l'agriculture (graphique 2.2).

Les mesures qui augmentent les prix payés aux producteurs ou subventionnent les intrants (pesticides, engrais, eau, etc.) sans limiter la production incitent les agriculteurs à produire plus, à utiliser davantage d'intrants et à exploiter des terres plus fragiles. Tant que les aides à l'agriculture resteront à leur niveau actuel, les coûts d'opportunité de l'amélioration de l'environnement resteront plus élevés qu'ils ne devraient. En outre, parce qu'elles aident de manière homogène l'ensemble du secteur agricole, les politiques de soutien agricole liées à la production et à l'utilisation d'intrants font abstraction de la diversité biophysique des paysages agricoles, ce qui entraîne un décalage entre l'intensité de la production agricole et la capacité intrinsèque de l'environnement à absorber la pollution.

Cette situation se traduit par l'apparition de « points noirs » sur le plan de la pollution, dans lesquels les terres agricoles sont utilisées et gérées de manière inadéquate dans des paysages écologiquement sensibles. Le soutien aux produits agricoles peut aussi dissuader les agriculteurs de participer à des programmes volontaires de préservation des terres et de l'eau (National Research Council, 2008). La hausse des prix de marché des produits agricoles de base, en partie imputable aux réformes de la politique agricole, peut avoir le même effet.

Les politiques qui visent à réduire les effets de l'agriculture sur l'environnement et à améliorer la sécurité alimentaire doivent aussi être correctement ciblées pour être efficaces. Afin qu'il se traduise par des avantages écologiques, le soutien accordé aux agriculteurs doit favoriser un accroissement de la productivité sur les exploitations et une amélioration de l'efficience avec laquelle les ressources sont utilisées. En conjuguant cette démarche avec des mesures qui découragent l'exploitation des terres fragiles et jouent en faveur de l'agriculture durable, on a des chances de mieux préserver l'environnement. Ainsi, dans beaucoup de pays, l'un des principaux volets de la réforme de la politique agricole consiste à accorder des incitations aux agriculteurs pour qu'ils développent des pratiques bénéfiques à l'environnement à même, par exemple, d'améliorer la rétention d'eau sur les terres agricoles, de limiter les flux de sédiments transportés hors des zones agricoles, d'offrir des possibilités de préservation de la biodiversité et de renforcer le rôle de l'agriculture dans la fixation du carbone.

2. ***L'évolution vers des formes de soutien plus découplées de la production.*** Les modalités de l'aide aux agriculteurs évoluent elles aussi (graphiques 2.2 et 2.3). Les pays de l'OCDE s'orientent progressivement vers des formes de soutien plus découplées de la production courante, comme les paiements par hectare, qui laissent davantage de latitude aux agriculteurs dans leurs choix de production. Cette réorientation se traduit également par l'élaboration de diverses mesures agro-environnementales ciblées, destinées à réduire les atteintes à l'environnement, par exemple des obligations réglementaires, des aides financières subordonnées à la mise de terres hors culture ou à l'adoption de certaines pratiques agricoles, ou encore des mesures d'assistance technique. Toutefois, même lorsqu'il est plus découplé de la production, le soutien agricole peut encourager à cultiver davantage de terres ou à continuer de cultiver des terres marginales, contribuant ainsi aux atteintes à l'environnement dans leur ensemble (voir le chapitre 4 de OCDE, 2010a).

   Ces mesures obligent ou encouragent les agriculteurs à adopter des pratiques plus respectueuses de l'environnement, favorisant par exemple les systèmes extensifs, la diversification des cultures et les façons culturales antiérosives. Le poids relatif de ces différentes formes d'action varie selon les pays de l'OCDE. Ces derniers

Graphique 2.3. **Niveau et composition du soutien aux producteurs agricoles, pays de l'OCDE, 1995-2011**

Direction de l'évolution entre 1995-97 et 2009-11

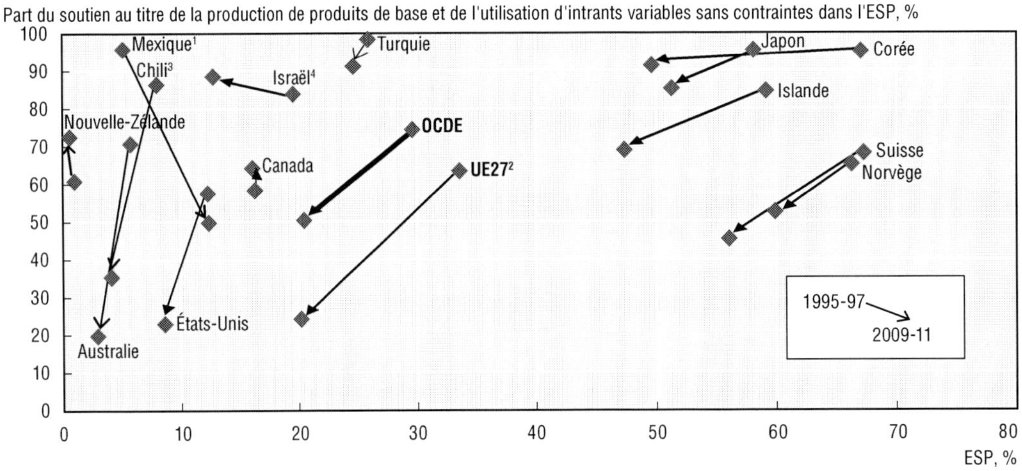

Notes : Estimation du soutien aux producteurs (ESP) : valeur monétaire annuelle des transferts bruts des consommateurs et des contribuables au titre du soutien aux producteurs agricoles, au départ de l'exploitation, découlant des mesures de soutien à l'agriculture, quels que soient leur nature, leurs objectifs ou leurs incidences sur la production ou le revenu agricoles.

Le niveau du soutien est indiqué par l'ESP en pourcentage. Sa composition est illustrée par la part des recettes agricoles brutes que représente le soutien créant le plus de distorsions de la production et des échanges, notamment le soutien des prix du marché, les paiements accordés au titre de la production et les paiements accordés au titre de l'utilisation d'intrants variables sans contraintes.

1. Pour le Mexique, l'évolution est mesurée entre 1996-98 et 2009-11.
2. UE15 sur la période 1995-2003, UE25 sur la période 2004-06 et UE27 à partir de 2007.
3. Dans le cas du Chili, l'évolution est mesurée entre 1997-99 et 2009-11.
4. Pour Israël, l'évolution est mesurée entre 1997-99 et 2009-11. Les données statistiques concernant Israël sont fournies par et sous la responsabilité des autorités israéliennes compétentes. L'utilisation de ces données par l'OCDE est sans préjudice du statut des hauteurs du Golan, de Jérusalem-Est et des colonies de peuplement israéliennes en Cisjordanie aux termes du droit international.

Source : OCDE, *Base de données des ESP/ESC*, 2012, *www.oecd.org/agriculture/pse*.

StatLink *http://dx.doi.org/10.1787/888932992230*

recourent essentiellement aux obligations réglementaires, mais les paiements agro-environnementaux y sont de plus en plus utilisés depuis le milieu des années 90.

3. ***Le développement du principe d'écoconditionnalité.*** Outre qu'il est davantage dissocié de la production et de l'utilisation d'intrants, le soutien est de plus en plus souvent subordonné à certaines conditions. En 2006-08, plus de 30 % des aides consenties aux agriculteurs des pays de l'OCDE étaient assortis de conditions, contre seulement 4 % en 1986-88 (OCDE, 2010b). L'écoconditionnalité, qui lie l'attribution des paiements au respect de conditions particulières concernant la performance environnementale, sert à lutter contre de nombreux problèmes environnementaux rencontrés dans l'agriculture.

Globalement, dans les pays de l'OCDE, les considérations liées à l'environnement tendent à occuper plus de place dans les décisions des agriculteurs depuis le début des années 90, sous l'effet de l'adoption de règles environnementales plus exigeantes, du recours accru aux paiements agro-environnementaux et du développement d'autres moyens d'action tels que les instruments de marché, l'action collective et l'assistance technique. Il s'agit là d'un aspect important à prendre en compte dans l'interprétation des indicateurs agro-environnementaux présentés dans les chapitres 3 à 12 du présent rapport.

Le soutien aux producteurs agricoles ayant globalement diminué, en particulier les aides qui avaient le plus d'effets de distorsion, les prix de marché tendent logiquement à peser davantage dans les décisions des agriculteurs. Ces dernières années, les prix observés sur les marchés mondiaux de produits agricoles de base ont été plus élevés et plus volatils. La hausse des prix réels de ces produits peut inciter les agriculteurs à augmenter l'échelle et l'intensité de leur production, notamment en consommant davantage d'intrants tels qu'engrais, pesticides, énergie et eau d'irrigation, bien que ces relations entre la production et les intrants soient complexes. Cela peut influer sur le coût d'opportunité lié à l'adoption de pratiques agricoles favorables à l'environnement.

Les effets de l'instabilité des prix et des risques de production sur la performance environnementale sont beaucoup plus difficiles à cerner que les effets de leur niveau. De surcroît, le récent épisode d'instabilité des prix des produits de base a été relativement court, si bien qu'il n'est pas aisé de fournir une estimation fiable de ses conséquences pour l'agriculture et l'environnement. Dans les pays de l'OCDE, l'instabilité des prix et des risques de production ont en général deux effets contraires sur l'environnement dans les systèmes agricoles. D'un côté, du fait de l'aversion au risque des agriculteurs, elle peut provoquer une baisse de l'échelle de production optimale et, par conséquent, de l'utilisation d'intrants (effet d'échelle). De l'autre, si elle est essentiellement due à des chocs de production provoqués par des conditions défavorables (sécheresse, ravageurs, par exemple), les agriculteurs sont tentés de recourir davantage à des intrants de nature à réduire les risques, comme l'eau d'irrigation et les pesticides, ce qui peut être lourd de conséquences pour la performance environnementale de l'agriculture.

L'influence que l'évolution des conditions sur les marchés mondiaux a exercée sur la filière laitière néo-zélandaise et ses retombées sur l'environnement, en particulier en termes de pollution des systèmes aquatiques par les nitrates, illustrent ce phénomène (graphique 2.4). Entre 1990 et 2010, l'excédent national d'azote de la **Nouvelle-Zélande** (indicateur défini au chapitre 4 du présent rapport) a augmenté à un rythme très proche de celui de l'augmentation des effectifs du cheptel laitier du pays, principal responsable de l'excédent d'azote dans ce pays (du fait des effluents d'élevage) (graphique 2.4). Dans le même temps, le secteur laitier néo-zélandais, qui ne bénéficie d'aucun soutien ou protection, a gagné en rentabilité sous l'effet de l'augmentation du prix mondial du lait enregistrée durant cette même période (ce prix est utilisé comme indicateur du prix mondial des produits laitiers ; voir définitions dans la base de données des ESP/ESC de l'OCDE).

La hausse des prix mondiaux des produits laitiers observée ces dernières décennies, plus particulièrement depuis le milieu des années 2000, a très fortement encouragé les éleveurs **néo-zélandais** à intensifier la production de lait comparativement à d'autres activités d'élevage (ovins et bovins à viande par exemple). Cette situation confronte les responsables de l'action publique et le secteur agricole de la Nouvelle-Zélande à une difficulté majeure. En résumé, ils doivent mettre en place un secteur laitier viable qui réagit aux signaux du marché et qui est capable de tirer parti des avantages économiques et sociaux que la hausse des prix des produits laitiers induit pour les agriculteurs et le monde rural en général, tout en limitant le plus possible la pollution des rivières, des lacs et des eaux souterraines causée par les excédents d'éléments nutritifs, ainsi que les autres atteintes à l'environnement liées à la production et à la transformation du lait (par exemple en réduisant les émissions de gaz à effet de serre, en particulier de méthane).

Graphique 2.4. **Prix mondial du lait, effectifs du cheptel laitier, production de lait et excédent d'azote, Nouvelle-Zélande, 1990-2010**

Indice 1990-92 = 100

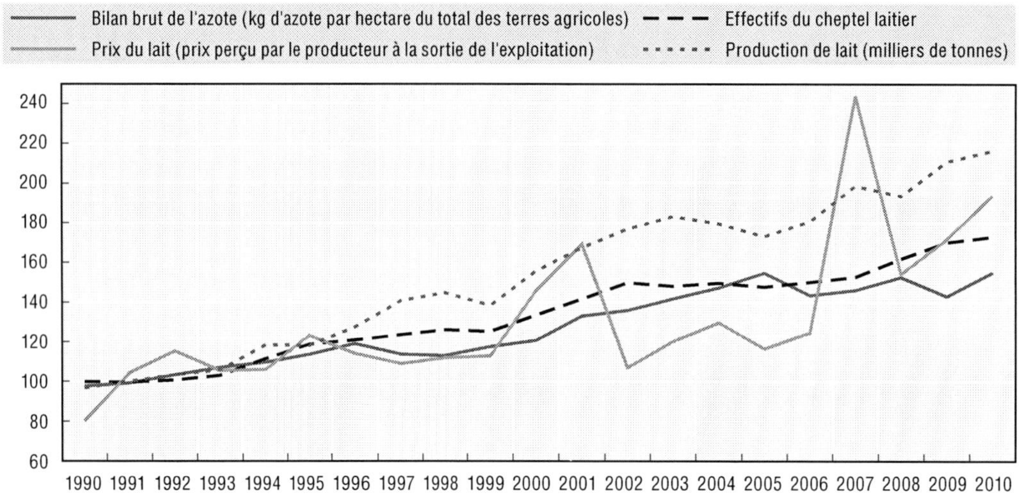

Notes : Le bilan brut de l'azote correspond à la différence entre la quantité d'azote qui entre dans un système agricole sous forme d'intrants (c.-à-d. principalement effluents d'élevage et engrais) et la quantité qui le quitte sous forme de produits (c.-à-d. prélèvement d'azote par les cultures et les pâturages).

Le prix du lait de Nouvelle-Zélande est utilisé pour représenter le prix du marché mondial dans le calcul des transferts des consommateurs et des contribuables au bénéfice des producteurs agricoles, qui découlent des mesures créant un écart entre les prix du marché intérieur et les prix à la frontière du lait, mesurés au départ de l'exploitation.

Source : Base de données OCDE/Eurostat sur les indicateurs agro-environnementaux ; Base de données de l'OCDE sur les ESP/ESC, www.oecd.org/agriculture/pse ; Base de données Aglink de l'OCDE, www.agri-outlook.org.

StatLink http://dx.doi.org/10.1787/888932992249

2.3. Perspectives de la performance environnementale de l'agriculture

Selon les *Perspectives agricoles de l'OCDE et de la FAO 2012-2021* (OCDE/FAO, 2012a), les prix réels et nominaux des produits agricoles de base risquent d'être, en moyenne, plus élevés et plus instables au cours de la décennie à venir que pendant la décennie écoulée (graphique 2.5). Cette hausse sera provoquée par l'augmentation de la demande alimentaire mondiale, elle-même liée à la croissance de la population et des revenus, en particulier dans les pays émergents, par la progression de la demande de viande et par l'essor des biocarburants. L'augmentation des prix des produits de base pourrait encourager les agriculteurs à produire davantage, ce qui risque d'aggraver les atteintes à l'environnement plus ou moins fortement selon les pratiques agricoles, les systèmes et technologies utilisés par les agriculteurs, et la sensibilité écologique des lieux où la production s'accroît.

Dans le même temps, les coûts de production devraient atteindre des niveaux plus élevés qu'au cours de la décennie précédente du fait de l'augmentation des prix de l'énergie, des engrais et des aliments du bétail, et de la sollicitation croissante des ressources naturelles, en particulier des terres et de l'eau. Pendant la décennie à venir, le prix du pétrole brut devrait augmenter, et se répercuter à la hausse sur le prix des intrants agricoles (tels qu'engrais, énergie nécessaire au pompage de l'eau, pesticides), encore que des éléments nouveaux, tels que la production de gaz de schiste dans certains pays, soit susceptible de faire baisser le prix du gaz naturel et les coûts de production des engrais azotés. Globalement, le prix des produits et celui des intrants augmentant l'un et l'autre, les répercussions sur l'environnement pourraient varier selon l'intensité des effets de la production et leur localisation.

Graphique 2.5. **Prix nominaux mondiaux des produits agricoles de base, projections pour 2012-21 par rapport à 2009-11 et 2002-11**

Variation en pourcentage des prix nominaux moyens sur la période 2012-21 par rapport à différentes périodes de référence

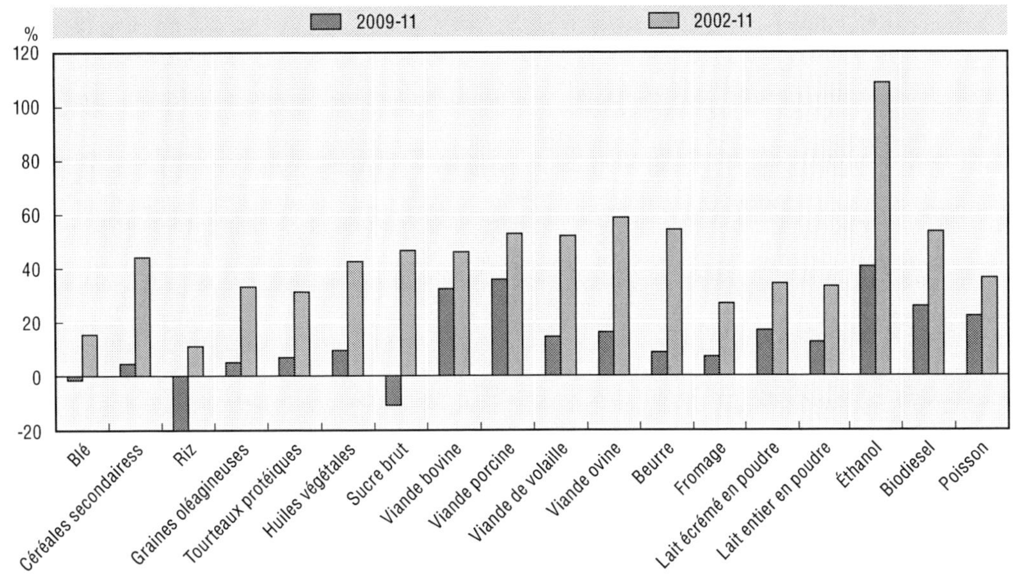

Source : OCDE/FAO (2012), *Perspectives agricoles de l'OCDE et de la FAO 2012-2021*, *www.agri-outlook.org*.

StatLink http://dx.doi.org/10.1787/888932992268

Du fait de la hausse prévue du prix des produits de base, la production agricole devrait augmenter au cours de la décennie à venir, quoiqu'à un rythme plus lent que durant la décennie écoulée, de 1.2 % par an contre 1.5 % (OCDE, 2012a), avec des différences non négligeables selon les pays et les produits. Le recul global de la progression de la production agricole devrait être imputable à une croissance de la productivité moins dynamique que dans les décennies antérieures, la superficie de terres cultivées étant pour sa part censée rester relativement stable. En revanche, le secteur de l'élevage devrait connaître une croissance identique à celle observée au cours de la décennie précédente.

Au cours de la décennie à venir, l'augmentation de la production agricole imputable à l'évolution attendue des prix des produits agricoles de base devrait être observée dans la quasi-totalité des pays de l'OCDE (graphique 2.6). D'après les tendances qui se dégagent des projections illustrées par le graphique 2.6, il est possible de classer les pays de l'OCDE dans deux grands groupes en termes de pression potentielle sur les systèmes aquatiques au cours de la décennie à venir :

- **Groupe 1 :** il se compose des pays qui, d'après les projections, devraient continuer de voir leur production augmenter fortement au cours de la décennie à venir. Il comprend notamment l'**Australie,** le **Canada,** les **États-Unis,** le **Mexique,** la **Nouvelle-Zélande** et la **Turquie*.** La plupart des pays de l'OCDE appartenant à ce groupe ont vu leur production augmenter considérablement au cours de la décennie écoulée parce qu'ils ont réalisé des gains de productivité et pratiqué une production plus intensive sur une superficie réduite. Toutefois, dans certaines régions de ces pays, on ne peut exclure que la production

* La **Corée** se démarque des autres pays du groupe parce que sa production a diminué de la fin des années 90 à ce jour, mais devrait recommencer à croître pour retrouver les niveaux observés à la fin des années 90, qui s'expliquaient en grande partie par une croissance de la production bovine, stimulée par une hausse de la consommation intérieure et une augmentation du soutien public aux producteurs.

Graphique 2.6. **Volume de la production agricole, projections pour les pays de l'OCDE, 2000-21**

Indice 2004-06 = 100

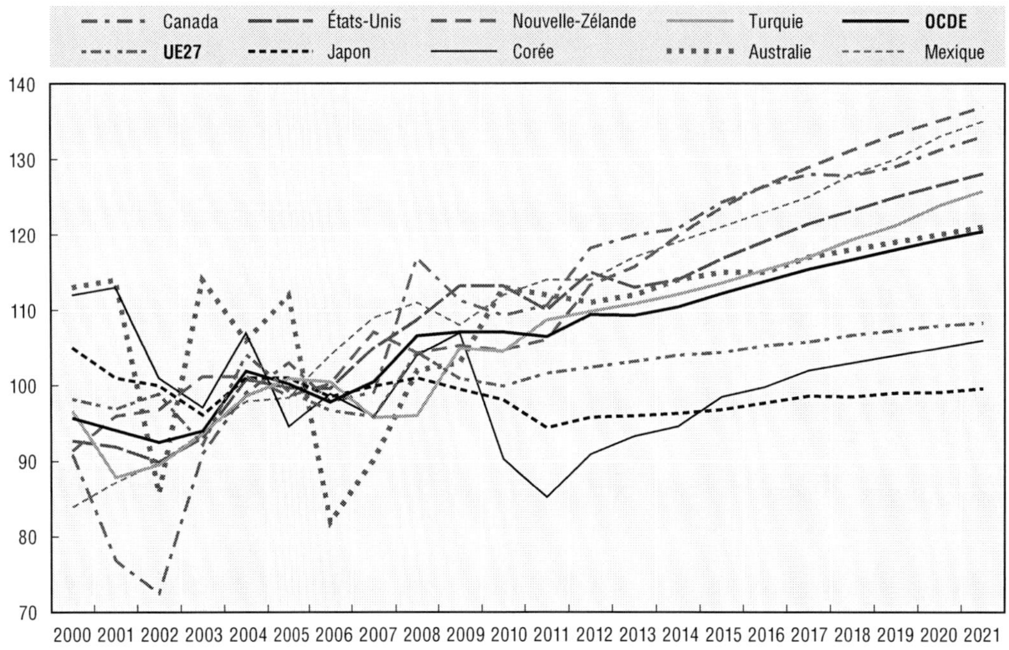

Note : La production agricole nette correspond à la valeur totale des produits déduction faite de la consommation d'aliments du bétail et de semences, pour éviter de la compter deux fois (production de maïs et élevage, par exemple). Cette mesure de la production est ainsi à rapprocher de la notion de valeur ajoutée.

Source : OCDE/FAO (2012), *Perspectives agricoles de l'OCDE et de la FAO 2012-2021, www.agri-outlook.org.*

StatLink *http://dx.doi.org/10.1787/888932992287*

s'étende à des terres écologiquement fragiles ou à des terres marginales jusqu'alors non cultivées. Dans ces pays, la croissance prévue de la production agricole pourrait avoir les conséquences ci-après pour la performance environnementale de l'agriculture, dans l'hypothèse du *statu quo* (moyennant des nuances au sein des pays et entre eux) :

1. une aggravation des atteintes à l'environnement résultant de l'utilisation accrue d'intrants agricoles (engrais, pesticides, énergie et eau) et de l'accroissement du cheptel (à l'origine d'une hausse de la production d'effluents d'élevage et des émissions d'ammoniac et de méthane), même si les niveaux absolus de pollution dans beaucoup de ces pays sont inférieurs à la moyenne de l'OCDE (par exemple en termes d'excédents d'éléments nutritifs par hectare) ;
2. une forte érosion des sols résultant d'une exploitation plus intensive des terres agricoles déjà utilisées et/ou de la mise en production de terres marginales ou fragiles et sensibles à l'érosion ;
3. un accroissement de la production de bioénergie qui, selon les végétaux cultivés et les pratiques de gestion agricole appliquées pour produire les matières premières, pourrait provoquer une aggravation de l'érosion des sols et des risques de pollution de l'eau, notamment dans le cas des cultures céralières, oléagineuses et sucrières ;
4. les pressions exercées sur l'environnement pourraient changer à l'échelle régionale sous l'effet de restructurations continues des productions animales favorisant les élevages plus grands et plus concentrés, notamment dans les secteurs porcins, laitiers et de la

volaille, encore que dans certains cas, les élevages de ce type permettent d'assurer une gestion efficace de l'élimination des déchets.

- **Groupe 2 :** il regroupe les pays qui, d'après les projections, devraient voir leur production augmenter modestement, comme l'**UE27,** ou diminuer, comme le **Japon**. Toutefois, les tendances pourraient varier au sein de l'UE27, dans la mesure où le secteur agricole pourrait continuer de se contracter dans nombre des pays qui formaient l'UE15, tandis qu'il pourrait connaître une croissance dans les nouveaux États membres (Agence européenne pour l'environnement, 2010). De surcroît, dans le secteur des cultures comme dans celui de l'élevage, la production pourrait continuer de s'intensifier et de se concentrer sur une superficie plus faible pour maintenir la rentabilité. Dans ces pays, la croissance modeste de la production agricole, voire son recul, pourrait avoir les conséquences ci-après pour l'environnement, dans l'hypothèse du *statu quo* (moyennant des nuances au sein des pays et entre eux) :
    1. une diminution du niveau général des pressions exercées sur l'environnement, plus marquée au **Japon** du fait de la baisse de la production agricole qui y est prévue ; néanmoins, les niveaux absolus de pollution pourraient rester élevés dans bon nombre de ces pays (excédents d'éléments nutritifs par hectare, entre autres) ;
    2. des augmentations localisées de la pollution, à mesure que le secteur de l'élevage se restructure, concentrant ses activités dans des exploitations plus grandes.

À moyen terme, dans tous les pays de l'OCDE, plusieurs phénomènes pourraient contribuer à réduire la pression de l'agriculture sur l'environnement et encourager le développement d'avantages pour l'environnement liés à l'agriculture :

1. une diminution de la quantité d'intrants utilisée par unité produite résultant de divers facteurs, par exemple une modification des réglementations se traduisant par une utilisation plus ciblée des pesticides et l'augmentation des prix des engrais et pesticides minéraux induite par la hausse prévue du prix des carburants et combustibles fossiles (gaz, pétrole, charbon), qui pourrait par ailleurs favoriser la production de bioénergie à partir d'effluents d'élevage ;
2. une amélioration des pratiques de gestion agricole (par exemple le recours aux façons culturales antiérosives) et des techniques agricoles de précision, comme l'utilisation sur les exploitations des systèmes de positionnement par satellite (GPS), qui peuvent amener une utilisation plus efficiente des intrants, et des innovations dans l'industrie agroalimentaire (intrants, semences et prodécés de production, entre autres) à même d'accroître l'efficience avec laquelle les ressources sont utilisées par les agriculteurs et de réduire les pressions exercées sur l'environnement tout au long de la filière ;
3. une accentuation des revendications des citoyens en faveur d'un renforcement des politiques environnementales et agro-environnementales propres à réduire les conséquences de l'agriculture sur la santé humaine et l'environnement, et à accroître ses bienfaits environnementaux ;
4. des réformes de la politique agricole allant dans le sens d'un découplage accru du soutien et d'une action propice à l'amélioration de l'environnement sur les exploitations ;
5. des innovations dans l'action des pouvoirs publics et du marché vis-à-vis des problèmes d'environnement rencontrés dans l'agriculture, qui viseront à faire évoluer le comportement des agriculteurs, de la filière agroalimentaire et des autres acteurs dans le sens d'une amélioration de la qualité de l'environnement (exemple : coopération entre

compagnies de traitement des eaux et/ou groupes locaux, d'une part, et agriculteurs, d'autre part, destinée à réduire la pollution des eaux imputable au secteur agricole) (OCDE, 2012c).

Il ressort de la présente analyse de la performance environnementale du secteur agricole de la zone de l'OCDE au cours des dix dernières années, que le secteur agricole et les pouvoirs publics sont capables de relever les défis économiques, sociaux et environnementaux qui se poseront dans ce secteur. En témoignent, par exemple, l'amélioration de la gestion des éléments nutritifs, des pesticides et des ressources en eau, et de l'efficience avec laquelle ils sont utilisés, ainsi que le développement des bienfaits environnementaux pouvant découler de certaines pratiques de gestion telles que les façons culturales antiérosives et l'aménagement de zones tampon le long des cours d'eau. Toutefois, dans quelques pays de l'OCDE, des indices montrent que l'amélioration de la performance environnementale de l'agriculture est décevante dans certaines régions et il importe que tous les acteurs concernés se mobilisent davantage, par exemple au sujet de la pollution de l'eau et de la diminution des populations d'oiseaux des milieux agricoles.

Bibliographie

Agence européenne pour l'environnement (2010), *The European Environment State and Outlook 2010: Freshwater quality*, Copenhague, Danemark, *www.eea.europea.eu*.

National Research Council (2008), « Mississippi River Water Quality and the Clean Water Act: Progress, challenges and opportunities », *The National Academies Press*, Washington DC, États-Unis, *www.nap.edu/catalog/12051.html*.

OCDE-FAO (2012a), *Perspectives agricoles de l'OCDE et de la FAO 2012-2021*, Éditions OCDE et FAO, *http://dx.doi.org/10.1787/agr_outlook-2012-fr*.

OCDE (2012b), *Politiques agricoles : suivi et évaluation 2012, Pays de l'OCDE*, Éditions OCDE, *http://dx.doi.org/10.1787/agr_pol-2012-fr*.

OCDE (2012c), *Qualité de l'eau et agriculture : un défi pour les politiques publiques*, Études de l'OCDE sur l'eau, Éditions OCDE, *http://dx.doi.org/10.1787/9789264121119-fr*.

OCDE (2010a), *Les liens entre les politiques agricoles et leurs effets sur l'environnement – Le modèle simplifié d'impact des politiques agro-environnementales de l'OCDE*, Éditions OCDE, *http://dx.doi.org/10.1787/9789264095724-fr*.

OCDE (2010b), *Politiques agricoles des pays de l'OCDE – Panorama*, Éditions OCDE, *http://dx.doi.org/10.1787/agr_oecd-2010-fr*.

Partie II

Tendances dans les pays de l'OCDE des conditions environnementales liées aux activités agricoles depuis 1990

Chapitre 3

Production agricole, utilisation des terres, agriculture biologique et cultures transgéniques

Ce chapitre examine les performances environnementales de l'agriculture dans les pays de l'OCDE relatives à la production agricole, l'utilisation des terres, l'agriculture biologique et les cultures transgéniques. Il fournit une description du contexte général (problématique et principaux défis), les définitions des indicateurs agro-environnementaux présentés, et des éléments portant sur les concepts, l'interprétation, les liens avec d'autres indicateurs, ainsi que sur la mesurabilité et la qualité des données. Le chapitre décrit ensuite les principales tendances des indicateurs agro-environnementaux, en recourant aux données disponibles couvrant la période 1990-2010 et en s'appuyant sur un ensemble de tableaux et de graphiques.

3.1. Contexte général

Problématique

Le rapport entre production agricole et utilisation des terres joue un rôle déterminant dans la performance environnementale de l'agriculture. Les politiques agricoles peuvent influer sur les décisions des agriculteurs, lesquelles rejaillissent sur l'échelle, l'intensité et la composition de la production (graphique 1.1). Depuis 1990, la situation a néanmoins beaucoup changé dans nombre de pays de l'OCDE du fait que le soutien à l'agriculture est de plus en plus découplé de la production et de l'utilisation d'intrants (chapitre 2, section 2.2, graphiques 2.2 et 2.3).

Les réformes des politiques agricoles engagées dans beaucoup de pays de l'OCDE et leurs conséquences sur la production agricole ont entraîné une évolution de la superficie totale des terres agricoles et de la couverture des sols (cultures, pâturages, par exemple). Ces évolutions ont favorisé ces vingt dernières années un retrait de terres de la production dans la marge extensive, et en particulier la conversion de terres agricoles marginales en espaces boisés, mais probablement moins dans la marge intensive, où les terres agricoles se trouvent souvent en concurrence avec d'autres utilisations, en particulier les implantations urbaines et les infrastructures de transport.

Les politiques agro-environnementales et environnementales apparues au début des années 90 ont aussi encouragé les agriculteurs de nombreux pays de l'OCDE à opter pour une exploitation moins intensive des terres. Parmi ces mesures figurent, par exemple, les paiements versés pour la mise hors culture de terres ou pour la conversion à la gestion biologique, susceptible de réduire les pressions sur l'environnement en supprimant l'usage d'intrants chimiques. Parallèlement, dans certains pays, les forces du marché, conjuguées à des dispositions réglementaires, ont favorisé l'extension de la superficie affectée aux cultures transgéniques.

Principaux défis

Les terres agricoles constituent non seulement un facteur de production de l'agriculture, mais aussi une importante source d'avantages et de coûts sociaux résultant de la production agricole, qui peuvent être des externalités positives, comme les aménités liées au paysage, le stockage du carbone et la régulation des débits d'eau, mais aussi des externalités négatives, comme le ruissellement de produits chimiques ou les émissions dans l'air, qui ont un impact sur la qualité de l'eau et de l'air.

À l'évidence, le défi mondial à relever au cours des décennies à venir consistera à augmenter la production et la productivité agricoles pour faire face à la hausse de la demande mondiale de produits alimentaires, de produits destinés à l'alimentation animale, de fibres et d'énergie renouvelable, tout en limitant le plus possible les conséquences sur l'environnement et en assurant la gestion durable des ressources. De surcroît, ce défi doit être relevé dans un contexte marqué par une intensification de la concurrence pour les terres, l'eau et autres ressources naturelles et par les inquiétudes croissantes que suscite le changement climatique, notamment la variabilité du climat, pour l'agriculture.

3.2. Indicateurs

Définitions

Les indicateurs relatifs à la production agricole, à l'utilisation des terres, à l'agriculture biologique et aux cultures transgéniques mesurent les variations :

- de la production agricole : indice de variation en volume de la production agricole, végétale et animale totale ;
- des superficies des terres utilisées en agriculture ;
- des superficies en agriculture biologique certifiée ;
- des superficies en cultures transgéniques.

Concepts, interprétation, points faibles et liens avec d'autres indicateurs

Les liens entre production agricole, utilisation des terres et externalités environnementales sont complexes. En effet, la nature et l'ampleur des externalités environnementales, positives et négatives, créées par l'agriculture dépendent de multiples facteurs, comme le montrent le chapitre 2 et le graphique 1.1. Il faut donc interpréter les indicateurs présentés dans ce chapitre au regard de la performance environnementale globale de l'agriculture.

Ainsi, si l'augmentation de la production agricole et des superficies utilisées en agriculture se traduisent souvent par un accroissement des pressions exercées sur l'environnement, cet effet dépendra néanmoins de la plus ou moins grande capacité des systèmes et pratiques agricoles à limiter ou surmonter ces pressions. De même, lorsque la production agricole augmente mais que la superficie des terres utilisées diminue, il peut en résulter une intensification de la production (végétale et animale) par unité de terre, pouvant elle aussi être à l'origine de pressions accrues sur l'environnement selon le mode de gestion de la production et de la terre. L'agriculture entraîne toutefois inévitablement une perturbation de l'environnement parce qu'elle reste une grande utilisatrice de ressources naturelles et ne peut pas produire de denrées alimentaires et autres produits de base sans consommer des terres, de l'eau, de l'énergie et d'autres intrants.

Il convient d'interpréter avec une certaine prudence l'évolution dans le temps des indicateurs relatifs aux terres consacrées à l'agriculture biologique et aux cultures transgéniques, ainsi que les différences entre pays observées à ce niveau. Ces indicateurs présentent deux grandes limites. La première tient à l'absence d'harmonisation des définitions relatives à l'agriculture biologique et aux cultures transgéniques. La deuxième tient au fait que, en comparaison à d'autres systèmes de gestion des exploitations, comme expliqué plus loin dans ce chapitre, il est difficile de définir clairement les conséquences pour l'environnement d'une augmentation ou d'une diminution de la superficie faisant l'objet d'une gestion biologique ou affectée aux cultures transgéniques.

Les indicateurs relatifs à la production agricole et à l'utilisation des terres présentés dans ce chapitre donnent une idée générale de la performance environnementale de l'agriculture et sont liés à tous les autres indicateurs agro-environnementaux décrits dans le présent rapport. L'évolution de la production agricole et de l'utilisation des terres influe de manière décisive sur l'utilisation des intrants agricoles (éléments nutritifs, pesticides, énergie et ressources en eau, par exemple) et sur leur gestion. Ces facteurs ont une forte incidence sur l'état de l'environnement, en particulier sur les sols, l'eau, l'air et la biodiversité, et par conséquent sur le bien-être humain et notamment la santé humaine, les valeurs sociales, ainsi que sur l'agriculture proprement dite et d'autres activités commerciales comme la pêche (graphique 1.1).

Mesurabilité et qualité des données

Les indices FAO de la production agricole indiquent le niveau relatif du volume global de la production agricole, pour chaque année, par rapport à la période de référence 2004-06. On les calcule en faisant la somme pondérée par le prix de la production des différents produits agricoles, après déduction des quantités utilisées comme semences ou pour l'alimentation animale, pondérées de même. L'agrégat ainsi obtenu représente donc la production disponible pour toutes les utilisations, sauf l'utilisation comme semences ou aliments pour animaux. Tous les indices, aux niveaux national, régional et mondial, sont calculés au moyen de la formule de Laspeyres. Les quantités de chaque produit sont pondérées par les prix moyens internationaux à la production pour la période de référence 2004-06 et additionnées pour chaque année. On divise l'agrégat pour une année déterminée par l'agrégat moyen de la période 2004-06 pour obtenir l'indice. Les données relatives à la production agricole globale sont très fiables parce qu'elles sont, dans la plupart des pays, recueillies annuellement (annexe 1.A2).

En général, les données relatives à l'utilisation des terres agricoles, y compris de celles qui font l'objet d'une gestion biologique ou sont affectées à des cultures transgéniques, allient également qualité et fiabilité (annexe 1.A2). Comme signalé précédemment, s'agissant de l'agriculture biologique et des cultures transgéniques, il arrive que des problèmes de définition se posent dans certains cas (par exemple lorsqu'il s'agit de déterminer si une exploitation est en cours de conversion à l'agriculture biologique ou déjà certifiée biologique, ou si elle est déjà biologique mais pas enregistrée en tant que telle).

3.3. Principales tendances

La ***production agricole*** des pays de l'OCDE a progressé moins rapidement au cours de la période 2000-10 que dans les années 90 (graphiques 3.1 à 3.3). Cette évolution s'explique en partie par le fait que la croissance de la production a ralenti depuis 2000 dans beaucoup de pays de l'OCDE exportateurs de produits agricoles, en particulier au **Canada**, au **Chili**, en **Espagne**, aux **États-Unis,** au **Mexique**, en **Nouvelle-Zélande** et en **Turquie**. **Israël** est une exception, puisque les volumes de production agricole y ont enregistré un taux d'augmentation annuel plus élevé durant les années 2000 que pendant les années 90. En **Australie,** la production agricole a fortement augmenté dans les années 90, mais cette progression s'est ralentie et connaît depuis 2000 de grandes fluctuations, en partie dues à d'importantes sécheresses (graphique 3.4). D'après les projections de l'OCDE et de la FAO, la production agricole de la plupart de ces pays devrait continuer de croître au cours des dix années à venir (graphique 2.6).

Dans la plupart des pays de l'**Union européenne,** la production agricole affiche depuis 2000 une croissance de plus en plus faible, voire un recul dans certains cas (**France** et **Grèce**, par exemple), après avoir connu une croissance modeste durant les années 90 (graphique 3.1). Le choc subi par le secteur agricole des pays de l'UE qui ont opéré une transition vers l'économie de marché durant les années 90 a entraîné une forte diminution de la production, malgré une légère reprise dans les années 2000, notamment en **Estonie** et en **Hongrie** (production végétale) et en **Pologne** (production animale) (graphiques 3.2 et 3.3). La production agricole totale de l'**UE27** devrait connaître une croissance modeste jusqu'en 2020 (graphique 2.6).

La diminution de la ***superficie des terres agricoles*** dans les pays de l'OCDE, qui s'établissait en moyenne à 0.3 % par an dans les années 90, s'est accélérée pour atteindre -0.5 % par an (graphique 3.5). Toutefois, malgré une tendance générale à la soustraction de terres aux activités

Graphique 3.1. **Indice de volume de la production agricole, pays de l'OCDE, 1990-2010**

Base 100 = 2004-06

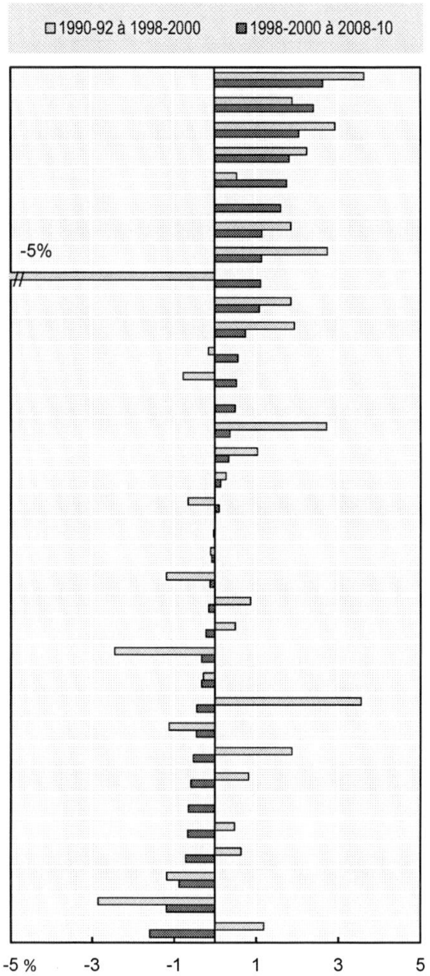

	Moyenne			Variation annuelle moyenne en %	
	1990-92[1]	1998-2000[2]	2008-10	1990-92 à 1998-2000	1998-2000 à 2008-10
Chili	61	81	105	3.6	2.6
Israël	71	82	104	1.9	2.4
Mexique	68	86	105	2.9	2.0
Nouvelle-Zélande	72	86	102	2.2	1.8
Islande	88	92	109	0.5	1.7
OCDE[3]	**..**	**94**	**107**	**..**	**1.6**
Turquie	80	93	105	1.9	1.2
Canada	75	93	104	2.7	1.1
Estonie	134	98	110	-5.0	1.1
États-Unis	81	94	105	1.9	1.1
Espagne	82	95	102	1.9	0.8
Allemagne	100	98	104	-0.2	0.6
Finlande	100	94	99	-0.8	0.5
Pays-Bas	103	103	108	0.0	0.5
Corée	82	101	105	2.7	0.4
Danemark	90	98	101	1.0	0.3
Portugal	99	101	102	0.3	0.1
Suisse	108	102	103	-0.7	0.1
Luxembourg	--	101	101	--	0.0
Norvège	104	103	102	-0.1	-0.1
Pologne	115	105	103	-1.2	-0.1
Autriche	95	101	100	0.9	-0.2
Italie	96	100	98	0.5	-0.2
Hongrie	114	93	90	-2.5	-0.3
Royaume-Uni	108	105	102	-0.3	-0.3
Australie	79	105	100	3.6	-0.4
Japon	113	104	99	-1.1	-0.5
Slovénie	88	98	93	1.9	-0.5
Irlande	97	104	98	0.8	-0.6
Belgique	--	104	98	--	-0.6
Suède	101	105	98	0.5	-0.7
France	100	105	98	0.6	-0.7
République tchèque	111	105	96	-1.2	-0.9
République slovaque	120	104	92	-2.9	-1.2
Grèce	94	103	88	1.2	-1.6

-- : Non disponible.

Notes : Les pays sont classés par ordre décroissant de la variation annuelle moyenne en pourcentage pour la période 1998-2000 à 2008-10. Les indices FAO de la production agricole indiquent le niveau relatif du volume global de la production agricole, pour chaque année, par rapport à la période de référence 2004-06. On les calcule en faisant la somme pondérée par le prix de la production des différents produits agricoles, après déduction des quantités utilisées comme semences ou pour l'alimentation animale, pondérées de même. L'agrégat ainsi obtenu représente donc la production disponible pour toutes les utilisations, sauf l'utilisation comme semences ou aliments pour animaux. Tous les indices, aux niveaux national, régional et mondial, sont calculés au moyen de la formule de Laspeyres. Les quantités de chaque produit sont pondérées par les prix moyens internationaux à la production pour la période 2004-06 et additionnées pour chaque année. On divise l'agrégat pour une année déterminée par l'agrégat moyen de la période de référence 2004-06 pour obtenir l'indice.

Les données statistiques concernant Israël sont fournies par et sous la responsabilité des autorités israéliennes compétentes. L'utilisation de ces données par l'OCDE est sans préjudice du statut des hauteurs du Golan, de Jérusalem-Est et des colonies de peuplement israéliennes en Cisjordanie aux termes du droit international.

1. Les données de la moyenne 1990-92 correspondent à la moyenne 1993-95 pour la République slovaque et la République tchèque ; et à la moyenne 1992-94 pour l'Estonie et la Slovénie.
2. Les données de la moyenne 1998-2000 correspondent à la moyenne 2000-02 pour la Belgique, le Luxembourg et pour le total de la zone de l'OCDE.
3. Le total de la zone de l'OCDE comprend l'Australie, le Canada, le Chili, la Corée, les États-Unis, l'Islande, Israël, le Japon, le Mexique, la Nouvelle-Zélande, la Norvège, la Suisse, la Turquie et l'UE27.

Source : FAOSTAT (2012), *http://faostat.fao.org*.

StatLink *http://dx.doi.org/10.1787/888932992306*

Graphique 3.2. **Indice de volume de la production végétale, pays de l'OCDE, 1990-2010**

Base 100 = 2004-06

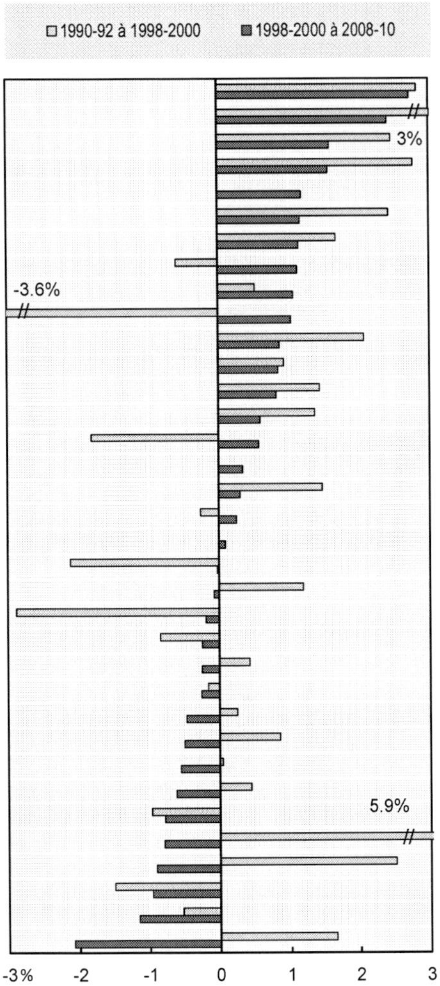

	Moyenne			Variation annuelle moyenne en %	
	1990-92[1]	1998-2000[2]	2008-10	1990-92 à 1998-2000	1998-2000 à 2008-10
Islande	62	77	101	2.8	2.7
Chili	64	81	103	3.0	2.4
Mexique	73	89	104	2.5	1.6
Nouvelle-Zélande	75	93	109	2.8	1.6
OCDE[3]	**..**	**95**	**106**	**..**	**1.2**
Canada	80	97	109	2.4	1.2
États-Unis	81	93	104	1.7	1.1
Finlande	93	89	100	-0.6	1.1
Pays-Bas	91	95	105	0.5	1.1
Estonie	132	106	117	-3.6	1.0
Turquie	80	94	102	2.1	0.9
Israël	83	89	97	0.9	0.8
Espagne	85	96	104	1.4	0.8
Autriche	86	96	102	1.4	0.6
Hongrie	98	85	90	-1.8	0.6
Luxembourg	--	96	98	--	0.3
Allemagne	87	98	101	1.5	0.3
Danemark	105	103	106	-0.3	0.2
Belgique	--	96	97	--	0.1
Norvège	113	95	95	-2.1	0.0
Corée	91	100	100	1.2	-0.1
République slovaque	111	96	94	-2.9	-0.2
Portugal	108	101	99	-0.8	-0.2
Italie	95	98	95	0.4	-0.2
Royaume-Uni	107	106	103	-0.2	-0.3
République tchèque	100	101	96	0.2	-0.5
France	97	104	99	0.8	-0.5
Suède	105	105	100	0.0	-0.6
Irlande	94	97	91	0.4	-0.6
Pologne	122	112	104	-1.0	-0.8
Australie	69	109	100	5.9	-0.8
Slovénie	85	98	90	2.5	-0.9
Japon	120	106	96	-1.5	-1.0
Suisse	118	113	101	-0.5	-1.2
Grèce	92	105	85	1.7	-2.1

-- : Non disponible.

Notes : Les pays sont classés par ordre décroissant de la variation annuelle moyenne en pourcentage pour la période 1998-2000 à 2008-10. Les indices FAO de la production agricole végétale indiquent le niveau relatif du volume global de la production agricole végétale, pour chaque année, par rapport à la période de référence 2004-06. On les calcule en faisant la somme pondérée par le prix de la production des différents produits agricoles végétaux, après déduction des quantités utilisées comme semences ou pour l'alimentation animale, pondérées de même. L'agrégat ainsi obtenu représente donc la production disponible pour toutes les utilisations, sauf l'utilisation comme semences ou aliments pour animaux. Tous les indices, aux niveaux national, régional et mondial, sont calculés au moyen de la formule de Laspeyres. Les quantités de chaque produit sont pondérées par les prix moyens internationaux à la production pour la période 2004-06 et additionnées pour chaque année. On divise l'agrégat pour une année déterminée par l'agrégat moyen de la période de référence 2004-06 pour obtenir l'indice.

Les données statistiques concernant Israël sont fournies par et sous la responsabilité des autorités israéliennes compétentes. L'utilisation de ces données par l'OCDE est sans préjudice du statut des hauteurs du Golan, de Jérusalem-Est et des colonies de peuplement israéliennes en Cisjordanie aux termes du droit international.

1. Les données de la moyenne 1990-92 correspondent à la moyenne 1993-95 pour la République slovaque et la République tchèque ; et à la moyenne 1992-94 pour l'Estonie et la Slovénie.
2. Les données de la moyenne 1998-2000 correspondent à la moyenne 2000-02 pour la Belgique et le Luxembourg.
3. Le total de la zone de l'OCDE comprend l'Australie, le Canada, le Chili, la Corée, les États-Unis, l'Islande, Israël, le Japon, le Mexique, la Nouvelle-Zélande, la Norvège, la Suisse, la Turquie et l'UE27.

Source : FAOSTAT (2012), *http://faostat.fao.org*.

StatLink *http://dx.doi.org/10.1787/888932992325*

Graphique 3.3. **Indice de volume de la production animale, pays de l'OCDE, 1990-2010**

Base 100 = 2004-06

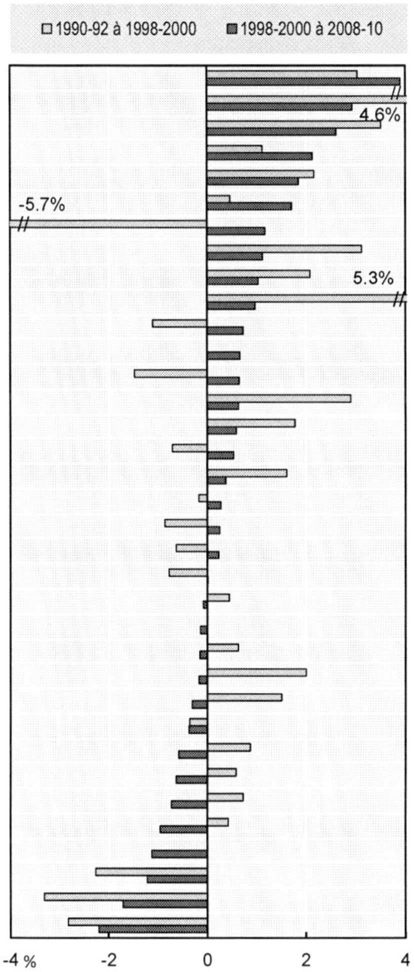

	Moyenne			Variation annuelle moyenne en %	
	1990-92[1]	1998-2000[2]	2008-10	1990-92 à 1998-2000	1998-2000 à 2008-10
Israël	60	76	111	3.0	3.9
Chili	57	82	109	4.6	2.9
Mexique	63	82	107	3.5	2.6
Turquie	84	91	113	1.1	2.1
Nouvelle-Zélande	71	85	102	2.2	1.8
Islande	89	93	110	0.5	1.7
Estonie	134	94	106	-5.7	1.2
Canada	69	88	98	3.1	1.1
États-Unis	81	95	106	2.1	1.0
Corée	68	103	113	5.3	1.0
Allemagne	108	99	106	-1.1	0.7
OCDE[3]	..	**98**	**103**	..	**0.7**
Pologne	108	96	103	-1.5	0.7
Espagne	75	94	100	2.9	0.6
Portugal	87	101	107	1.8	0.6
Suisse	105	99	104	-0.7	0.5
Danemark	84	96	99	1.6	0.4
Pays-Bas	108	107	110	-0.2	0.3
Finlande	103	96	98	-0.9	0.2
Grèce	99	95	97	-0.6	0.2
Japon	108	101	101	-0.8	0.0
Norvège	101	105	104	0.4	-0.1
Luxembourg	--	102	101	--	-0.1
Italie	99	104	103	0.6	-0.2
Australie	87	102	100	2.0	-0.2
Slovénie	89	98	95	1.5	-0.3
Royaume-Uni	108	105	101	-0.4	-0.4
Irlande	98	105	99	0.9	-0.6
Autriche	100	105	99	0.6	-0.6
Suède	98	104	97	0.7	-0.7
France	103	106	96	0.4	-0.9
Belgique	--	109	100	--	-1.1
République tchèque	121	108	95	-2.3	-1.2
Hongrie	142	109	91	-3.3	-1.7
République slovaque	129	112	89	-2.8	-2.2

-- : Non disponible.

Notes : Les pays sont classés par ordre décroissant de la variation annuelle moyenne en pourcentage pour la période 1998-2000 à 2008-10. Les indices FAO de la production agricole indiquent le niveau relatif du volume global de la production agricole, pour chaque année, par rapport à la période de référence 2004-06. On les calcule en faisant la somme pondérée par le prix de la production des différents produits agricoles, après déduction des quantités utilisées comme semences ou pour l'alimentation animale, pondérées de même. L'agrégat ainsi obtenu représente donc la production disponible pour toutes les utilisations, sauf l'utilisation comme semences ou aliments pour animaux. Tous les indices, aux niveaux national, régional et mondial, sont calculés au moyen de la formule de Laspeyres. Les quantités de chaque produit sont pondérées par les prix moyens internationaux à la production pour la période 2004-06 et additionnées pour chaque année. On divise l'agrégat pour une année déterminée par l'agrégat moyen de la période de référence 2004-06 pour obtenir l'indice.

Les données statistiques concernant Israël sont fournies par et sous la responsabilité des autorités israéliennes compétentes. L'utilisation de ces données par l'OCDE est sans préjudice du statut des hauteurs du Golan, de Jérusalem-Est et des colonies de peuplement israéliennes en Cisjordanie aux termes du droit international.

1. Les données de la moyenne 1990-92 correspondent à la moyenne 1993-95 pour la République slovaque et la République tchèque ; et à la moyenne 1992-94 pour l'Estonie et la Slovénie.
2. Les données de la moyenne 1998-2000 correspondent à la moyenne 2000-02 pour la Belgique, le Luxembourg et la zone de l'OCDE.
3. Le total de la zone de l'OCDE comprend l'Australie, le Canada, le Chili, la Corée, les États-Unis, l'Islande, Israël, le Japon, le Mexique, la Nouvelle-Zélande, la Norvège, la Suisse, la Turquie et l'UE27.

Source : FAOSTAT (2012), *http://faostat.fao.org*.

StatLink *http://dx.doi.org/10.1787/888932992344*

Graphique 3.4. **Indice de volume de la production agricole, Australie, Canada et Espagne, 1990-2010**

Base 100 = 2004-06

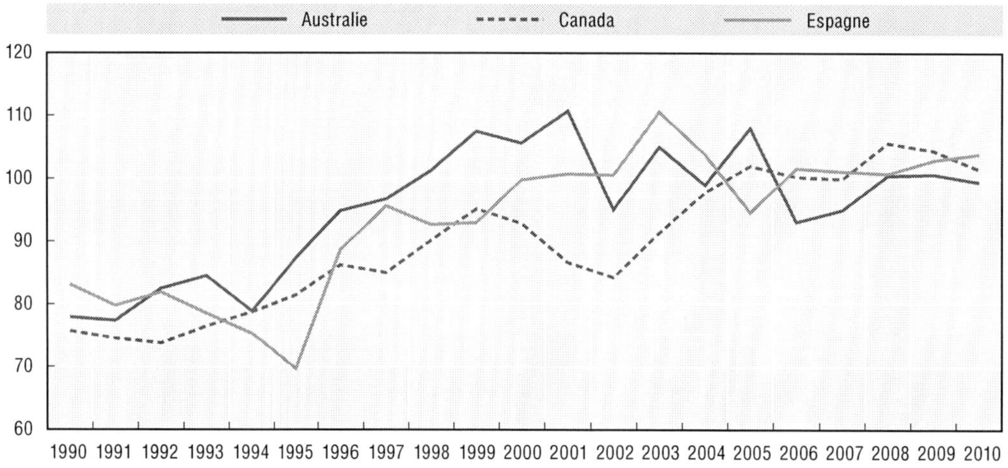

Note : Les indices FAO de la production agricole indiquent le niveau relatif du volume global de la production agricole, pour chaque année, par rapport à la période de référence 2004-06. On les calcule en faisant la somme pondérée par le prix de la production des différents produits agricoles, après déduction des quantités utilisées comme semences ou pour l'alimentation animale, pondérées de même. L'agrégat ainsi obtenu représente donc la production disponible pour toutes les utilisations, sauf l'utilisation comme semences ou aliments pour animaux. Tous les indices, aux niveaux national, régional et mondial, sont calculés au moyen de la formule de Laspeyres. Les quantités de chaque produit sont pondérées par les prix moyens internationaux à la production pour la période 2004-06 et additionnées pour chaque année. On divise l'agrégat pour une année déterminée par l'agrégat moyen de la période de référence 2004-06 pour obtenir l'indice.

Source : FAOSTAT (2012), *http://faostat.fao.org.*

StatLink http://dx.doi.org/10.1787/888932992363

agricoles, l'agriculture reste le principal usage auquel sont affectées les terres dans de nombreux pays, les surfaces agricoles représentant plus de 40 % de la superficie totale des terres dans deux tiers des pays de l'OCDE en 2008-10 (graphique 3.6). Ces vingt dernières années, la soustraction de terres agricoles à la production a été particulièrement importante dans une grande partie des pays de l'UE en transition (**Estonie, Hongrie, Pologne, République tchèque, République slovaque et Slovénie**), mais a également été notable en **Corée**, en **Espagne** et en **Italie**.

La superficie des terres agricoles s'est accrue dans seulement six pays de l'OCDE au cours des années 2000 (graphique 3.5). Il s'agit essentiellement de pays dans lesquels le secteur agricole a connu une croissance rapide (**Canada**, **Chili** et **Mexique** dans les années 90) ou encore de pays, en particulier d'États membres de l'UE (comme la **Finlande**, la **Grèce**, le **Luxembourg,** la **Suède** et, dans les années 90, la **Belgique**, le **Danemark** et la **Norvège**) où la déclaration des terres exploitées a progressé, notamment parce qu'il a fallu améliorer les systèmes d'enregistrement pour se conformer aux exigences de certains dispositifs de paiements agro-environnementaux ou, plus généralement, des politiques de soutien agricole.

La relation entre les variations de la production agricole et de la superficie des terres agricoles peut donner une indication de l'évolution de la performance environnementale de l'agriculture, qui constitue le contexte général dans le cadre duquel les indicateurs plus détaillés, présentés dans la suite du présent rapport, peuvent être analysés (graphique 3.7). Les pays peuvent être regroupés dans quatre grandes catégories selon l'évolution de leur production et de l'utilisation des terres entre 1998-2000 et 2008-10, avec des conséquences diverses pour l'environnement (parmi les pays apparaissant sur le graphique 3.7, seuls les plus représentatifs des différents groupes sont cités) :

Graphique 3.5. **Superficie des terres agricoles, pays de l'OCDE, 1990-2010**

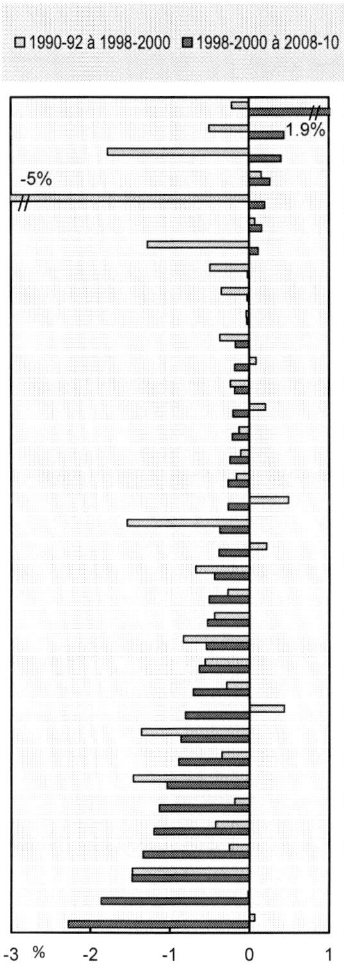

	Moyenne (milliers d'hectares)			Variation annuelle moyenne en %	
	1990-92[1]	1998-2000[2]	2008-10[3]	1990-92 à 1998-2000	1998-2000 à 2008-10
Grèce	3 661	3 583	4 076	-0.2	1.9
Chili	15 748	15 130	15 738	-0.5	0.4
Finlande	2 542	2 204	2 295	-1.8	0.4
Luxembourg	126	127	131	0.2	0.3
Estonie	1 369	911	929	-5.0	0.2
Canada	62 215	62 552	63 427	0.1	0.2
Suède	3 370	3 041	3 075	-1.3	0.1
Turquie	40 673	39 094	39 015	-0.5	0.0
États-Unis	426 442	414 696	413 693	-0.3	0.0
Islande	2 416	2 409	2 403	0.0	0.0
Royaume-Uni	18 249	17 717	17 421	-0.4	-0.2
Suisse[4]	1 067	1 074	1 055	0.1	-0.2
France	30 365	29 805	29 272	-0.2	-0.2
Belgique	1 371	1 393	1 366	0.2	-0.2
Allemagne	17 373	17 197	16 840	-0.1	-0.2
Irlande	4 464	4 425	4 320	-0.1	-0.2
Pays-Bas	1 985	1 959	1 909	-0.2	-0.3
Norvège	1 002	1 042	1 015	0.5	-0.3
Slovénie	557	500	481	-1.5	-0.4
Mexique	104 500	106 300	102 705	0.2	-0.4
UE15	**141 648**	**134 135**	**128 376**	**-0.7**	**-0.4**
OCDE	**1 314 767**	**1 286 623**	**1 222 442**	**-0.3**	**-0.5**
Portugal	4 024	3 885	3 684	-0.4	-0.5
Japon	5 204	4 867	4 610	-0.8	-0.5
Hongrie	6 356	6 078	5 703	-0.6	-0.6
Autriche	3 468	3 380	3 193	-0.3	-0.7
Danemark	2 776	2 874	2 672	0.4	-0.8
Corée	2 179	1 953	1 807	-1.4	-0.9
Israël	578	562	519	-0.3	-0.9
Espagne	30 226	26 870	24 209	-1.5	-1.0
Australie	464 367	457 677	408 299	-0.2	-1.1
Nouvelle-Zélande	13 151	12 710	11 264	-0.4	-1.2
Pologne	18 594	18 224	15 926	-0.3	-1.3
Italie	17 647	15 673	13 914	-1.5	-1.5
République tchèque	4 285	4 279	3 547	0.0	-1.9
République slovaque	2 417	2 430	1 929	0.1	-2.3

Notes : Les pays sont classés par ordre décroissant de la variation annuelle moyenne en pourcentage pour la période 1998-2000 à 2008-10. Les terres agricoles sont définies comme les terres consacrées aux grandes cultures et aux cultures permanentes, auxquelles s'ajoutent les pâturages permanents et temporaires.

Les données statistiques concernant Israël sont fournies par et sous la responsabilité des autorités israéliennes compétentes. L'utilisation de ces données par l'OCDE est sans préjudice du statut des hauteurs du Golan, de Jérusalem-Est et des colonies de peuplement israéliennes en Cisjordanie aux termes du droit international.

1. Les données de la moyenne 1990-92 correspondent à la moyenne 1991-93 pour la Slovénie ; et à l'année 1990 pour la Grèce et la Suisse.
2. Les données de la moyenne 1998-2000 correspondent à la moyenne 1999-2001 pour l'Autriche ; et à l'année 2000 pour la Grèce.
3. Les données de la moyenne 2008-10 correspondent à la moyenne 2007-09 pour l'Autriche, le Canada, le Chili, la Corée, le Danemark, l'Islande, Israël, l'Italie et le Mexique ; et à l'année 2007 pour la Grèce.
4. Dans le cas de la Suisse, les données correspondent à la surface agricole utilisée (en hectares), y compris les terres affectées aux grandes cultures et aux cultures permanentes mais à l'exclusion des pâturages d'été.

Source : FAOSTAT (2012), *http://faostat.fao.org* et données nationales.

StatLink http://dx.doi.org/10.1787/888932992382

- Groupe I – *Augmentation de la production et de la superficie des terres agricoles* : le risque de pressions sur l'environnement a vraisemblablement augmenté dans ce groupe de pays, en particulier au **Canada** et au **Chili**, par exemple. Toutefois, dans ces pays, la performance environnementale de l'agriculture est, en définitive, la résultante de facteurs tels que l'évolution de la qualité de la biodiversité des terres mises en production (en général des espaces boisés) et de l'adoption ou non, par les agriculteurs, de pratiques de gestion agricole bénéfiques à l'environnement. Au **Canada**, par exemple, tandis que les excédents d'azote (graphiques 4.1 et 4.2) et les à la moyenne de l'OCDE (c'est le cas, par exemple, des excédents d'éléments nutritifs par hectare, graphiques 4.2 et 4.4), ce qui nuit fortement à la qualité de l'environnement, quoique dans une moindre mesure qu'au cours de la décennie écoulée. L'**Australie** se démarque des autres pays de ce groupe parce que ses volumes de production connaissent depuis 2000 de fortes fluctuations, en partie dues à la sécheresse et à l'instabilité des prix mondiaux des produits de base. Selon une récente étude, la situation et les perspectives de l'Australie en matière de performance environnementale sont contrastées : alors que des progrès ont été accomplis à maints égards en matière de gestion des terres (par exemple, en 2010, l'ampleur du défrichement était compensée par celle de la repousse), dans d'autres domaines, les indicateurs environnementaux restent mauvais. C'est par exemple le cas de l'acidification et de l'érosion éolienne des sols agricoles (State of the Environment Committee, 2011).

- Groupe IV – *Diminution de la production mais augmentation de la superficie des terres agricoles* : ce groupe ne comprend que la **Grèce**, le **Luxembourg** et la **Suède**, pays où la production agricole a diminué mais la superficie des terres agricoles a augmenté au cours de la décennie écoulée, ce qui pourrait être le signe d'une évolution vers des pratiques agricoles plus extensives. Toutefois, il est aussi probable que l'augmentation de la surface agricole dans ces pays s'explique surtout par des progrès dans la déclaration des surfaces exploitées, eux-mêmes dus à l'amélioration des systèmes d'enregistrement imposée par certains dispositifs de paiements agro-environnementaux ou par les politiques de soutien agricole de l'UE. Ce fut aussi le cas pour la **Norvège** au cours des années 90 (graphique 3.7 et OCDE, 2008).

La proportion de terres agricoles exploitées en agriculture biologique certifiée reste très faible dans les pays de l'OCDE, puisqu'elle est en moyenne inférieure à 2 % (2008-10) (graphique 3.8). Ce chiffre dissimule cependant de fortes disparités entre les pays, cette proportion étant supérieure à la moyenne dans certains pays, principalement ceux de l'**UE**, tandis qu'elle est inférieure à cette moyenne dans la plupart des pays non membres de l'UE (graphique 3.8). Ces disparités s'expliquent dans une certaine mesure par des différences au niveau de l'action publique, les agriculteurs de l'UE pouvant par exemple prétendre à des aides au titre de la conversion à la gestion biologique, contrairement à ceux d'autres pays comme l'**Australie**, le **Canada**, le **Chili**, **Israël** et la **Nouvelle-Zélande** (Vojtěch, 2010). Elles correspondent aussi à la croissance variable de l'agriculture biologique entre 2002 et 2010, qui a été plus rapide principalement dans les pays **européens** de l'OCDE (comme l'**Autriche**, l'**Estonie**, la **Républiques slovaque**, la **République tchèque** et la **Suède**), et plus lente dans les pays non européens de l'OCDE (comme le **Japon** et le **Mexique**).

Les systèmes d'agriculture biologique se caractérisent généralement par des pratiques visant à préserver ou à améliorer l'état physique, chimique et biologique du sol, par rapport à d'autres systèmes agricoles (OCDE, 2012). Les pratiques de l'agriculture biologique peuvent aussi apporter d'autres avantages, notamment améliorer la qualité de l'eau en excluant le recours à des pesticides de synthèse, et fournir d'autres services écosystémiques, comme la fixation du carbone et l'enrichissement de la biodiversité (Greene et autres, 2009 ; OCDE, 2003 ; et Stolze et autres, 2000).

La plupart des systèmes biologiques limitent, voire interdisent, l'utilisation d'intrants chimiques sous toutes leurs formes et, de ce fait, entraînent vraisemblablement une diminution des pressions sur l'environnement. Toutefois, dans certaines situations, des pratiques intensives peuvent conduire à épandre plus d'effluents d'élevage que nécessaire, y compris en agriculture biologique (OCDE, 2003a). Par rapport aux exploitations conventionnelles, les exploitations biologiques affichent un niveau effectif de lessivage

Graphique 3.8. **Superficie des terres agricoles exploitées en agriculture biologique certifiée, pays de l'OCDE, 2002-10**

Part en % de la superficie des terres agricoles

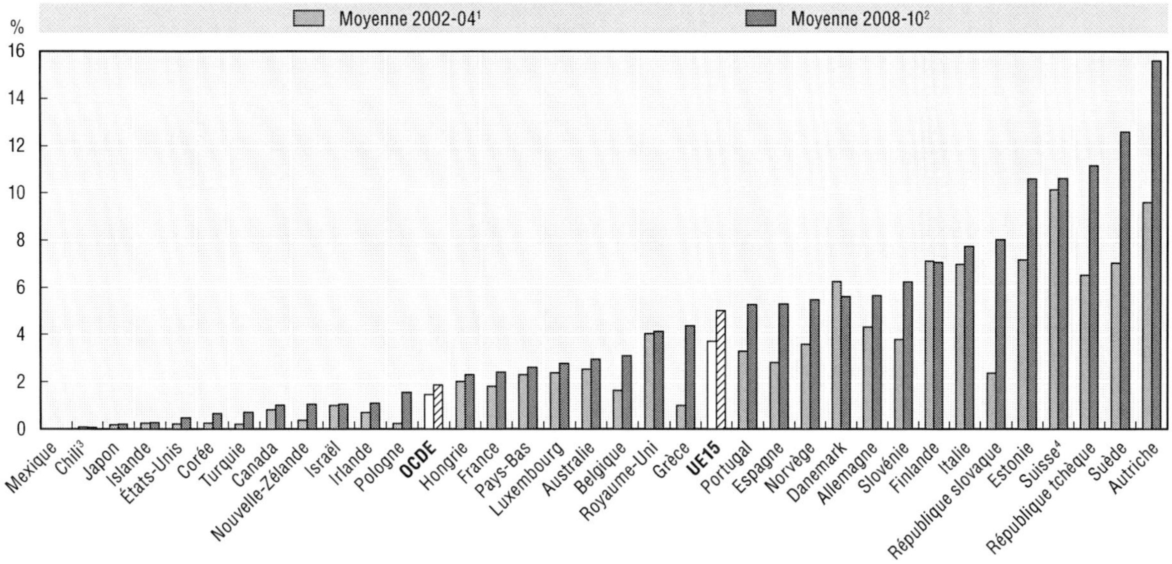

Notes : Les pays sont classés par ordre croissant de la part en % des terres cultivées en agriculture biologique dans la superficie totale des terres agricoles pour la période 2008-10.

Les données statistiques concernant Israël sont fournies par et sous la responsabilité des autorités israéliennes compétentes. L'utilisation de ces données par l'OCDE est sans préjudice du statut des hauteurs du Golan, de Jérusalem-Est et des colonies de peuplement israéliennes en Cisjordanie aux termes du droit international.

1. Les données de la moyenne 2002-04 correspondent à l'année 2005 pour l'Estonie et le Japon ; la moyenne 2003-04 pour le Chili et la Corée ; la moyenne 2003-05 pour Israël et la Pologne ; et l'année 2003 pour la Grèce.
2. Les données de la moyenne 2008-10 correspondent à la moyenne 2007-09 pour l'Autriche, le Canada, le Chili, la Corée, le Danemark, l'Espagne, l'Islande, Israël et le Mexique ; la moyenne 2007-08 pour l'Italie ; et l'année 2007 pour la Grèce.
3. Les données du Chili ne comprennent pas les superficies de récolte d'espèces sauvages et les forêts.
4. Dans le cas de la Suisse, les données correspondent à la part de l'agriculture biologique dans la superficie agricole utilisée (en hectares), y compris les terres affectées aux grandes cultures et aux cultures permanentes mais à l'exclusion des pâturages d'été.

Source : IFOAM (Fédération internationale des mouvements d'agriculture biologique), *www.organic-world.net/statistics-data-sources.html* ; Office statistique de l'Union européenne (EUROSTAT, *http://epp.eurostat.ec.europa.eu*) ; et données nationales.

StatLink http://dx.doi.org/10.1787/888932992439

d'azote par hectare qui peut être jusqu'à près de 60 % plus faible, mais un taux de lessivage par kilogramme de produit identique, voire légèrement plus élevé.

Parmi les domaines cruciaux susceptibles de conduire à une augmentation du lessivage des nitrates en agriculture biologique figurent l'enfouissement de légumineuses au mauvais moment, le choix de cultures inadaptées dans un système de rotation et le compostage d'effluents d'élevage sur sol nu (Stolze et autres, 2000). Par ailleurs, l'agriculture biologique implique souvent un travail du sol accru pour gérer les adventices (en l'absence de pesticides), ce qui risque d'accentuer l'érosion des sols.

En 2008-10, quelque 18 % de la superficie totale des terres consacrées aux grandes cultures et aux cultures permanentes dans les pays de l'OCDE étaient plantés en cultures transgéniques (ou cultures génétiquement modifiées) (tableau 3.1). Les États-Unis arrivent en tête de l'OCDE pour la production commerciale de cultures transgéniques. Dans les pays européens de l'OCDE et en Corée, la réglementation en place empêche l'exploitation commerciale de ces variétés et seules de petites surfaces sont cultivées à des fins expérimentales.

Dans la zone de l'OCDE, la superficie affectée à ces cultures s'est accrue rapidement depuis le milieu des années 90, surtout au **Canada** et aux **États-Unis**. La majeure partie de

Tableau 3.1. Les cultures transgéniques, pays de l'OCDE et autres principaux pays producteurs, 1996-2011

Superficie en milliers d'hectares

	1996	1997	1998	1999	2000	2001	2002	2003	2004	2005	2006	2007	2008	2009	2010	2011	Part en % de la superficie totale des grandes cultures et des cultures permanentes (Moyenne 2008-10[1])
Pays membres de l'OCDE																	
États-Unis	1 500	8 100	20 500	28 700	30 300	35 700	39 000	42 800	47 600	49 800	54 600	57 700	62 500	64 000	66 800	69 000	39.0
Canada	100	1 300	2 800	4 000	3 000	3 200	3 500	4 400	5 400	5 800	6 100	7 000	7 600	8 200	8 900	10 400	19.5
Australie	< 50	100	100	100	200	200	100	100	200	300	200	100	200	200	700	700	1.4
Chili[2]	..	..	..	..	..	..	11	9	9	13	19	24	30	25	20	< 100	1.4
Espagne	..	..	< 50	< 50	< 50	< 50	< 50	< 50	100	100	100	100	100	100	100	100	0.6
Mexique	< 50	< 50		< 50	< 50	< 50	< 50	< 50	100	100	100	100	100	100	100	200	0.4
Portugal	..	..	..	< 50	..	..	..	..	..	1	1	4	5	5	5	< 1	0.3
Allemagne	..	..	..	..	..	..	..	< 1	< 1	0	1	3	3	< 1	< 1	< 1	0.0
Total OCDE	**1 600**	**9 500**	**23 400**	**32 800**	**33 500**	**39 100**	**42 611**	**47 309**	**53 409**	**56 114**	**61 121**	**65 031**	**70 538**	**72 630**	**76 625**	**80 400**	**18.4**
Pays non membres de l'OCDE																	
Brésil	..	..	..	..	..	..	..	3 000	5 000	9 400	11 500	15 000	15 800	21 400	25 400	30 300	30.4
Argentine	100	1 400	4 300	6 700	10 000	11 800	13 500	13 900	16 200	17 100	18 000	19 100	21 000	21 300	22 900	23 700	65.9
Inde	..	..	..	..	..	..	<100	100	500	1 300	3 800	6 200	7 600	8 400	9 400	10 600	5.0
Chine	..	0	< 100	300	500	1 500	2 100	2 800	3 700	3 300	3 500	3 800	3 800	3 700	3 500	3 900	3.0
Paraguay	..	..	..	..	..	..	..	..	1 200	1 800	2 000	2 600	2 700	2 200	2 600	2 800	65.3
Afrique du Sud	..	..	< 100	100	200	200	300	400	500	500	1 400	1 800	1 800	2 100	2 200	2 300	13.2
Autres pays[3]	..	..	..	< 100	< 100	< 1 00	< 100	< 100	400	500	700	800	1 800	2 300	5 400	6 000	..
Total pays non membres	100	1 400	4 300	7 100	10 700	13 500	15 900	20 200	27 500	33 900	40 900	49 300	54 500	61 400	71 400	79 600	..
Total mondial	**1 700**	**10 900**	**27 800**	**39 900**	**44 200**	**52 600**	**58 500**	**67 500**	**80 900**	**90 014**	**102 021**	**114 331**	**125 038**	**134 030**	**148 025**	**160 000**	..

.. : Non disponible.

Notes : Les pays sont classés par ordre décroissant de la superficie consacrée aux cultures transgéniques en 2011.

1. Les données de la moyenne 2008-10 correspondent à la moyenne 2007-09 pour l'Afrique du Sud, l'Argentine, le Brésil, le Canada, la Chine, l'Inde, le Mexique et le Paraguay ; et à la moyenne 2006-08 pour le Chili.
2. La superficie correspond à la multiplication de semences destinées à l'exportation.
3. Les autres pays comprennent la Bulgarie, la Colombie, le Honduras, l'Indonésie, les Philippines, la Roumanie, l'Ukraine et l'Uruguay.

Source : Service international pour l'acquisition d'applications agricoles biotechnologiques (ISAAA, *International Service for the Acquisition of Agri-biotech Applications*), Ithaca, État de New York, États-Unis, *www.isaaa.org* ; Office statistique de l'Union européenne (EUROSTAT) *http://epp.eurostat.ec.europa.eu*) ; et FAOSTAT (2012) *http://faostat.fao.org*.

StatLink http://dx.doi.org/10.1787/888932993256

ces cultures sont des cultures tolérantes aux herbicides (soja, maïs, canola et coton). Les pays de l'OCDE représentent un peu plus de la moitié de la superficie mondiale affectée aux cultures transgéniques, mais des pays comme l'Argentine, le Brésil, la Chine et l'Inde ont sensiblement accru le recours à ces cultures au cours de la décennie écoulée (tableau 3.1).

L'essor des cultures transgéniques a suscité des discussions et un débat, toujours d'actualité, sur les coûts et avantages environnementaux potentiels de ces cultures, et sur leur sécurité pour la santé humaine. Des préoccupations ont par exemple été exprimées au sujet du risque de mélange génétique des espèces traditionnelles et des espèces sauvages apparentées, comme le maïs au **Mexique** (OCDE, 2005). Le **Mexique** est un centre « Vavilov » reconnu, c'est-à-dire une zone où une culture donnée a été domestiquée pour la première fois et a évolué sur plusieurs milliers d'années, comme c'est le cas du maïs (OCDE, 2008). Concurremment, certains chercheurs considèrent que les cultures transgéniques apportent des avantages, par exemple lorsqu'elles présentent des caractères qui permettent de réduire les quantités d'eau ou de pesticides utilisées.

Bibliographie

Eilers, W., R. MacKay, L. Graham et A. Lefebvre (éditeurs) (2010), « L'agriculture écologiquement durable au Canada » : *Série sur les indicateurs agro-environnementaux* – Rapport n° 3, Agriculture et Agroalimentaire Canada, Ottawa, Canada, *http://publications.gc.ca/collections/collection_2011/agr/A22-201-2010-fra.pdf*.

Greene, C., C. Dimitri, B.-H. Lin, W.D. McBride, L. Oberholtzer et T. Smith (2009), *Emerging Issues in the U.S. Organic Industry*, *Economic Information Bulletin Report* Number 55, Economic Research Service, ministère fédéral de l'Agriculture des États-Unis, mars, Washington, D.C., États-Unis.

OCDE (2012), *Qualité de l'eau et agriculture : un défi pour les politiques publiques*, Études de l'OCDE sur l'eau, Éditions OCDE, *http://dx.doi.org/10.1787/9789264121119-fr*.

OCDE (2008), *La performance environnementale de l'agriculture : Panorama*, Éditions OCDE, *http://dx.doi.org/10.1787/9789264046771-fr*.

OCDE (2003), *Organic Agriculture: Sustainability, Markets and Policies*, Éditions OCDE, *http://dx.doi.org/10.1787/9789264101517-en* (disponible uniquement en anglais).

State of the Environment 2011 Committee (2011), *Australia State of the Environment 2011*, Department of Sustainability, Environment, Water, Population and Communities, gouvernement australien, Canberra, Australie.

Stolze, M.A. Piorr, A. Häring et S. Dabbert (2000), *The Environmental Impacts of Organic Farming in Europe*, Université Hohenheim, Stuttgart, Allemagne, *www.uni-hohenheim.de/i410a/ofeurope/organicfarmingineurope-vol6.pdf*.

Chapitre 4

Éléments nutritifs : bilans de l'azote et du phosphore

Ce chapitre examine les performances environnementales de l'agriculture dans les pays de l'OCDE relatives aux bilans de l'azote et du phosphore. Il fournit une description du contexte général (problématique et principaux défis), les définitions des indicateurs agro-environnementaux présentés, et des éléments portant sur les concepts, l'interprétation, les liens avec d'autres indicateurs, ainsi que sur la mesurabilité et la qualité des données. Le chapitre décrit ensuite les principales tendances des indicateurs agro-environnementaux, en recourant aux données disponibles couvrant la période 1990-2009 et en s'appuyant sur un ensemble de tableaux et de graphiques.

4.1. Contexte général

Problématique

Les apports d'éléments nutritifs, tels que l'azote et le phosphore, sont des composantes nécessaires des systèmes de production parce qu'ils contribuent à maintenir et à accroître la productivité des cultures, y compris fourragères. Un déficit de ces éléments nutritifs peut se traduire par une baisse de la fertilité des sols, tandis qu'un excédent, eu égard aux quantités nécessaires à la croissance des végétaux, risque d'entraîner une pollution des sols, de l'air et de l'eau (eutrophisation). Le secteur agricole des pays de l'OCDE constitue une importante source de rejets d'azote et de phosphore dans l'environnement parce que les apports d'éléments nutritifs sont dans la plupart des cas supérieurs aux besoins des plantes. Il en va ainsi, à des degrés divers, dans presque tous les pays de l'OCDE, qui utilisent de ce fait un grand nombre d'instruments (aides financières, taxes, réglementation, assistance technique, etc.) pour lutter contre la pollution de l'eau par les éléments nutritifs (chapitre 9) et contre la pollution de l'air provoquée par les émissions d'ammoniac (chapitre 10) (OCDE, 2012).

Principaux défis

L'accumulation d'un excédent d'éléments nutritifs au-delà des besoins immédiats des cultures et des plantes fourragères peut entraîner une perte d'éléments nutritifs constituant à la fois une source d'inefficacité économique pour les exploitants, mais surtout une source potentielle d'atteintes à l'environnement. Ces atteintes peuvent prendre la forme d'une pollution de l'eau (par exemple, eutrophisation des eaux de surface par ruissellement des éléments nutritifs et pollution des eaux souterraines par lessivage), ou d'une pollution de l'air, notamment par l'ammoniac et les émissions de gaz à effet de serre. Par ailleurs, la pérennité des ressources en phosphore constitue une autre préoccupation environnementale dans la mesure où les réserves mondiales ne sont pas illimitées, encore que cela puisse inciter le secteur agricole à mieux gérer et à recycler le phosphore.

Les activités agricoles entraînent généralement le rejet d'une certaine quantité d'éléments nutritifs dans l'environnement, parce qu'il est le plus souvent techniquement impossible d'éviter complètement la pollution. Même dans des milieux aquatiques vierges de toute pollution, des sources naturelles (par exemple les particules minérales du sol) peuvent modifier les caractéristiques physiques, chimiques et biologiques de l'eau. Dans le secteur agricole, l'enjeu consiste à trouver des moyens d'accroître la production tout en réduisant les pertes d'éléments nutritifs agricoles et leurs conséquences ultérieures pour l'environnement (OCDE, 2012).

4.2. Indicateurs

Définitions

L'indicateur relatif au bilan des éléments nutritifs agricoles mesure les variations :

- des bilans bruts de l'azote (N) et du phosphore (P) sur les terres agricoles, excédent ou déficit.

Concepts, interprétation, points faibles et liens avec d'autres indicateurs

Les bilans bruts des éléments nutritifs (azote et phosphore) correspondent à la différence entre la quantité totale d'éléments nutritifs qui entre dans un système agricole sous forme d'intrants (principalement engrais, effluents d'élevage), et la quantité qui en sort sous forme de produits (principalement prélèvements résultant de leur absorption par les cultures et les pâturages), comme le montre le graphique 4.1 (Eurostat, 2013). Ce calcul peut donner une indication de l'état des pressions exercées sur l'environnement, telles qu'une diminution de la fertilité des sols en cas de déficit en éléments nutritifs ou un risque de pollution des sols, de l'air et de l'eau en cas d'excédent.

Graphique 4.1. **Les principaux éléments entrant dans le calcul du bilan brut de l'azote et du phosphore**

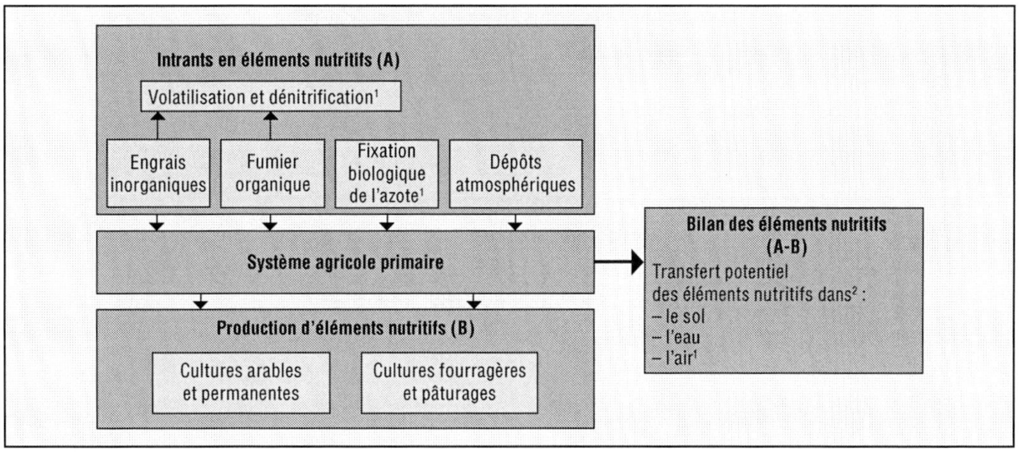

1. S'applique uniquement au bilan de l'azote.
2. Les excédents d'éléments nutritifs par rapport aux besoins des cultures/pâturages sont dispersés dans l'environnement, entraînant une pollution potentielle des sols, de l'eau et de l'air, mais un déficit d'éléments nutritifs peut également survenir au détriment de la fertilité des sols et de la productivité des cultures.

Source : Eurostat (2013), *Nutrient Budgets Methology and Handbook*, *www.oecd.org/fr/tad/agriculture-durable/indicateurs-agro-environnementaux.htm*.

Ces bilans sont exprimés en termes d'évolution des quantités physiques excédentaires (déficitaires) d'éléments nutritifs, ce qui donne une indication de la tendance et du niveau des pressions physiques potentielles sur l'environnement exercées par ces excédents. Cet indicateur est aussi exprimé en kilogrammes d'éléments nutritifs excédentaires (déficitaires) par hectare de terres agricoles et par an, ce qui facilite la comparaison de l'intensité d'utilisation de ces éléments entre les systèmes agricoles des différents pays.

Pour interpréter ces indicateurs, il faut avoir à l'esprit qu'ils décrivent des pressions environnementales potentielles et peuvent dissimuler de fortes variations infranationales. Des informations complémentaires sont nécessaires pour décrire les pressions effectives. Ces indicateurs doivent être interprétés en relation avec les informations relatives à l'utilisation des terres agricoles et aux modes de gestion des exploitations. Les comparaisons internationales de l'évolution du niveau des excédents d'éléments nutritifs au fil du temps doivent prendre en compte les niveaux absolus pendant la période de référence. Il convient de noter également que ces indicateurs s'appuient uniquement sur les bilans des éléments nutritifs provenant du secteur agricole primaire, et qu'ils ne prennent pas en considération les flux d'éléments nutritifs provenant d'autres systèmes de production alimentaire tels que la pêche, ni l'ensemble du cycle de l'azote dans l'économie.

Les bilans des éléments nutritifs présentent certaines limites, qui ont notamment trait à la précision des coefficients de conversion utilisés et aux incertitudes liées à l'estimation du prélèvement des éléments nutritifs par les pâturages et certaines cultures fourragères. De plus, des phénomènes liés à l'environnement, comme les sécheresses et les inondations, influent sur la capacité des plantes de fixer les éléments nutritifs. De surcroît, les interactions entre les sols et les éléments nutritifs restent trop méconnues (par exemple, les sols n'ont pas tous la même capacité à stocker les éléments nutritifs) et les informations sur la composition variétale des légumineuses dans les pâturages trop limitées pour que l'on puisse évaluer précisément le prélèvement d'azote par les pâturages (OCDE, 2008).

Les indicateurs relatifs aux bilans des éléments nutritifs constituent une *cause agissante* et doivent donc être mis en relation avec l'*état* des éléments nutritifs dans les masses d'eau (chapitre 9), les émissions d'ammoniac (chapitre 10) et les émissions de gaz à effet de serre (chapitre 11).

Mesurabilité et qualité des données

L'OCDE et Eurostat disposent de données sur les bilans de l'azote et du phosphore dans tous les pays de l'OCDE, sauf le Chili, jusqu'en 2009 (annexe 1.A2). L'OCDE, en coopération avec Eurostat, apporte actuellement des améliorations à la méthodologie, aux coefficients de conversion des éléments nutritifs et aux données primaires dans le cadre de la révision et de la mise à jour des bilans des éléments nutritifs. Eurostat examine ainsi les moyens de rendre compte de la fixation de l'azote biologique par le trèfle des pâturages.

4.3. Principales tendances

Globalement, les excédents d'éléments nutritifs (N et P) d'origine agricole dans les pays de l'OCDE n'ont cessé de diminuer entre 1990 et 2009, tant en valeur absolue exprimée en tonnes d'éléments nutritifs (graphiques 4.2 et 4.3) qu'en termes d'excédents d'éléments nutritifs par hectare de terres agricoles (graphiques 4.4 et 4.5). Cette diminution a été plus marquée dans les années 2000 que dans les années 90.

La baisse des excédents d'éléments nutritifs a diminué le risque de pression environnementale sur les sols, l'eau et l'air. Cette tendance fait écho à l'amélioration globale de l'efficience avec laquelle les agriculteurs utilisent les éléments nutritifs et, aussi, au ralentissement de la croissance de la production de l'agriculture dans de nombreux pays au cours des années 2000 (graphique 3.1). L'intensité avec laquelle les éléments nutritifs sont utilisés et l'évolution des excédents sont néanmoins très variables à l'intérieur des pays et entre eux.

Bien que les excédents en éléments nutritifs aient globalement diminué, la quantité d'azote et de phosphore utilisée par hectare de terres agricoles reste très élevée en termes de nuisances potentielles à l'environnement. En général, la ***perte de fond (ou perte naturelle)*** d'azote attribuée aux orages électriques et à d'autres sources est évaluée à environ 1 à 2 kg/ ha, tandis qu'elle est d'environ 0.1 kg/ha pour le phosphore, avec des variations selon les conditions auxquelles sont soumis les sédiments et les roches (OCDE, 2012).

Graphique 4.2. **Bilan de l'azote en volume, pays de l'OCDE, 1990-2009**

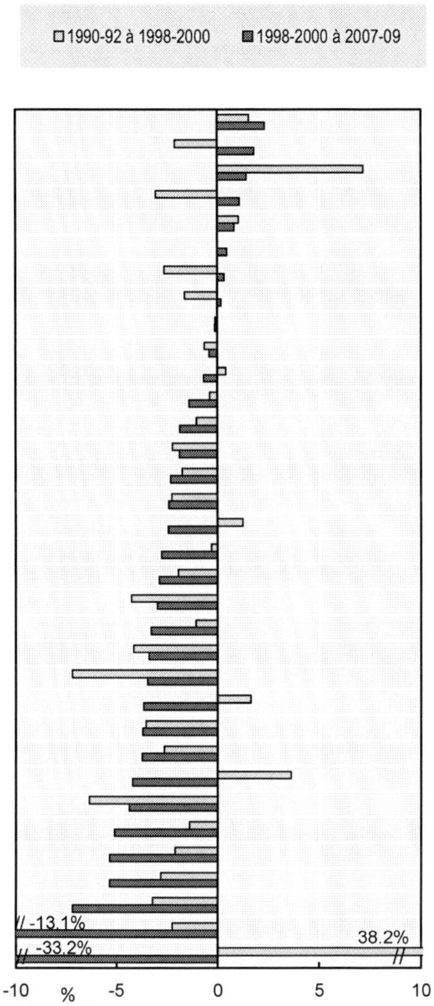

	Moyenne (milliers de tonnes d'azote)			Variation annuelle moyenne en %	
	1990-92[1]	1998-2000[2]	2007-09[3]	1990-92 à 1998-2000	1998-2000 à 2007-09
Nouvelle-Zélande	399	451	554	1.5	2.3
Pologne	896	757	889	-2.1	1.8
Canada	753	1 311	1 489	7.2	1.4
République tchèque	327	256	282	-3.0	1.1
Islande	17	19	20	1.0	0.8
Israël	..	53	55	..	0.5
Suisse	122	99	102	-2.6	0.3
Japon	935	821	834	-1.6	0.2
Norvège	103	102	101	-0.1	-0.1
Turquie	1 493	1 418	1 367	-0.6	-0.4
États-Unis	13 930	14 378	13 534	0.4	-0.7
OCDE[4]	**40 052**	**38 869**	**34 270**	**-0.4**	**-1.4**
Mexique	2 885	2 655	2 286	-1.0	-1.9
France	2 100	1 757	1 510	-2.2	-1.9
Royaume-Uni	1 696	1 424	1 182	-1.7	-2.3
Allemagne	2 131	1 778	1 432	-2.2	-2.4
Corée	465	513	412	1.2	-2.4
Australie	7 527	7 353	5 730	-0.3	-2.7
UE15	**9 966**	**8 529**	**6 567**	**-1.9**	**-2.9**
Slovénie	50	38	30	-4.2	-3.0
Suède	197	180	134	-1.1	-3.3
Danemark	460	328	241	-4.1	-3.4
République slovaque	177	97	71	-7.2	-3.5
Espagne	627	713	510	1.6	-3.7
Finlande	204	153	109	-3.5	-3.7
Italie	667	540	398	-2.6	-3.7
Irlande	236	313	213	3.6	-4.2
Grèce	309	183	128	-6.4	-4.4
Pays-Bas	655	586	386	-1.4	-5.1
Belgique	306	258	167	-2.1	-5.3
Autriche	195	156	95	-2.8	-5.4
Luxembourg	23	18	10	-3.2	-7.2
Portugal	160	143	54	-2.2	-13.1
Hongrie	5	71	3	38.2	-33.2
Estonie	..	..	17	..	..

.. : Non disponible.

Notes : Le bilan brut de l'azote (excédent ou déficit) correspond à la différence entre la quantité d'azote qui entre dans un système agricole sous forme d'intrants (c.-à-d. principalement effluents d'élevage et engrais) et la quantité qui le quitte sous forme de produits (c.-à-d. prélèvement d'azote par les cultures et les pâturages).

Les pays sont classés par ordre décroissant de variation annuelle moyenne en % pour la période 1998-2000 à 2007-09.

Les données statistiques concernant Israël sont fournies par et sous la responsabilité des autorités israéliennes compétentes. L'utilisation de ces données par l'OCDE est sans préjudice du statut des hauteurs du Golan, de Jérusalem-Est et des colonies de peuplement israéliennes en Cisjordanie aux termes du droit international.

1. Les données de la moyenne 1990-92 correspondent à l'année 1990 pour le Royaume-Uni ; la moyenne 1992-94 pour la Slovénie ; et la moyenne 1995-97 pour le Portugal.
2. Les données de la moyenne 1998-2000 correspondent à l'année 2000 pour le Royaume-Uni et à la moyenne 2000-02 pour Israël et le Portugal.
3. Les données de la moyenne 2007-09 correspondent à la moyenne 2006-08 pour la Belgique, la France, la Grèce, la Hongrie, l'Italie, le Luxembourg, le Mexique, les Pays-Bas, la Slovénie et la Suisse.
4. Le total OCDE ne comprend pas les pays suivants : Chili, Estonie et Israël.

Source : OCDE/Eurostat, *Base de données des indicateurs agro-environnementaux*, *http://epp.eurostat.ec.europa.eu* ; et données nationales pour l'Espagne.

StatLink http://dx.doi.org/10.1787/888932992458

En 2007-09, deux tiers environ des pays de l'OCDE affichaient à l'échelle nationale un excédent annuel d'azote de plus de 40 kgN/ha. En **Belgique,** en **Corée,** en **Israël,** au **Japon** et aux **Pays-Bas,** cet excédent était supérieur à 100 kgN/ha (graphique 4.3). De même, s'agissant du phosphore, un tiers des pays de l'OCDE environ affichent un excédent de plus

Graphique 4.3. **Bilan de l'azote par hectare de terres agricoles, pays de l'OCDE, 1990-2009**

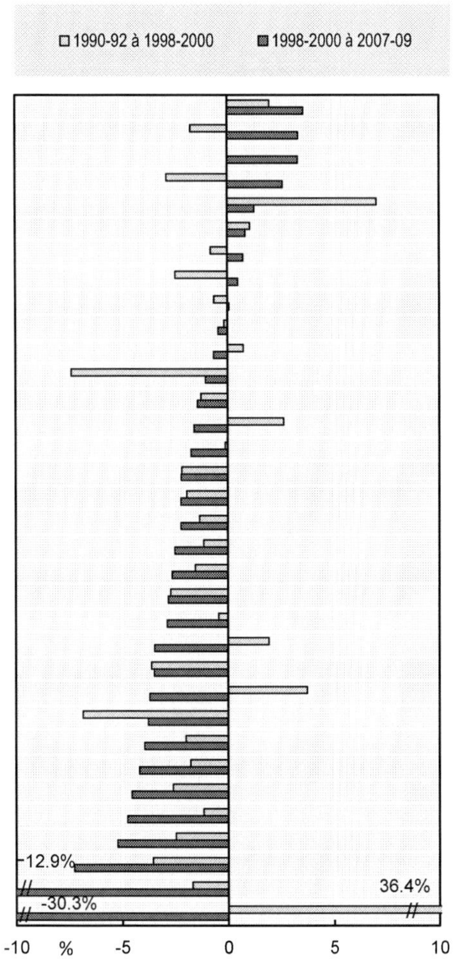

	Moyenne (kg d'azote/ha)			Variation annuelle moyenne en %	
	1990-92[1]	1998-2000[2]	2007-09[3]	1990-92 à 1998-2000	1998-2000 à 2007-09
Nouvelle-Zélande	30	35	49	2.0	3.6
Pologne	49	43	57	-1.7	3.3
Israël	..	103	130	..	3.3
République tchèque	79	63	79	-2.9	2.6
Canada	12	21	23	7.1	1.3
Islande	7	8	8	1.1	0.9
Japon	180	169	180	-0.8	0.7
Suisse[4]	80	65	68	-2.4	0.5
Norvège	103	98	99	-0.6	0.1
Turquie	37	36	35	-0.2	-0.4
États-Unis	33	35	33	0.7	-0.6
République slovaque	76	41	37	-7.4	-1.0
Mexique	28	25	22	-1.2	-1.4
Corée	213	263	228	2.6	-1.6
Australie	16	16	14	-0.1	-1.7
Allemagne	123	103	85	-2.2	-2.2
France	69	59	50	-1.9	-2.2
OCDE[5]	**86**	**78**	**63**	**-1.3**	**-2.2**
Italie	38	35	28	-1.1	-2.5
Royaume-Uni	140	120	97	-1.5	-2.6
Slovénie	90	77	61	-2.7	-2.8
Suède	58	56	43	-0.4	-2.9
Espagne	16	19	14	1.9	-3.5
Danemark	166	123	90	-3.6	-3.5
Irlande	53	71	50	3.7	-3.7
Grèce	60	34	25	-6.9	-3.8
UE15	**109**	**93**	**65**	**-2.0**	**-3.9**
Finlande	80	70	47	-1.8	-4.2
Autriche	56	46	30	-2.6	-4.6
Pays-Bas	331	302	204	-1.2	-4.8
Belgique	227	186	121	-2.5	-5.2
Luxembourg	183	137	75	-3.6	-7.3
Portugal	41	38	14	-1.7	-12.9
Hongrie	1	12	1	36.4	-30.3
Estonie	..	..	21	..	..

.. : Non disponible.

Notes : Bilan (excédent ou déficit) exprimé en kg d'azote par hectare du total des terres agricoles.

Les pays sont classés par ordre décroissant de variation annuelle moyenne en % pour la période 1998-2000 à 2007-09.

Les données statistiques concernant Israël sont fournies par et sous la responsabilité des autorités israéliennes compétentes. L'utilisation de ces données par l'OCDE est sans préjudice du statut des hauteurs du Golan, de Jérusalem-Est et des colonies de peuplement israéliennes en Cisjordanie aux termes du droit international.

1. Les données de la moyenne 1990-92 correspondent à l'année 1990 pour le Royaume-Uni ; la moyenne 1992-94 pour la Slovénie ; et la moyenne 1995-97 pour le Portugal.
2. Les données de la moyenne 1998-2000 correspondent à l'année 2000 pour le Royaume-Uni ; et à la moyenne 2000-02 pour Israël et le Portugal.
3. Les données de la moyenne 2007-09 correspondent à la moyenne 2006-08 pour la Belgique, la France, la Grèce, la Hongrie, l'Italie, le Luxembourg, le Mexique, les Pays-Bas, la Slovénie et la Suisse.
4. Dans le cas de la Suisse, la superficie agricole totale comprend les pâturages d'été.
5. Le total OCDE ne comprend pas les pays suivants : Chili, Estonie et Israël.

Source : OCDE/Eurostat, *Base de données des indicateurs agro-environnementaux*, *http://epp.eurostat.ec.europa.eu* ; et données nationales pour l'Espagne.

StatLink *http://dx.doi.org/10.1787/888932992477*

de 5 kgP/ha et ce chiffre est supérieur à 10 kgP/ha en **Corée**, en **Israël,** au **Japon**, en **Norvège** et aux **Pays-Bas** (graphique 4.5).

Certains pays (**Estonie, Grèce, Hongrie, Italie** et **République slovaque**) ont affiché en 2007-09 un déficit absolu en phosphore (graphiques 4.3 et 4.5) qui, s'il se prolonge, pourrait compromettre la fertilité des sols (une possibilité envisageable dans le cas de la

Graphique 4.4. **Bilan du phosphore en volume, pays de l'OCDE, 1990-2009**

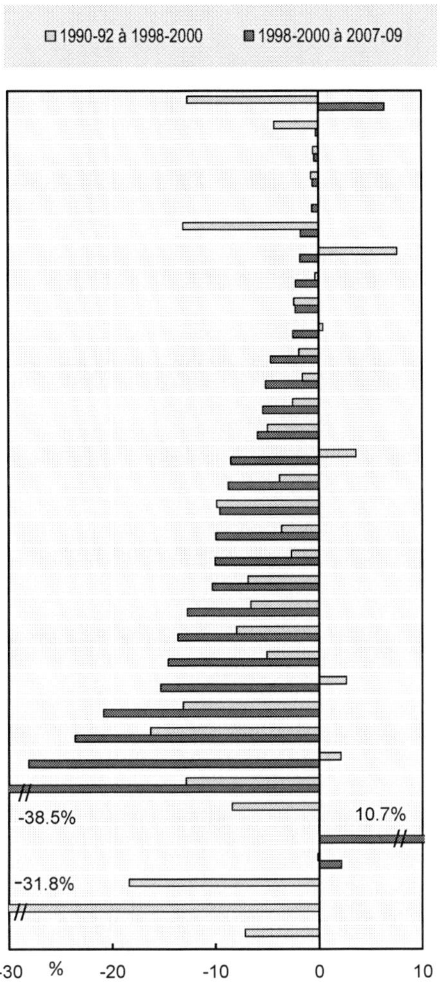

	Moyenne (milliers de tonnes de phosphore)			Variation annuelle moyenne en %	
	1990-92[1]	1998-2000[2]	2007-09[3]	1990-92 à 1998-2000	1998-2000 à 2007-09
Pologne	138	47	82	-12.6	6.4
Mexique	216	153	150	-4.3	-0.2
Norvège	16	15	15	-0.5	-0.4
Islande	4	4	3	-0.7	-0.6
Israël	..	18	17	..	-0.6
Suisse	17	6	5	-13.1	-1.7
Nouvelle-Zélande	76	137	116	7.6	-1.8
Corée	103	101	82	-0.3	-2.2
Japon	339	279	227	-2.4	-2.3
États-Unis	1 173	1 213	965	0.4	-2.5
Turquie	354	304	198	-1.9	-4.6
Royaume-Uni	162	138	91	-1.6	-5.1
OCDE[4]	**4 153**	**3 384**	**2 053**	**-2.5**	**-5.4**
Danemark	44	29	17	-4.9	-5.9
Slovénie	6	7	4	3.6	-8.5
Pays-Bas	74	54	26	-3.8	-8.7
Finlande	52	23	9	-9.9	-9.5
Portugal	39	32	16	-3.6	-9.9
Irlande	46	37	14	-2.7	-10.0
Autriche	31	18	7	-6.8	-10.3
UE15	**1 399**	**812**	**239**	**-6.6**	**-12.7**
France	431	223	69	-7.9	-13.6
Belgique	46	30	9	-5.0	-14.6
Espagne	107	132	30	2.6	-15.3
Allemagne	228	74	11	-13.1	-20.9
République tchèque	40	10	1	-16.3	-23.6
Australie	294	348	18	2.1	-28.1
Luxembourg	3	1	0	-12.9	-38.5
Canada[5]	-8	-4	7	-8.4	n.c.
Grèce[5]	33	-5	-12	n.c.	10.7
Hongrie[5]	-48	-48	-57	-0.1	2.2
Italie	87	17	-47	-18.4	n.c.
République slovaque	33	2	-3	-31.8	n.c.
Suède	15	8	-1	-7.2	n.c.
Estonie	..	..	-6	..	..

.. : Non disponible.
n.c. : Non calculé.

Notes : Le bilan brut du phosphore (excédent ou déficit) correspond à la différence entre la quantité de phosphore qui entre dans un système agricole sous forme d'intrants (c.-à-d. principalement effluents d'élevage et engrais) et la quantité qui le quitte sous forme de produits (c.-à-d. prélèvement de phosphore par les cultures et les pâturages).

Les pays sont classés par ordre décroissant de variation annuelle moyenne en % pour la période 1998-2000 à 2007-09.

Les données statistiques concernant Israël sont fournies par et sous la responsabilité des autorités israéliennes compétentes. L'utilisation de ces données par l'OCDE est sans préjudice du statut des hauteurs du Golan, de Jérusalem-Est et des colonies de peuplement israéliennes en Cisjordanie aux termes du droit international.

1. Les données de la moyenne 1990-92 correspondent à l'année 1990 pour le Royaume-Uni ; et à la moyenne 1995-97 pour le Portugal et la Slovénie.
2. Les données de la moyenne 1998-2000 correspondent à l'année 2000 pour le Royaume-Uni ; et à la moyenne 2000-02 pour Israël, le Portugal et la Slovénie.
3. Les données de la moyenne 2007-09 correspondent à la moyenne 2006-08 pour l'Allemagne, la Belgique, l'Estonie, la France, la Grèce, la Hongrie, l'Italie, le Luxembourg, le Mexique, les Pays-Bas, la Slovénie et la Suisse.
4. Le total OCDE ne comprend pas les pays suivants : Chili, Estonie et Israël.
5. Pour le Canada, la Grèce et la Hongrie, la variation annuelle moyenne en % porte sur la variation du déficit de phosphore.

Source : OCDE/Eurostat, *Base de données des indicateurs agro-environnementaux*, *http://epp.eurostat.ec.europa.eu* ; et données nationales pour l'Espagne.

StatLink *http://dx.doi.org/10.1787/888932992496*

Hongrie où le déficit en phosphore dure depuis 20 ans). Il est toutefois probable que dans la plupart de ces cas, les cultures et les herbages peuvent puiser dans les réserves accumulées par les sols ayant reçu des apports excessifs de phosphore pendant de nombreuses années.

Graphique 4.5. **Bilan du phosphore par hectare de terres agricoles, pays de l'OCDE, 1990-2009**

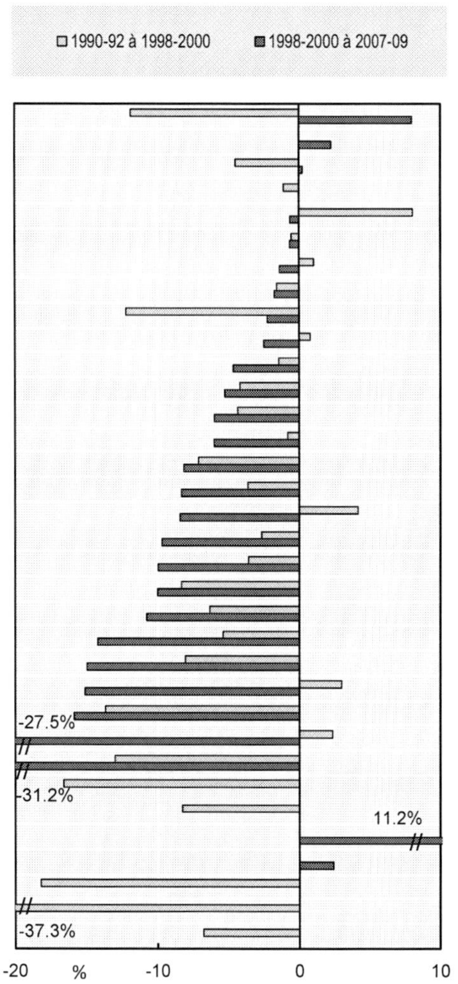

	Moyenne (kg de phosphore/ha)			Variation annuelle moyenne en %	
	1990-92[1]	1998-2000[2]	2007-09[3]	1990-92 à 1998-2000	1998-2000 à 2007-09
Pologne	7	3	5	-11.9	8.0
Israël	..	34	40	..	2.2
Mexique	2	1	1	-4.5	0.2
Norvège	16	15	15	-1.1	0.0
Nouvelle-Zélande	6	11	10	8.1	-0.6
Islande	2	2	1	-0.5	-0.7
Corée	47	52	46	1.0	-1.4
Japon	65	57	49	-1.6	-1.7
Suisse[4]	11	4	3	-12.2	-2.3
États-Unis	3	3	2	0.8	-2.5
Turquie	9	8	5	-1.4	-4.6
OCDE[5]	**13**	**9**	**6**	**-4.2**	**-5.2**
Danemark	16	11	6	-4.3	-5.9
Royaume-Uni	13	12	7	-0.8	-6.0
Autriche	9	5	2	-7.1	-8.1
Pays-Bas	38	28	14	-3.6	-8.3
Slovénie	12	15	9	4.1	-8.4
Irlande	10	8	3	-2.7	-9.7
Portugal	10	8	4	-3.6	-10.0
Finlande	21	10	4	-8.3	-10.0
UE15	**14**	**9**	**3**	**-6.3**	**-10.8**
Belgique	34	22	6	-5.4	-14.3
France	14	7	2	-8.0	-15.0
Espagne	3	3	1	2.9	-15.1
Allemagne	13	4	1	-13.7	-15.9
Australie	1	1	0	2.3	-27.5
Luxembourg	20	7	0	-13.0	-31.2
République tchèque	10	2	0	-16.6	n.c.
Canada[6]	0	0	0	-8.2	n.c.
Grèce[6]	6	-1	-2	n.c.	11.2
Hongrie[6]	-8	-8	-10	0.0	2.4
Italie	5	1	-3	-18.2	n.c.
République slovaque	14	0	-2	-37.3	n.c.
Suède	5	3	0	-6.8	n.c.
Estonie	..	..	-7	..	..

.. : Non disponible.
n.c. : Non calculé.
Notes : Bilan (excédent ou déficit) exprimé en kg de phosphore par hectare du total des terres agricoles.
Les pays sont classés par ordre décroissant de variation annuelle moyenne en % pour la période 1998-2000 à 2007-09.
Les données statistiques concernant Israël sont fournies par et sous la responsabilité des autorités israéliennes compétentes. L'utilisation de ces données par l'OCDE est sans préjudice du statut des hauteurs du Golan, de Jérusalem-Est et des colonies de peuplement israéliennes en Cisjordanie aux termes du droit international.
1. Les données de la moyenne 1990-92 correspondent à l'année 1990 pour le Royaume-Uni ; et à la moyenne 1995-97 pour le Portugal et la Slovénie.
2. Les données de la moyenne 1998-2000 correspondent à l'année 2000 pour le Royaume-Uni ; et à la moyenne 2000-02 pour Israël, le Portugal et la Slovénie.
3. Les données de la moyenne 2007-09 correspondent à la moyenne 2006-08 pour l'Allemagne, la Belgique, l'Estonie, la France, la Grèce, la Hongrie, l'Italie, le Luxembourg, le Mexique, les Pays-Bas, la Slovénie et la Suisse.
4. Dans le cas de la Suisse, la superficie agricole totale comprend les pâturages d'été.
5. Le total OCDE ne comprend pas les pays suivants : Chili, Estonie et Israël.
6. Pour le Canada, la Grèce et la Hongrie, la variation annuelle moyenne en % porte sur la variation du déficit de phosphore.

Source : OCDE/Eurostat, *Base de données des indicateurs agro-environnementaux, http://epp.eurostat.ec.europa.eu* ; et données nationales pour l'Espagne.

StatLink http://dx.doi.org/10.1787/888932992515

Dans les quelques pays de l'OCDE où les excédents d'éléments nutritifs ont augmenté au cours de la décennie écoulée, comme le **Canada,** la **Nouvelle-Zélande** (sauf pour le phosphore) et la **Pologne,** les excédents exprimés en quantités d'azote ou de phosphore par hectare de terres agricoles sont souvent inférieurs à la moyenne de l'OCDE. En **Israël,** cependant, les excédents d'éléments nutritifs exprimés en kg de N/P par hectare sont sensiblement plus élevés que la moyenne de l'OCDE et augmentent depuis dix ans.

En moyenne, les excédents de phosphore dans les pays de l'OCDE, exprimés tant en valeur absolue qu'en kg de phosphore par hectare, ont diminué à un rythme annuel plus de deux fois supérieur à celui des excédents d'azote au cours de ces 20 dernières années (graphiques 4.2 à 4.5). Ce phénomène tient dans une large mesure à ce que les exploitants ont pris conscience, surtout ces dix dernières années, du fait que de grandes quantités de phosphore s'étaient accumulées dans les sols et qu'il était inutile d'en apporter davantage pour répondre aux besoins des cultures et des pâturages, au moins pendant quelques années. Ce sont notamment l'amélioration des méthodes utilisées par les exploitants pour mesurer la teneur des sols en éléments nutritifs dans de nombreux pays de l'OCDE et l'augmentation de la fréquence de ces mesures qui ont révélé la présence de ces grandes quantités de phosphore dans les sols agricoles (cette question sera examinée en détail plus loin).

Une évolution encourageante observée dans un nombre croissant de pays est le ***découplage de la croissance de la production agricole de l'évolution des excédents en éléments nutritifs***. Il y a découplage environnemental dès lors que le taux de croissance relatif de la variable environnementale considérée (ici, les excédents en éléments nutritifs) est inférieur au taux de croissance de la variable qui représente la cause agissante économique (ici, la production agricole). Entre 1998-2000 et 2007-09, tandis que le volume global de la production agricole des pays de l'OCDE augmentait de plus de 1 % par an, le bilan de l'azote (en tonnes) diminuait de plus de 1 % par an, alors que le bilan du phosphore (en tonnes) diminuait de plus de 5 % par an (graphiques 4.6 et 4.7).

Ces progrès sont en grande partie imputables à l'adoption de plus en plus fréquente de pratiques de gestion des éléments nutritifs sous l'effet des nombreuses mesures agro-environnementales prises dans beaucoup de pays. Le découplage est beaucoup plus important pour le phosphore que pour l'azote, ce qui s'explique dans une large mesure par le fait que dans nombre de pays de l'OCDE, les agriculteurs sont de plus en plus conscients de l'accumulation de phosphore dans le sol, notamment parce qu'ils recourent davantage à l'analyse des sols. De surcroît, la modification des pratiques d'élevage, en particulier l'amélioration de la composition de l'alimentation animale, a également permis d'utiliser plus efficacement le phosphore (OCDE, 2008).

Les propriétés physiques du phosphore dans l'environnement sont différentes de celles de l'azote, mais dans de nombreux pays de l'OCDE, ***l'accumulation dans les sols agricoles d'une quantité de phosphore supérieure aux besoins des cultures est de plus en plus préoccupante pour l'environnement*** (OCDE, 2008). En effet, la rétention du phosphore particulaire dans le sol est globalement élevée par rapport à celle de l'azote. Le phosphore est donc généralement transporté dans les eaux de surface sur des laps de temps importants par un phénomène d'érosion des sols et non par lessivage dans les eaux souterraines, à la différence de l'azote, transporté plus rapidement des sols vers les masses d'eau. Par conséquent, dans de nombreux pays, un certain temps sera vraisemblablement nécessaire pour que la réduction des excédents de phosphore se traduise par une diminution des concentrations de phosphore dans l'eau. De fait, les concentrations de phosphore dans les lacs et cours d'eau pourraient bien continuer à augmenter pendant plusieurs décennies, et les implications pour les eaux souterraines restent incertaines (OCDE, 2012).

Dans la plupart des pays, on note des variations considérables du niveau et des tendances des ***excédents d'éléments nutritifs calculés au niveau régional*** par rapport aux moyennes

Graphique 4.6. **Bilan de l'azote et volume de production agricole, pays de l'OCDE, 1990-2009**

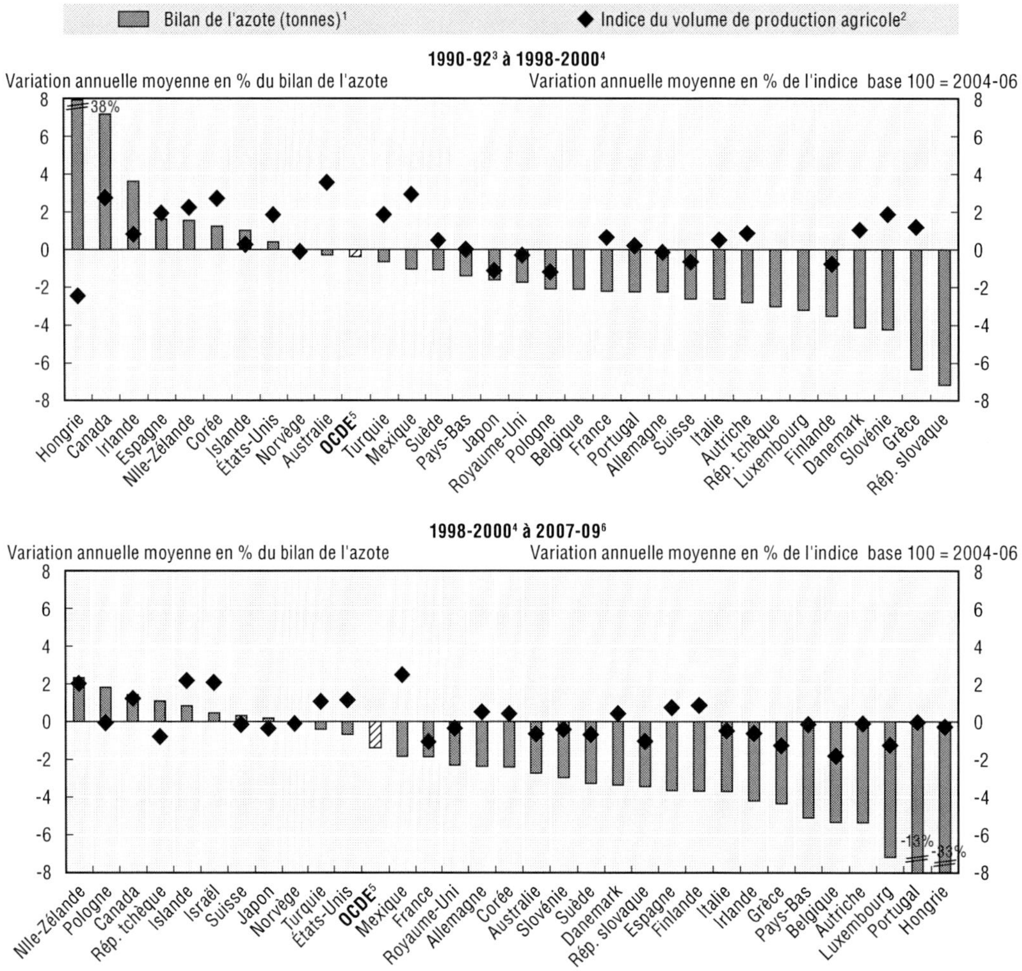

Notes : Les pays sont classés par ordre décroissant de variation annuelle moyenne en % du bilan de l'azote.

Les données statistiques concernant Israël sont fournies par et sous la responsabilité des autorités israéliennes compétentes. L'utilisation de ces données par l'OCDE est sans préjudice du statut des hauteurs du Golan, de Jérusalem-Est et des colonies de peuplement israéliennes en Cisjordanie aux termes du droit international.

1. Le bilan brut de l'azote (excédent ou déficit) correspond à la différence entre la quantité d'azote qui entre dans un système agricole sous forme d'intrants (c.-à-d. principalement effluents d'élevage et engrais) et la quantité qui le quitte sous forme de produits (c.-à-d. prélèvement d'azote par les cultures et les pâturages).
2. Les indices FAO de la production agricole indiquent le niveau relatif du volume global de la production agricole, pour chaque année, par rapport à la période de référence 2004-06. On les calcule en faisant la somme pondérée par le prix de la production des différents produits agricoles, après déduction des quantités utilisées comme semences ou pour l'alimentation animale, pondérées de la même façon. L'agrégat ainsi obtenu représente donc la production disponible pour toutes les utilisations, sauf l'utilisation comme semences ou aliments pour animaux. Tous les indices, aux niveaux national, régional et mondial, sont calculés au moyen de la formule de Laspeyres. Les quantités de chaque produit sont pondérées par les prix moyens internationaux à la production pour la période 2004-06 et additionnées pour chaque année. On divise l'agrégat pour une année déterminée par l'agrégat moyen de la période de référence 2004-06 pour obtenir l'indice.
3. Les données de la moyenne 1990-92 correspondent à l'année 1990 pour le Royaume-Uni ; la moyenne 1992-94 pour la Slovénie ; et la moyenne 1995-97 pour le Portugal.
4. Les données de la moyenne 1998-2000 correspondent à l'année 2000 pour le Royaume-Uni ; et à la moyenne 2000-02 pour Israël et le Portugal.
5. Le bilan de l'azote de l'OCDE ne comprend pas les pays suivants : Chili, Estonie et Israël.
6. Les données de la moyenne 2007-09 correspondent à la moyenne 2006-08 pour la Belgique, la France, la Grèce, la Hongrie, l'Italie, le Luxembourg, le Mexique, les Pays-Bas, la Slovénie et la Suisse.

Source : FAOSTAT (2012) Organisation des Nations Unies pour l'alimentation et l'agriculture, *http://faostat.fao.org* ; OCDE/Eurostat, *Base de données des indicateurs agro-environnementaux, http://epp.eurostat.ec.europa.eu* ; et données nationales pour l'Espagne.

StatLink http://dx.doi.org/10.1787/888932992534

Graphique 4.7. **Bilan du phosphore et volume de production agricole, pays de l'OCDE, 1990-2009**

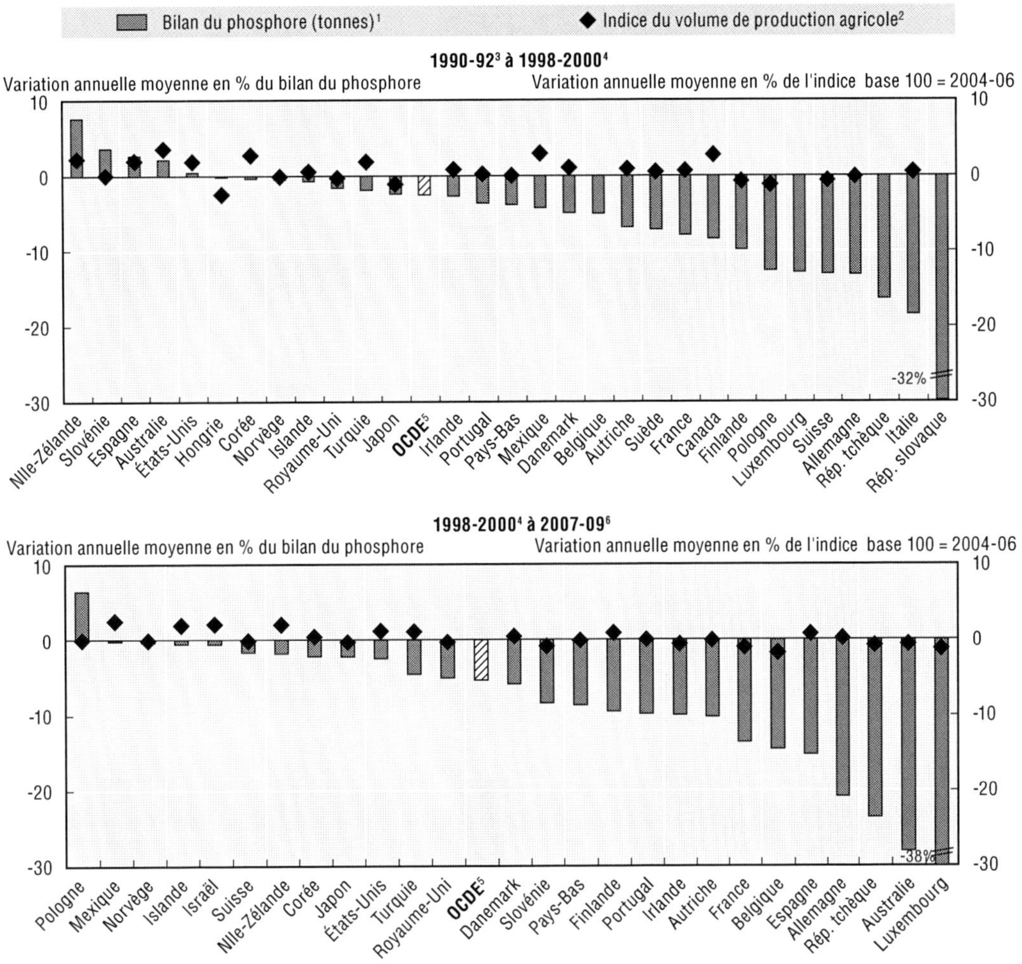

Notes : Les pays sont classés par ordre décroissant de variation annuelle moyenne en % du bilan du phosphore.

Les données statistiques concernant Israël sont fournies par et sous la responsabilité des autorités israéliennes compétentes. L'utilisation de ces données par l'OCDE est sans préjudice du statut des hauteurs du Golan, de Jérusalem-Est et des colonies de peuplement israéliennes en Cisjordanie aux termes du droit international.

1. Le bilan brut du phosphore (excédent ou déficit) correspond à la différence entre la quantité de phosphore qui entre dans un système agricole sous forme d'intrants (c.-à-d. principalement effluents d'élevage et engrais) et la quantité qui le quitte sous forme de produits (c.-à-d. prélèvement de phosphore par les cultures et les pâturages). Les pays affichant un déficit en phosphore ne sont pas représentés sur le graphique. Il s'agit des pays suivants : Canada, Estonie, Grèce, Hongrie, Italie (1998-2000 à 2007-09), République slovaque (1998-2000 à 2007-09) et Suède (1998-2000 à 2007-09).
2. Les indices FAO de la production agricole indiquent le niveau relatif du volume global de la production agricole, pour chaque année, par rapport à la période de référence 2004-06. On les calcule en faisant la somme pondérée par le prix de la production des différents produits agricoles, après déduction des quantités utilisées comme semences ou pour l'alimentation animale, pondérées de même. L'agrégat ainsi obtenu représente donc la production disponible pour toutes les utilisations, sauf l'utilisation comme semences ou aliments pour animaux. Tous les indices, aux niveaux national, régional et mondial, sont calculés au moyen de la formule de Laspeyres. Les quantités de chaque produit sont pondérées par les prix moyens internationaux à la production pour la période 2004-06 et additionnées pour chaque année. On divise l'agrégat pour une année déterminée par l'agrégat moyen de la période de référence 2004-06 pour obtenir l'indice.
3. Les données de la moyenne 1990-92 correspondent à l'année 1990 pour le Royaume-Uni ; et à la moyenne 1995-97 pour le Portugal et la Slovénie.
4. Les données de la moyenne 1998-2000 correspondent à l'année 2000 pour le Royaume-Uni ; et à la moyenne 2000-02 pour Israël, le Portugal et la Slovénie.
5. Le bilan du phosphore de l'OCDE ne comprend pas les pays suivants : Chili, Estonie et Israël.
6. Les données de la moyenne 2007-09 correspondent à la moyenne 2006-08 pour l'Allemagne, la Belgique, la France, la Grèce, la Hongrie, l'Italie, le Luxembourg, le Mexique, les Pays-Bas, la Slovénie et la Suisse.

Source : FAOSTAT (2012), *Organisation des Nations Unies pour l'alimentation et l'agriculture, http://faostat.fao.org* ; OCDE/Eurostat, *Base de données des indicateurs agro-environnementaux, http://epp.eurostat.ec.europa.eu* ; et données nationales pour l'Espagne.

StatLink http://dx.doi.org/10.1787/888932992553

Graphique 4.8. **Répartition géographique des bilans de l'azote, Canada et Pologne, 1991-2009**

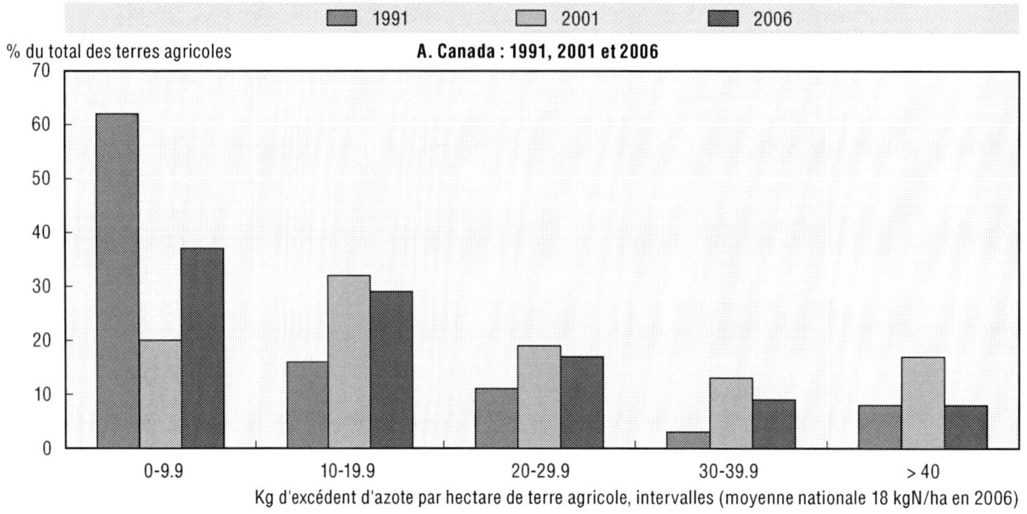

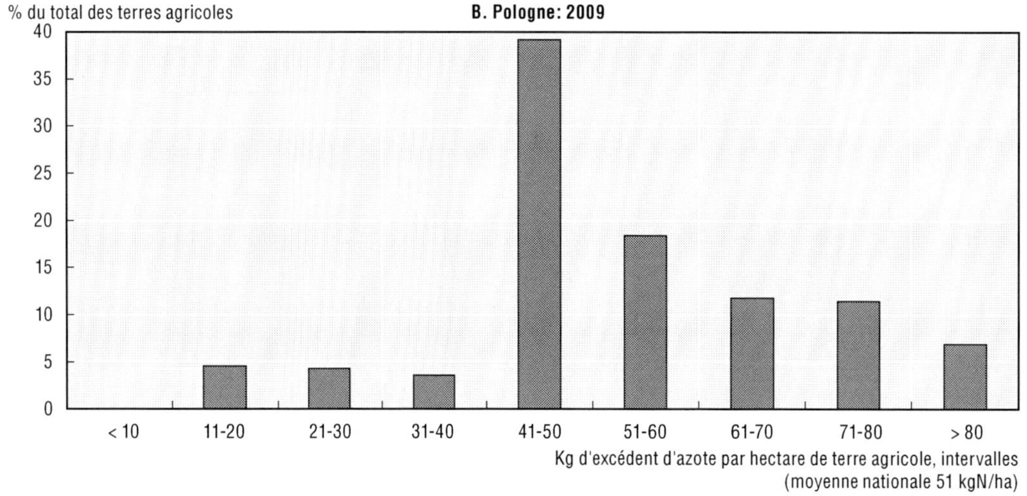

Source : Partie A : Eilers, W., R. MacKay, L. Graham et A. Lefebvre (éditeurs) (2010), « L'agriculture écologiquement durable au Canada » : *Série sur les indicateurs agro-environnementaux* – Rapport n° 3, Agriculture et Agroalimentaire Canada, Ottawa, Canada, *http://publications.gc.ca/collections/collection_2011/agr/A22-201-2010-fra.pdf*. Partie B : ministère polonais de l'Agriculture et du Développement rural.

StatLink *http://dx.doi.org/10.1787/888932992572*

nationales. Ces variations régionales s'expliquent par la répartition géographique des systèmes intensifs d'élevage et de culture qui exigent des apports importants en éléments nutritifs, comme la culture du maïs et du riz par rapport à celle du blé et des oléagineux, et par des différences au niveau du climat, de la nature des sols et de la topographie des régions agricoles.

Les indicateurs nationaux des bilans des éléments nutritifs peuvent masquer d'importantes disparités régionales (infranationales) à l'intérieur d'un pays, en particulier lorsque les systèmes de production agricole intensifs sont géographiquement concentrés dans une petite partie de la superficie totale des terres agricoles. Par exemple, alors que l'**Australie**, le **Canada**, les **États-Unis** et le **Mexique** affichent des excédents en éléments nutritifs inférieurs à la moyenne de l'OCDE (exprimés en kgN/P/ha de terres agricoles, graphiques 4.3 et 4.5), certaines régions de ces pays enregistrent des excédents en éléments nutritifs extrêmement dommageables pour l'environnement ou, au contraire, des déficits pouvant nuire à la productivité des cultures.

Au **Canada** par exemple, la décomposition géographique du bilan national de l'azote met en évidence certaines évolutions importantes que ne révèle pas la valeur de la moyenne nationale (graphique 4.8). En 1991, quelque 60 % des terres agricoles affichaient un excédent d'azote de moins de 10 kg N par hectare, mais en 2006 cette proportion était inférieure à 40 %, les excédents d'azote ayant progressivement augmenté au cours des années 90 et 2000 (graphiques 4.2 et 4.3). De même en **Pologne**, où l'excédent national en azote s'établissait, en moyenne, à 51 kgN/ha en 2009, mais où près d'un quart des terres agricoles affichaient un excédent supérieur à 60 kgN/ha (graphique 4.8).

Bibliographie

EUROSTAT (2013), *Nutrient Budgets – Methodology and Handbook,* Version 1.02, EUROSTAT et OCDE, Luxembourg, *www.oecd.org/fr/tad/agriculture-durable/indicateurs-agro-environnementaux.htm.*

OCDE (2012), *Qualité de l'eau et agriculture : un défi pour les politiques publiques*, Éditions OCDE, *http://dx.doi.org/10.1787/9789264121119-fr.*

OCDE (2008), *La performance environnementale de l'agriculture dans les pays de l'OCDE depuis 1990*, Éditions OCDE, *http://dx.doi.org/10.1787/9789264040946-fr.*

Chapitre 5

Ventes de pesticides

Ce chapitre examine les performances environnementales de l'agriculture dans les pays de l'OCDE relatives aux ventes de pesticides. Il fournit une description du contexte général (problématique et principaux défis), les définitions des indicateurs agro-environnementaux présentés, et des éléments portant sur les concepts, l'interprétation, les liens avec d'autres indicateurs, ainsi que sur la mesurabilité et la qualité des données. Le chapitre décrit ensuite les principales tendances des indicateurs agro-environnementaux, en recourant aux données disponibles couvrant la période 1990-2010 et en s'appuyant sur un ensemble de tableaux et de graphiques.

5.1. Contexte général

Problématique

L'utilisation de pesticides est particulièrement importante en agriculture parce qu'elle contribue à réduire les risques de pertes de rendement. Le secteur agricole étant le principal consommateur de ces produits, il représente potentiellement une source majeure de pollution de l'eau et une menace pour la santé humaine et celle de la faune sauvage et le fonctionnement des écosystèmes. Il en va ainsi dans tous les pays de l'OCDE, qui utilisent de ce fait une grande diversité d'instruments pour réduire les risques pour la santé humaine et les écosystèmes et lutter contre la pollution de l'eau par les pesticides (chapitre 9 et OCDE, 2012) et la pollution de l'air due à l'utilisation de bromure de méthyle (chapitre 12), notamment : des instruments réglementaires (évaluation des risques pour la santé humaine et l'environnement avant la mise sur le marché et la vente de pesticides, par exemple) ; des paiements destinés à encourager l'adoption de pratiques permettant de réduire les quantités utilisées et d'améliorer la précision de l'application ; des taxes sur les pesticides pour inciter les exploitants à utiliser ces substances de façon plus rationnelle ; et des activités de conseil et d'information à destination des agriculteurs.

Principaux défis

Le principal défi consiste à réduire les risques qu'une exposition excessive aux pesticides fait peser sur la santé humaine, les écosystèmes et les masses d'eau, tout en préservant et améliorant la productivité des cultures. Pour atteindre cet objectif, il faut tenir compte des différents facteurs qui exercent une influence sur les risques pour l'environnement associés aux pesticides, par exemple les conditions de manipulation et de stockage des pesticides dans les exploitations, la toxicité des pesticides et leur persistance dans l'environnement et les conditions météorologiques qui prévalent lors de l'épandage.

5.2. Indicateurs

Définitions

Les indicateurs relatifs aux ventes de pesticides en agriculture mesurent les variations :

- des ventes de pesticides, en tonnes de matières actives.

Concepts, interprétation, points faibles et liens avec d'autres indicateurs

Il existe divers types de pesticides, qui diffèrent par leur composition chimique et leurs cibles : biocides, insecticides, fongicides, etc. Les données sur les ventes de pesticides sont un indicateur des pressions potentielles sur l'environnement, parce qu'elles ne renseignent pas sur les risques réels auxquels sont exposés les écosystèmes et la santé humaine, risques qui dépendent d'autres facteurs comme la toxicité, la mobilité et la persistance. L'indicateur des ventes de pesticides repose sur un suivi dans le temps des tendances relevées quant à la quantité totale de pesticides achetés par l'agriculture (les données portent sur les ventes de matières actives des insecticides, fongicides, herbicides et autres pesticides, y compris les régulateurs de la croissance végétale et les rodenticides).

La comparaison des niveaux absolus de ventes de pesticides entre les pays exige une vigilance particulière, les différences de conditions météorologiques et de systèmes de production agricole ayant une incidence sur la quantité et le type de pesticides utilisés (OCDE, 2008). La variabilité des conditions météorologiques (en particulier des températures et des précipitations) peut exercer une influence considérable sur l'utilisation annuelle de pesticides, et toute modification des types de pesticides utilisés peut diminuer la quantité de matières actives appliquée mais aussi accroître les conséquences négatives. Cet indicateur ne permet pas de distinguer les différents pesticides en fonction de leur degré de toxicité, de persistance et de mobilité. Par ailleurs, le recours accru par les exploitants à des pesticides qui présentent moins de risques potentiels pour l'homme et l'environnement — du fait qu'ils couvrent un spectre moins large ou se dégradent plus rapidement —, risque de ne pas pouvoir être révélé par une modification de la tendance générale des ventes de pesticides, qui pourrait même faire apparaître une augmentation.

Contrairement à la pratique courante dans de nombreuses études, cet indicateur n'est pas exprimé en termes de ventes de pesticides par hectare de terres agricoles (ou de terres cultivées). En effet, l'épandage des pesticides varie grandement selon les cultures, dans un même pays comme d'un pays à l'autre, et les pesticides sont parfois utilisés pour les cultures fourragères, mais il existe peu de séries chronologiques permettant des comparaisons entre pays sur ces aspects (OCDE, 2008). La définition et la couverture des données sur les ventes de pesticides varient selon les pays de l'OCDE, ce qui limite l'utilisation de cet indicateur pour effectuer des comparaisons internationales, comme on le verra dans la section suivante.

Bien que l'indicateur relatif aux ventes de pesticides permette difficilement d'évaluer l'impact des pesticides sur la santé humaine et l'environnement, on ne dispose pour le moment d'aucun autre indicateur. Quelques pays de l'OCDE ont élaboré des indicateurs de risques, mais en dépit des efforts déployés depuis de nombreuses années à l'échelle internationale, par l'OCDE et d'autres organisations, pour élaborer un ensemble harmonisé et comparable d'indicateurs des risques liés aux pesticides, cet objectif reste hors de portée (OCDE, 2008). Pourtant, certains pays de l'OCDE utilisent l'indicateur des ventes de pesticides dans le contexte de l'action publique, par exemple lorsqu'ils introduisent des taxes sur les pesticides ou des plans de réduction de l'usage des pesticides comme le plan français *Écophyto* qui vise à réduire les ventes de pesticides de 50 % en France à l'horizon 2018 (OCDE, 2012). En outre, divers gouvernements nationaux, organisations internationales gouvernementales et organisations non gouvernementales utilisent largement cet indicateur dans leurs activités régulières de surveillance des tendances et d'établissement de rapports sur l'environnement.

L'indicateur des ventes de pesticides constitue une cause agissante et doit donc être mis en relation avec l'*état* (la concentration) des pesticides dans les masses d'eau (chapitre 9), et des émissions de bromure de méthyle susceptibles d'appauvrir la couche d'ozone (chapitre 12).

Mesurabilité et qualité des données

Dans la plupart des pays de l'OCDE, les données disponibles se rapportent aux ventes de pesticides, qui constituent un indicateur imparfait de l'utilisation ou de la consommation de pesticides agricoles par les exploitations. En effet, les agriculteurs étant susceptibles de stocker les pesticides, les ventes ne correspondent pas toujours à l'utilisation. En outre, les ventes de pesticides recouvrent non seulement les usages agricoles, mais aussi d'autres usages, par exemple les usages urbains (bas-côtés des routes et des voies de chemin de fer), ou l'entretien des jardins particuliers, des terrains de golf ou des espaces boisés. On estime ainsi qu'aux **États-Unis**, la quantité totale de matières actives des pesticides vendue est utilisée à 80 % dans l'agriculture, à 12 % dans l'industrie, le secteur commercial et l'administration et à 8 % dans les logements et jardins. En **Belgique**, l'agriculture représente environ 65 à 70 % des ventes (EPA, 2011 ; OCDE, 2008).

Les données correspondent aux ventes de pesticides pour tous les pays sauf la **Corée** et le **Mexique**, où elles se rapportent à la production nationale, et le **Royaume-Uni** où elles se rapportent au volume de substances actives utilisé par les exploitations. Les ventes de pesticides couvrent les ventes agricoles et non agricoles (espaces boisés, jardins, etc.), sauf pour les pays suivants, où elles se rapportent exclusivement à l'agriculture : **Belgique**, **Danemark** et **Suède**. On ne dispose pas de données pour **Israël**, et les données relatives au **Luxembourg** sont incluses dans celles se rapportant à la Belgique.

5.3. Principales tendances

Globalement, les ventes de pesticides dans la zone de l'OCDE ont diminué de 1.1 % par an au cours de la période 2000-10, alors qu'elles avaient enregistré une légère augmentation annuelle, de 0.2 %, dans les années 90 (graphique 5.1). Le recul observé ces dix dernières années est en grande partie imputable à l'**UE15** et aux **États-Unis** qui, ensemble, étaient à l'origine de 70 % des ventes totales de pesticides en 2008-10 (graphique 5.1). Récemment, d'autres pays de l'OCDE grands utilisateurs de pesticides ont aussi vu les ventes reculer ou se stabiliser ; c'est notamment le cas de la **France**, de l'**Italie** et du **Japon** (graphiques 5.1 et 5.2).

Dans la quasi-totalité des pays de l'UE en transition (notamment l'**Estonie,** la **Hongrie,** la **République slovaque** et la **République tchèque**), l'augmentation des achats de pesticides a été forte durant les années 2000 comparativement à celle observée durant les années 90, période au cours de laquelle les ventes avaient dans de nombreux cas diminué (graphiques 5.1 et 5.2). Dans ces pays, la transition vers l'économie de marché opérée durant les années 90 s'est accompagnée d'une baisse des ventes de pesticides, puis la légère reprise du secteur agricole qui a eu lieu dans la majorité d'entre eux à la fin des années 90 a entraîné une hausse de la production agricole et des ventes d'intrants, dont les pesticides.

L'augmentation des ventes de pesticides observée dans certains pays ces dix dernières années s'explique en majeure partie par la croissance de la production végétale, plus particulièrement dans les secteurs de l'horticulture et de la viticulture. Il en va ainsi de l'augmentation récente des ventes de pesticides constatée au **Chili**, en **Espagne,** en **Estonie**, en **Finlande**, en **Hongrie**, en **Islande**, au **Mexique,** en **Nouvelle-Zélande** et en **Turquie** (graphiques 5.1 et 5.2). Dans d'autres pays, comme la **Finlande**, le passage à des paiements agro-environnementaux subordonnés à l'adoption de pratiques agricoles respectueuses de l'environnement, comme les façons culturales antiérosives, qui vont généralement de pair avec des ventes accrues d'herbicides, a joué un rôle important dans l'augmentation des ventes de pesticides. Ce phénomène est toutefois à mettre en balance avec d'autres conséquences bénéfiques pour l'environnement des façons culturales antiérosives, comme l'atténuation de l'érosion des sols.

Certaines données montrent que dans un nombre grandissant de pays, ***la croissance de la production végétale a été découplée des ventes de pesticides.*** En d'autres termes, depuis 2000, la production augmente plus vite que les ventes de pesticides (graphique 5.3, partie A et partie B).

Graphique 5.1. **Ventes de pesticides, pays de l'OCDE, 1990-2010**

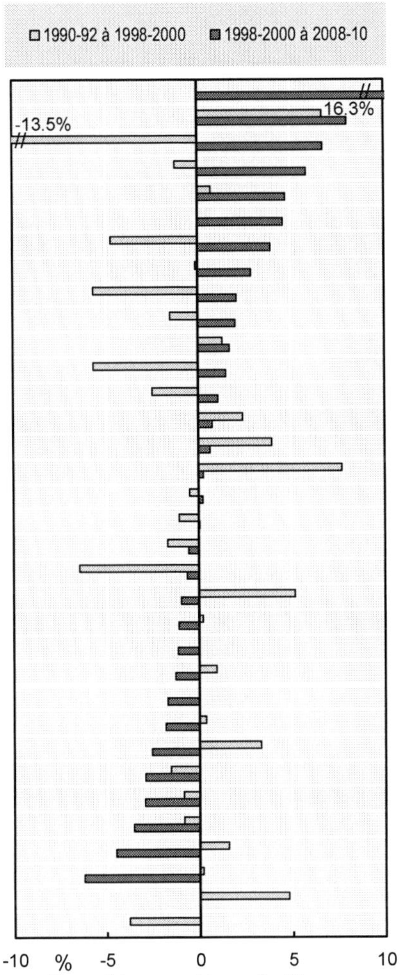

	Moyenne (tonnes de matières actives)			Variation annuelle moyenne en %	
	1990-92[1]	1998-2000[2]	2008-10[3]	1990-92 à 1998-2000	1998-2000 à 2008-10
Chili	..	26 833	57 058	..	16.3
Estonie	164	227	491	6.7	8.0
Hongrie	18 554	5 832	11 176	-13.5	6.7
Nouvelle-Zélande	3 490	3 182	5 294	-1.2	5.8
Turquie	11 967	12 550	18 130	0.7	4.7
Islande	..	4	5	..	4.6
Finlande	1 688	1 150	1 688	-4.7	3.9
Espagne	36 849	36 476	43 154	-0.1	2.8
République tchèque	6 699	4 212	5 166	-5.6	2.1
République slovaque	3 694	3 330	4 059	-1.5	2.0
Irlande	2 035	2 256	2 661	1.3	1.7
Danemark	4 948	3 111	3 602	-5.6	1.5
Autriche	4 206	3 440	3 824	-2.5	1.1
Mexique	31 551	38 037	39 741	2.4	0.7
Grèce	8 337	10 921	11 332	3.9	0.6
Australie	19 323	34 963	35 496	7.7	0.3
Allemagne	32 618	31 402	32 084	-0.5	0.2
Norvège	772	709	713	-1.1	0.1
Suède	1 897	1 660	1 572	-1.7	-0.5
Pays-Bas	17 354	10 191	9 568	-6.4	-0.6
Portugal	13 190	16 132	14 947	5.2	-0.9
OCDE	**908 959**	**923 075**	**826 688**	**0.2**	**-1.1**
États-Unis	325 226	325 377	300 429	0.0	-1.1
Italie	79 843	83 629	75 483	0.9	-1.3
Slovénie	..	1 344	1 172	..	-1.7
UE15	**339 207**	**348 739**	**291 032**	**0.3**	**-1.8**
Canada	32 775	42 500	36 358	3.3	-2.6
Japon	89 112	78 741	60 291	-1.5	-2.9
Corée	26 425	24 676	18 312	-0.9	-2.9
Belgique	10 204	9 538	6 648	-0.8	-3.5
France	95 281	107 649	68 053	1.5	-4.5
Royaume-Uni	30 754	31 182	16 418	0.2	-6.2
Pologne[4]	6 254	8 672	19 520	4.8	n.c.
Suisse[5]	2 120	1 557	2 188	-3.8	n.c.

.. : Non disponible ; n.c. : Non calculé.

Notes : Les pays sont classés par ordre décroissant de variation annuelle moyenne en % pour la période 1998-2000 à 2008-10.

Les données représentent les ventes de pesticides pour tous les pays sauf la Corée et le Mexique (données sur la production nationale) ainsi que le Royaume-Uni (quantité de substance active appliquée sur l'exploitation).

Les données sont exprimées en tonnes de matières actives sauf dans le cas du Chili pour lequel les données sont exprimées en tonnes de préparations.

Les ventes de pesticides couvrent les usages agricoles et non agricoles (sylviculture, jardinage, par exemple), sauf pour la Finlande qui n'inclut pas la sylviculture et pour les pays suivants où les données se rapportent exclusivement à l'agriculture : Belgique, Danemark et Suède.

Les pays suivants ne sont pas représentés sur le graphique : Israël (séries chronologiques incomplètes) et Luxembourg (inclus dans la Belgique). Le total OCDE ne comprend pas les pays suivants : Chili, Islande, Israël, Pologne, Slovénie et Suisse.

Pour Israël, les ventes se sont élevées à 6 946 tonnes en 2008-10.

1. Les données de la moyenne 1990-92 correspondent à la moyenne 1991-93 pour la Grèce, la Norvège, la Pologne et la République slovaque ; la moyenne 1993-95 pour l'Estonie et la Turquie ; la moyenne 1995-97 pour l'Italie ; et la moyenne 1996-98 pour le Portugal.
2. Les données de la moyenne 1998-2000 correspondent à la moyenne 1999-2001 pour l'Islande ; la moyenne 2000-02 pour l'Italie, le Portugal, la Slovénie et la Turquie ; et la moyenne 2001-03 pour le Chili.
3. Les données de la moyenne 2008-10 correspondent à la moyenne 2004-06 pour l'Australie, le Canada, l'Espagne, la Grèce et le Mexique ; la moyenne 2005-07 pour les États-Unis ; la moyenne 2006-08 pour le Chili et l'Islande ; et la moyenne 2007-09 pour le Japon et la Nouvelle-Zélande.
4. Rupture de la série chronologique à compter de 2005, données non comparables.
5. Rupture de la série chronologique à compter de 2006, données non comparables.

Source : Données OCDE sur l'environnement, Compendium 2008, www.oecd.org/environnement ; Office statistique de l'Union européenne (EUROSTAT), *http://epp.eurostat.ec.europa.eu* ; et données nationales.

StatLink *http://dx.doi.org/10.1787/888932992591*

Graphique 5.2. **Indice de ventes de pesticides, pays de l'OCDE, 1990-2010**

Indice 1990-92 = 100

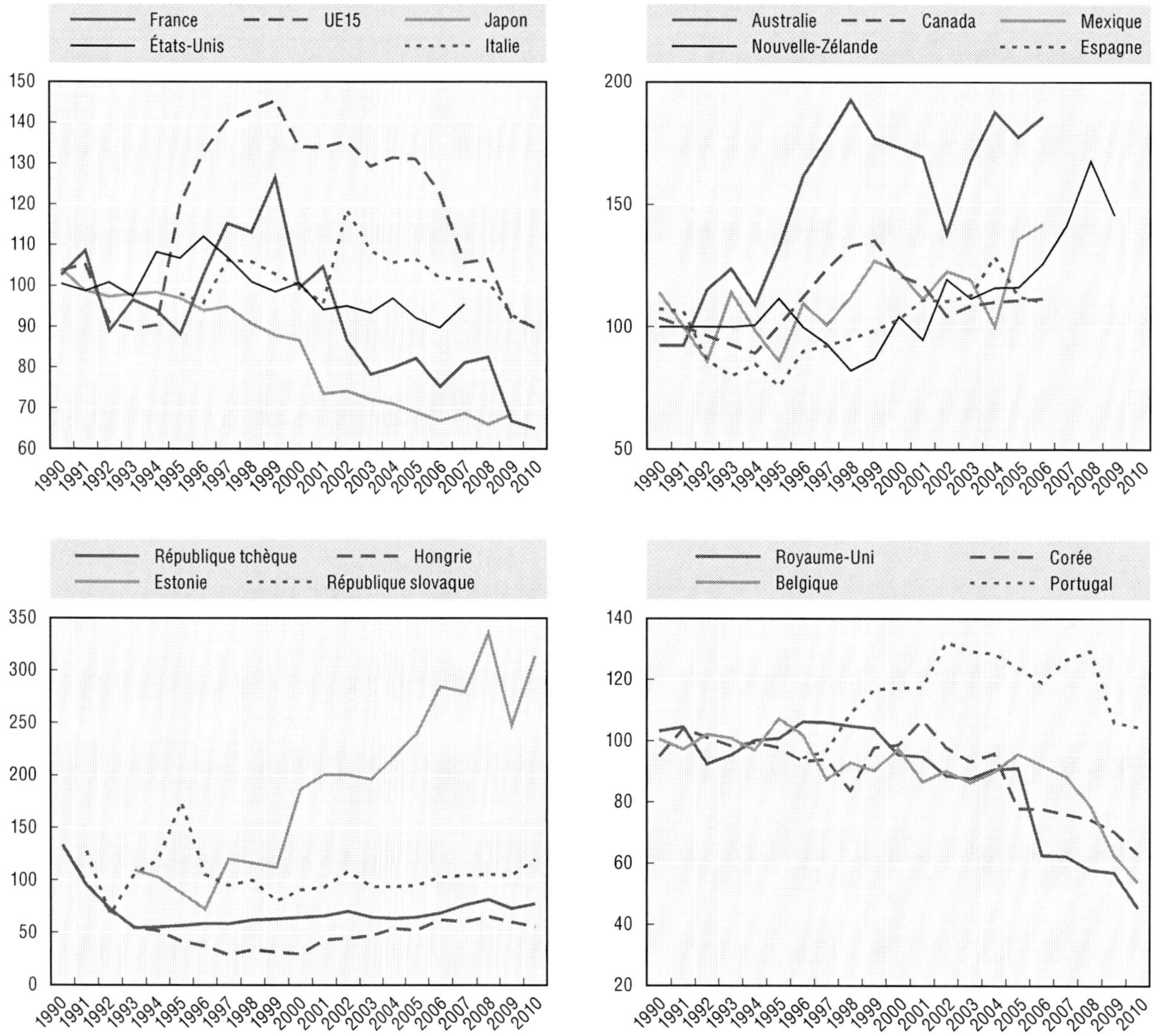

Notes : La prudence s'impose lorsque l'on compare les tendances entre les pays car la définition des données, le champ qu'elles couvrent et la période sur laquelle elles portent peuvent varier d'un pays à l'autre.

L'indice 1990-92 = 100 correspond à 1991-93 = 100 pour la République slovaque ; 1993-95 = 100 pour l'Estonie ; 1996-98 = 100 pour le Portugal ; et 1995-97 = 100 pour l'Italie.

Les données représentent les ventes de pesticides pour tous les pays sauf la Corée et le Mexique (données sur la production nationale) ainsi que le Royaume-Uni (quantité de substance active appliquée sur l'exploitation).

Les ventes de pesticides couvrent les usages agricoles et non agricoles, sauf pour la Belgique où les données se rapportent exclusivement à l'agriculture.

Source : Données OCDE sur l'environnement, Compendium 2008, www.oecd.org/environnement ; Office statistique de l'Union européenne (EUROSTAT), *http://epp.eurostat.ec.europa.eu* ; et données nationales.

StatLink *http://dx.doi.org/10.1787/888932992610*

Cette évolution, qui révèle une utilisation plus efficace des pesticides en termes de quantité par tonne de production végétale, apparaissait déjà dans certains pays dans les années 90, mais s'est étendue à d'autres pays au cours de la dernière décennie, comme l'**Australie**, la **Belgique**, le **Canada**, la **Corée**, les **États-Unis**, la **France**, l'**Italie**, le **Japon**, le **Mexique**, les **Pays-Bas**, le **Portugal**, le **Royaume-Uni** et la **Slovénie** (graphique 5.3, partie B). La corrélation entre la production végétale et les ventes de pesticides doit toutefois être commentée avec

Graphique 5.3. **Ventes de pesticides et volume de production végétale, pays de l'OCDE, 1990-2010**

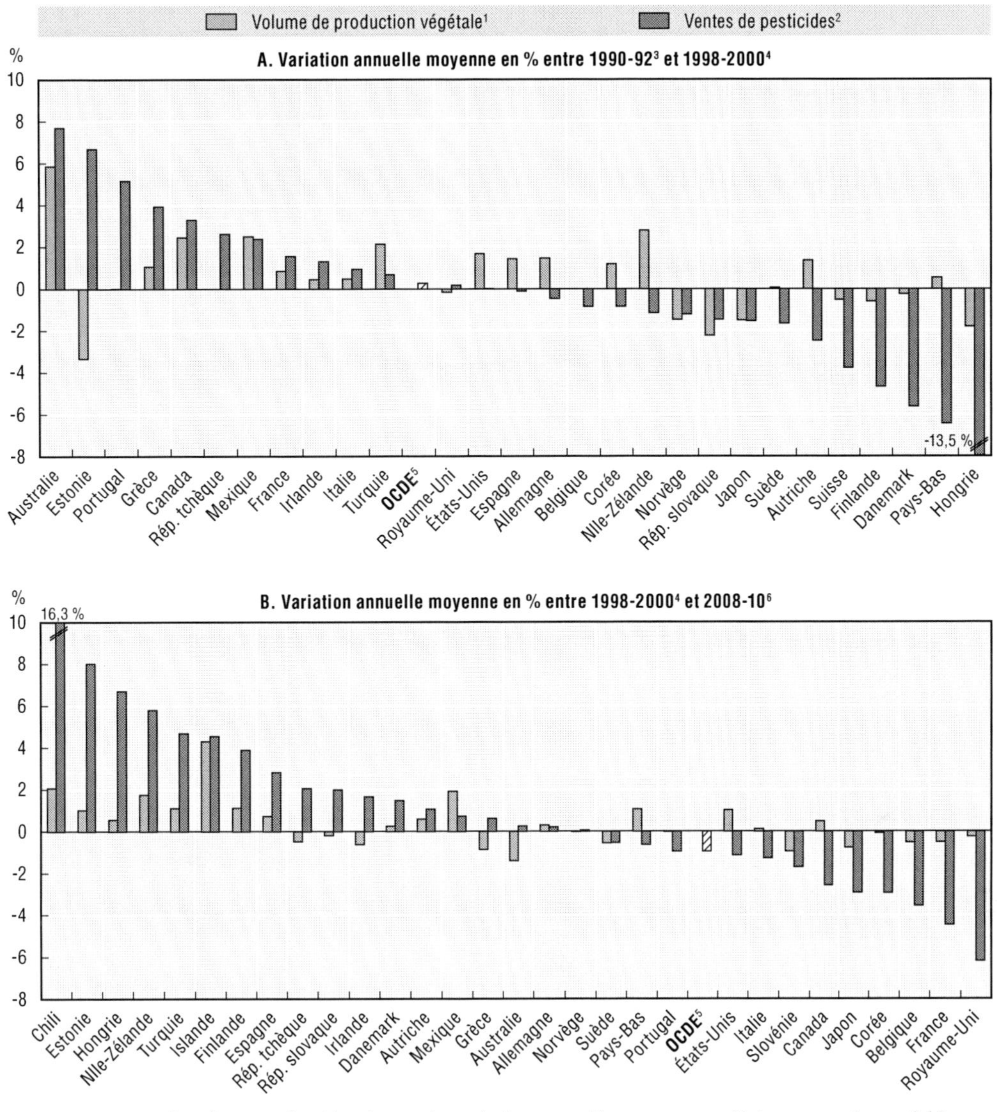

Note : Les pays sont classés par ordre décroissant de variation annuelle moyenne en % des ventes de pesticides pour les périodes 1990-92 à 1998-2000 et 1998-2000 à 2008-10 respectivement.

1. Les indices FAO de la production végétale indiquent le niveau relatif du volume global de la production végétale, pour chaque année, par rapport à la période de référence 2004-06. On les calcule en faisant la somme pondérée par le prix de la production des différents produits végétaux, après déduction des quantités utilisées comme semences ou pour l'alimentation animale, pondérées de même. L'agrégat ainsi obtenu représente donc la production disponible pour toutes les utilisations, sauf l'utilisation comme semences ou aliments pour animaux. Tous les indices, aux niveaux national, régional et mondial, sont calculés au moyen de la formule de Laspeyres. Les quantités de chaque produit sont pondérées par les prix moyens internationaux à la production pour la période 2004-06 et additionnées pour chaque année. On divise l'agrégat pour une année déterminée par l'agrégat moyen de la période de référence 2004-06 pour obtenir l'indice. Pour des raisons techniques, il n'est pas possible de fournir une moyenne pour l'OCDE ou pour l'UE.
2. Les ventes de pesticides couvrent les usages agricoles et non agricoles (sylviculture, jardinage, par exemple), sauf pour la Finlande qui n'inclut pas la sylviculture et pour les pays suivants où les données se rapportent exclusivement à l'agriculture : Belgique, Danemark et Suède.
   Les données correspondent aux ventes de pesticides pour tous les pays sauf la Corée et le Mexique (données sur la production nationale), et le Royaume-Uni (quantité de substance active appliquée sur l'exploitation).
   Les données sont exprimées en tonnes de matières actives sauf dans le cas du Chili pour lequel les données sont exprimées en tonnes de préparations.
   Les pays suivants ne sont pas représentés sur le graphique : Israël (séries chronologiques incomplètes), Luxembourg (inclus dans la Belgique), Pologne (rupture de la série chronologique à partir de 2005, données non comparables) et Suisse (rupture de la série chronologique à partir de 2006, données non comparables).

Graphique 5.3. **Ventes de pesticides et volume de production végétale, pays de l'OCDE, 1990-2010** *(suite)*

3. Les données sur la production végétale et sur les ventes de pesticides de la moyenne 1990-92 correspondent à la moyenne 1991-93 pour la Grèce, la Norvège, la Pologne et la République slovaque ; la moyenne 1993-95 pour l'Estonie et la Turquie ; la moyenne 1995-97 pour l'Italie ; et la moyenne 1996-98 pour le Portugal.
4. Les données sur la production végétale et sur les ventes de pesticides de la moyenne 1998-2000 correspondent à la moyenne 1999-2001 pour l'Islande ; la moyenne 2000-02 pour l'Italie, le Portugal, la Slovénie et la Turquie ; la moyenne 2001-03 pour le Chili ; et l'année 2000 pour la Belgique (données relatives à la production végétale).
5. Les ventes de pesticides de l'OCDE ne comprennent pas les pays suivants : Chili, Islande, Israël, Slovénie et Suisse.
6. Les données sur la production végétale et sur les ventes de pesticides de la moyenne 2008-10 correspondent à la moyenne 2004-06 pour l'Australie, le Canada, l'Espagne, la Grèce et le Mexique ; la moyenne 2005-07 pour les États-Unis ; la moyenne 2006-08 pour le Chili et l'Islande ; et la moyenne 2007-09 pour le Japon et la Nouvelle-Zélande.

Source : FAOSTAT (2012), *http://faostat.fao.org* ; *Données OCDE sur l'environnement, Compendium 2008, www.oecd.org/environnement* ; Office statistique de l'Union européenne (EUROSTAT), *http://epp.eurostat.ec.europa.eu* ; et données nationales.

StatLink http://dx.doi.org/10.1787/888932992629

prudence, car elle ne tient pas compte, par exemple, de la toxicité des pesticides, ni des conditions locales comme le sol, les conditions météorologiques ou l'action des ravageurs.

Les progrès apparemment accomplis par un nombre croissant de pays de l'OCDE en matière de ventes de pesticides peuvent être attribués à de nombreux facteurs, dont l'importance varie selon les pays. Les principaux facteurs sont : la sensibilisation et la formation des agriculteurs ; le découplage global du soutien et de la production agricole ainsi que de l'utilisation d'intrants (graphiques 2.2 et 2.3) ; le versement de paiements destinés à encourager l'adoption par les agriculteurs de pratiques écologiquement bénéfiques de lutte contre les ravageurs ; la taxation des pesticides ; l'utilisation de produits pesticides nouveaux, en plus petites doses et mieux ciblée ; et le développement de l'agriculture biologique (graphique 3.7) (OCDE, 2012 ; OCDE, 2008). Un certain nombre de pays avaient déjà enregistré des progrès dans les années 90 en introduisant ces mesures, adoptant par exemple de nouveaux produits pesticides ou de nouvelles pratiques de gestion des ravageurs afin que le recul des ventes de pesticides soit plus rapide que l'évolution de la production végétale, notamment (par exemple, **Allemagne, Autriche**, **Corée, Danemark, Espagne, États-Unis, Finlande, Hongrie, Norvège, Nouvelle-Zélande, Pays-Bas, République slovaque, Suède, Suisse** et **Turquie**) (graphique 5.3).

Il n'existe pas de données comparables entre pays concernant les risques que l'utilisation des pesticides en agriculture fait peser sur la santé humaine et sur l'environnement, même si de nombreuses études ont été conduites dans ce domaine et si quelques pays ont mis au point leurs propres indicateurs pour évaluer ces risques (OCDE, 2008). À cette insuffisance de données sur les risques liés aux pesticides s'ajoute le manque de connaissances et d'informations exhaustives sur les effets sanitaires et environnementaux des rejets non pas d'un seul produit pesticide mais de mélanges de plusieurs produits. De surcroît, on connaît également assez mal les risques liés aux interactions dans l'environnement entre les pesticides et d'autres produits chimiques polluants (produits pharmaceutiques destinés aux humains ou aux animaux, produits d'hygiène personnelle et produits chimiques industriels, par exemple) (OCDE, 2012). Néanmoins, la plupart des pays de l'OCDE appliquent des réglementations destinées à retirer d'anciens pesticides plus persistants et toxiques, comme le DDT, du marché.

Bibliographie

EPA (2011), *Pesticides Industry Sales and Usages, 2006 and 2007 Market Estimates.*

OCDE (2012), *Qualité de l'eau et agriculture : un défi pour les politiques publiques*, Éditions OCDE, *http://dx.doi.org/10.1787/9789264121119-fr.*

OCDE (2008), *La performance environnementale de l'agriculture dans les pays de l'OCDE depuis 1990*, Éditions OCDE, *http://dx.doi.org/10.1787/9789264040946-fr.*

Chapitre 6

Énergie : consommation d'énergie sur l'exploitation et production de biocarburants à partir de matières premières agricoles

Ce chapitre examine les performances environnementales de l'agriculture dans les pays de l'OCDE relatives à la consommation d'énergie sur l'exploitation et à la production de biocarburants à partir de matières premières agricoles. Il fournit une description du contexte général (problématique et principaux défis), les définitions des indicateurs agro-environnementaux présentés, et des éléments portant sur les concepts, l'interprétation, les liens avec d'autres indicateurs, ainsi que sur la mesurabilité et la qualité des données. Le chapitre décrit ensuite les principales tendances des indicateurs agro-environnementaux, en recourant aux données disponibles couvrant la période 1990-2010 et en s'appuyant sur un ensemble de tableaux et de graphiques.

6.1. Contexte général

Problématique

En matière d'énergie, l'agriculture peut jouer un double rôle parce qu'elle est à la fois consommatrice et productrice d'énergie. Elle consomme de l'énergie directement, pour l'élevage et les cultures, et indirectement, pour la production d'engrais, de pesticides, d'équipements et autres intrants. Parallèlement, l'agriculture peut produire de l'énergie et des matières premières sous forme de biomasse destinée à la production de bioénergie, notamment de biocarburants, essentiellement bioéthanol et biodiesel (OCDE, 2008). L'agriculture peut aussi fournir des terres permettant de produire de l'énergie éolienne ou solaire, par exemple.

Le soutien au titre de la consommation d'énergie en agriculture est monnaie courante dans les pays de l'OCDE. Il consiste généralement à accorder au secteur une réduction des taxes sur les carburants et les combustibles, mais aussi dans certains cas sur l'électricité et le chauffage. Il est aussi fréquent, dans les pays de l'OCDE, que les agriculteurs bénéficient d'incitations fiscales et de paiements qui les encouragent à produire les matières premières agricoles (comme le maïs) et les déchets (comme la paille) nécessaires à la fabrication de bioénergie (OCDE, 2011a ; OCDE, 2011b).

Le soutien visant à réduire les coûts énergétiques des exploitations peut dissuader les exploitants de s'efforcer aussi bien de consommer moins d'énergie que d'utiliser l'énergie plus efficacement. En outre, parce qu'il stimule la consommation d'énergie, il contribue à l'augmentation des émissions de gaz à effet de serre et autres polluants atmosphériques d'origine agricole et accroît ainsi les pressions exercées sur l'environnement. De même, les politiques en faveur des biocombustibles, surtout quand elles sont liées à leur production à partir de céréales, de sucre et d'oléagineux, ne sont pas les solutions les plus efficaces pour atteindre certains objectifs environnementaux, comme la réduction de l'utilisation d'énergie fossile, de la pollution de l'eau ou des émissions de gaz à effet de serre (OCDE, 2011a ; OCDE, 2012).

Principaux défis

Le principal défi à relever par le secteur agricole dans le domaine de l'énergie consiste à améliorer le rendement d'utilisation de l'énergie sur l'exploitation en réduisant la consommation par unité de production, ainsi qu'à rechercher des moyens d'accroître la production de cultures énergétiques neutres pour l'environnement (c'est-à-dire dont la production nécessite une quantité d'énergie inférieure à la quantité produite et qui a le moins d'impact possible en termes de pollution de l'air, de l'eau, etc.).

L'agriculture doit également relever d'autres défis, liés notamment à l'énergie consommée dans l'ensemble de la filière agroalimentaire, d'une part pour produire les intrants agricoles (engrais, pesticides, équipements, etc.), d'autre part pour la transformation, le transport et la commercialisation des produits de base agricoles (denrées alimentaires, alimentation animale, fibres, etc.). De même, la production de biocarburants à partir de matières premières agricoles pose un certain nombre de problèmes, comme celui de la concurrence pour l'utilisation des terres entre production de denrées alimentaires, de produits pour l'alimentation animale, de fibres et de cultures énergétiques. Les indicateurs présentés dans ce chapitre ne portent toutefois pas sur ces problématiques plus larges car ils concernent le secteur agricole primaire et non la filière agroalimentaire ou d'autres aspects plus généraux.

6.2. Indicateurs

Définitions

Les indicateurs relatifs à la consommation et à la production d'énergie en agriculture mesurent les variations :

- de la consommation directe d'énergie par le secteur agricole ;
- de la production de biocarburants (bioéthanol et biodiesel) à partir de matières premières agricoles.

Concepts, interprétation, points faibles et liens avec d'autres indicateurs

Comme pour la plupart des autres secteurs industriels, l'achat d'énergie est essentiel pour alimenter en électricité les systèmes modernes de production agricole. Du point de vue environnemental, la consommation d'énergie dans l'agriculture, comme dans d'autres secteurs utilisant des énergies fossiles, peut toutefois être une source de pollution de l'air, via les émissions de gaz à effet de serre (principalement le dioxyde de carbone, CO_2), les émissions d'oxydes d'azote (NO_x), de dioxyde de soufre (SO_2) et de particules, ainsi que les émissions de précurseurs d'agents destructeurs de la couche d'ozone. Alors que l'énergie produite à partir de combustibles fossiles est non renouvelable, l'énergie renouvelable produite à partir de biomasse agricole peut se révéler bénéfique pour l'environnement, puisque certaines matières premières servant à la production de biocarburants ne sont pas émettrices nettes de carbone, dans une perspective de changement climatique.

Pour la majorité des pays, la principale limite de l'indicateur de consommation d'énergie sur l'exploitation tient à la difficulté de distinguer les données relatives à la consommation agricole de celles qui se rapportent à la consommation pour la chasse, la sylviculture et la pêche. Par ailleurs, on ne sait pas dans quelle mesure la consommation d'énergie des ménages agricoles est prise en compte dans ces données. Par conséquent, la comparaison des tendances entre les pays requiert de la prudence, en particulier lorsque la sylviculture, la pêche et la chasse occupent une place importante.

S'agissant du bioéthanol et du biodiesel, partir du principe selon lequel les matières premières utilisées pour produire ces biocarburants proviennent toutes du secteur agricole primaire constitue une limite importante parce que les biocarburants peuvent aussi être produits à partir d'autres sources, en particulier de sous-produits agricoles ou forestiers et de déchets. À l'avenir, les indicateurs de production d'énergie d'origine agricole pourraient être élargis aux sources solaires et éoliennes, lorsque ces sources sont situées sur des terres agricoles.

La consommation directe d'énergie sur l'exploitation agit avant tout comme une force agissante sur l'état du changement climatique à travers les émissions de gaz à effet de serre (chapitre 11), même si les émissions de CO_2 provenant de l'utilisation d'énergie obtenue à partir de combustibles fossiles représentent une proportion relativement faible des émissions de gaz à effet de serre d'origine agricole par rapport au méthane et à l'hémioxyde d'azote (tableau 11.1). Les problèmes liés à la pollution de l'air due à la combustion de combustibles fossiles, tels que l'émission de particules et l'appauvrissement de la couche d'ozone, sont autant de préoccupations environnementales supplémentaires. La production des matières premières nécessaires à la fabrication de biocarburants a des conséquences diverses sur l'environnement (pollution de l'eau et de l'air, biodiversité, etc.), qui varient selon les pratiques agricoles et systèmes de production utilisés, comme on le verra plus loin dans ce chapitre.

Mesurabilité et qualité des données

L'indicateur OCDE de consommation d'énergie dans l'agriculture utilisé dans cette partie porte uniquement sur la consommation *directe* d'énergie sur l'exploitation par le secteur agricole primaire, ce qui englobe l'énergie consommée pour l'irrigation, le séchage, l'horticulture, les machines agricoles et les bâtiments d'élevage. Les données et définitions relatives à la consommation d'énergie sur l'exploitation proviennent d'Eurostat et de l'Agence internationale de l'énergie (AIE), tandis que celles relatives à la production de biodiesel et de bioéthanol proviennent principalement de sources nationales et de la *Base de données des Perspectives agricoles de l'OCDE et de la FAO*.

Le principal problème concernant la qualité des données relatives à la consommation directe d'énergie sur l'exploitation tient au fait que pour la majorité des pays, ces données portent aussi sur les secteurs de la chasse, de la sylviculture et de la pêche, et ne sont pas disponibles pour le secteur agricole primaire. Les tendances présentées dans ce chapitre doivent donc être interprétées avec prudence. De plus, certains pays sont lourdement tributaires des importations de matières premières pour la production de biocarburants. Au **Portugal**, par exemple, plus de 90 % des biocarburants produits le sont à partir de matières premières importées.

6.3. Principales tendances

La ***consommation directe d'énergie sur l'exploitation*** a diminué au cours de la période 2000-10, alors qu'elle avait augmenté pendant les années 90 (graphique 6.1). Cette évolution s'explique dans une certaine mesure par le ralentissement de la production agricole observé dans la zone OCDE au cours de cette période (graphique 3.1). Toutefois, les tendances observées au cours de la dernière décennie varient fortement d'un pays de l'OCDE à l'autre. La **Corée**, le **Japon**, la **Pologne** et l'**UE15** sont à l'origine d'une grande partie de la baisse de la consommation directe d'énergie de la zone de l'OCDE, ce qui s'explique notamment par le ralentissement de la croissance du secteur agricole dans ces pays au cours des années 2000, de même que par une utilisation globalement plus efficace de l'énergie sur l'exploitation.

En revanche, la consommation directe d'énergie sur l'exploitation a sensiblement augmenté en **Australie**, aux **États-Unis**, en **Espagne,** en **Israël**, au **Mexique**, en **Nouvelle-Zélande** et en **Turquie** au cours des années 2000 (graphique 6.1). Cette hausse est imputable à la conjugaison de plusieurs facteurs, à savoir : la croissance de la production agricole au cours des années 2000 dans la majorité de ces pays ; la poursuite de l'essor de la mécanisation et l'augmentation de la puissance des machines agricoles ; et le remplacement de la main-d'œuvre par des machines. Le poids relatif de ces différents facteurs varie cependant selon les pays.

Graphique 6.1. **Consommation directe d'énergie sur l'exploitation, pays de l'OCDE, 1990-2010**

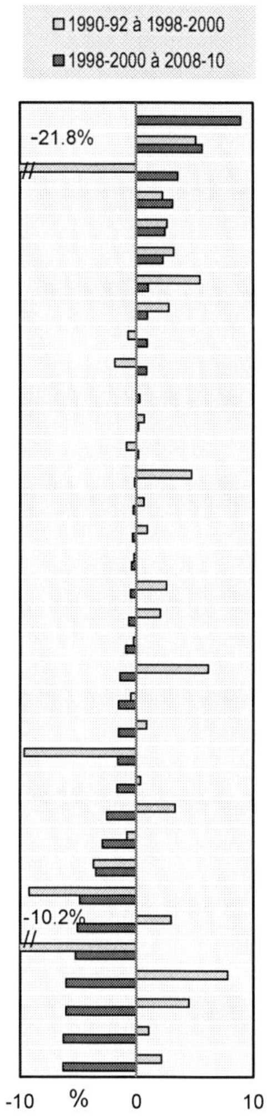

	Moyenne			Variation annuelle moyenne en %		Part de l'agriculture dans la consommation nationale totale d'énergie	Part des pays dans le total OCDE de la consommation d'énergie du secteur agricole
	1990-92	1998-2000	2008-10	1990-92 à 1998-2000	1998-2000 à 2008-10	2008-10	2008-10
	Milliers de tonnes équivalent pétrole			%		%	%
Luxembourg	12	12	28	0.0	9.0	0.7	0.0
Turquie	1 975	2 941	5 114	5.1	5.7	6.3	8.6
Estonie	475	67	94	-21.8	3.5	3.2	0.2
Australie	1 320	1 576	2 136	2.2	3.1	2.8	3.6
Mexique	2 248	2 766	3 517	2.6	2.4	3.1	5.9
Nouvelle-Zélande	362	465	582	3.2	2.3	4.6	1.0
Israël	87	134	148	5.5	1.0	1.0	0.3
Espagne	1 796	2 236	2 464	2.8	1.0	2.7	4.2
États-Unis	14 819	13 972	15 319	-0.7	0.9	1.0	25.9
Finlande	856	735	803	-1.9	0.9	3.2	1.4
Slovénie[1]	n.d.	77	79	n.d.	0.3	1.6	0.1
Italie	2 801	2 957	3 006	0.7	0.2	2.4	5.1
Autriche	581	541	550	-0.9	0.2	2.0	0.9
Belgique	582	841	828	4.7	-0.2	2.3	1.4
OCDE[2]	**57 862**	**60 894**	**59 184**	**0.6**	**-0.3**	**1.6**	**100**
France	3 515	3 788	3 658	0.9	-0.3	2.3	6.2
Danemark	759	746	714	-0.2	-0.4	4.7	1.2
Canada	3 376	4 132	3 927	2.6	-0.5	2.0	6.6
Irlande	257	301	282	2.0	-0.7	2.3	0.5
UE15	**21 673**	**21 253**	**19 374**	**-0.2**	**-0.9**	**2.0**	**33**
Suisse	193	312	270	6.2	-1.4	1.3	0.5
Suède	812	781	668	-0.5	-1.6	2.0	1.1
Pays-Bas	3 574	3 830	3 274	0.9	-1.6	6.3	5.5
République tchèque	1 393	619	527	-9.6	-1.6	2.1	0.9
Grèce	1 060	1 090	921	0.4	-1.7	4.5	1.6
Pologne	3 635	4 719	3 641	3.3	-2.6	5.8	6.1
Royaume-Uni	1 297	1 215	902	-0.8	-2.9	0.7	1.5
Hongrie	947	698	488	-3.7	-3.5	2.9	0.8
Allemagne	3 311	1 524	926	-9.2	-4.9	0.4	1.6
Japon	2 307	2 909	1 727	2.9	-5.1	0.5	2.9
République slovaque	544	231	135	-10.2	-5.2	1.2	0.2
Corée	1 852	3 381	1 808	7.8	-6.1	1.2	3.1
Portugal	461	655	350	4.5	-6.1	1.9	0.6
Norvège	588	640	334	1.1	-6.3	1.8	0.6
Islande	68	80	42	2.1	-6.3	1.4	0.1

n.d. : Non disponible.

Notes : Les pays sont classés par ordre décroissant de variation annuelle moyenne en % pour la période 1998-2000 à 2008-10.

Les données couvrent la consommation directe totale d'énergie par le secteur agricole primaire (pour l'irrigation, le séchage, l'horticulture, les machines et les bâtiments d'élevage), la sylviculture et la chasse.

Les données relatives à l'Autriche, au Mexique et à la Turquie tiennent compte de la consommation de l'agriculture et de la pêche. Celles de l'Australie couvrent uniquement la consommation du secteur agricole.

Les données statistiques concernant Israël sont fournies par et sous la responsabilité des autorités israéliennes compétentes. L'utilisation de ces données par l'OCDE est sans préjudice du statut des hauteurs du Golan, de Jérusalem-Est et des colonies de peuplement israéliennes en Cisjordanie aux termes du droit international.

1. Pour la Slovénie, les données relatives à 1990-99 ne sont pas disponibles ; les données pour la moyenne 1998-2000 correspondent à 2000-02.
2. Le total de l'OCDE ne comprend pas les pays suivants : Chili et Slovénie.

Source : AIE (2012), International Energy Agency Data Services, *http://dotstat.oecd.org/Index.aspx* (énergie > bilans énergétiques mondiaux) ; EUROSTAT, Office statistique de l'Union européenne, *http://epp.eurostat.ec.europa.eu* ; et sources nationales pour la Nouvelle-Zélande, le Royaume-Uni et la Turquie.

StatLink http://dx.doi.org/10.1787/888932992648

Dans la majorité des pays de l'OCDE, la part du secteur agricole primaire dans la consommation nationale totale d'énergie est extrêmement faible, puisqu'elle est comprise entre 0.4 % et 6.3 % (2008-10), et n'atteint 4 à 6 % que dans six pays (graphique 6.1). Malgré cette faible part de la consommation nationale d'énergie, le secteur agricole des pays de l'OCDE n'en reste pas moins sensible aux fluctuations du prix du pétrole brut parce qu'il a besoin d'énergie et parce que les intrants qu'il utilise en contiennent. Le soutien au titre de la consommation d'énergie dont bénéficient les agriculteurs dans quelques pays les protège néanmoins dans une certaine mesure de ces fluctuations et peut aussi les dissuader d'essayer de réaliser davantage de gains d'efficacité énergétique (OCDE, 2008).

Toutefois, l'amélioration de l'efficacité énergétique dans le secteur agricole primaire joue un rôle de plus en plus important dans la quasi-totalité des pays. Elle est motivée par la nécessité de limiter de manière générale les coûts d'exploitation dans l'agriculture, mais résulte aussi de programmes nationaux visant à réduire les émissions de gaz à effet de serre imputables à l'utilisation de combustibles fossiles. La série de données de l'OCDE ne permet pour l'instant pas d'effectuer des comparaisons internationales de l'évolution de l'efficacité énergétique dans le secteur agricole primaire parce que ces données couvrent également, pour la majorité des pays, les secteurs de la chasse, de la sylviculture et de la pêche. Toutefois, les rares études réalisées montrent que l'efficacité énergétique du secteur agricole primaire s'est améliorée ou est restée stable ces vingt dernières années (voir l'exemple de la **Suisse** à l'annexe A).

Les **États-Unis** (qui produisent principalement du bioéthanol, mais aussi du biodiesel) et, dans une moindre mesure l'**Allemagne**, l'**Australie**, le **Canada**, la **France**, l'**Italie** et la **Pologne** dominent la ***production de biocarburants***, essentiellement à partir de matières premières agricoles, dans la zone de l'OCDE (graphiques 6.2 et 6.3 et tableaux 6.1 et 6.2). La production de biocarburants a commencé depuis longtemps dans certains pays, mais dans la plupart, elle a décollé au cours de la période 2000-10 (tableaux 6.1 et 6.2). Le bioéthanol est le principal biocarburant fabriqué dans les pays de l'OCDE, puisqu'il a représenté 77 % du total de la production de biocarburants au sein de la zone de l'OCDE en 2008-10 après conversion en équivalent énergétique (kilotonnes équivalent pétrole, ktep).

Les **États-Unis** utilisent surtout du maïs, avec lequel ils fabriquent du bioéthanol, et les pays de l'**UE** transforment principalement de l'huile de colza pour produire du biodiesel. Au cours de la décennie à venir, les matières premières agricoles utilisées pour produire des biocarburants pourraient connaître une diversification marquée par une plus grande utilisation du blé, de la betterave à sucre et d'huiles végétales autres que l'huile de colza, et peut-être par une progression des biocarburants dits de « deuxième génération », élaborés à partir de sous-produits cellulosiques d'origine agricole et de déchets, par exemple de paille de céréales (OCDE, 2011b).

La croissance de la production de biocarburants affichée par les pays de l'OCDE au cours de la décennie écoulée s'explique en majeure partie par des mesures de soutien telles qu'obligations ou objectifs destinés à influencer la consommation de biocarburants, avantages fiscaux en faveur des producteurs et des consommateurs de biocarburants ; mesures de protection à la frontière ; normes de qualité applicables aux biocarburants ; et aide au renforcement des capacités d'investissement (OCDE, 2011b). La production de bioéthanol aux **États-Unis** et de biodiesel dans l'**Union européenne** devrait continuer de croître au cours de la période 2010-20 sous l'effet de mesures de soutien comparables à celles mises en œuvre durant la décennie écoulée (OCDE, 2011b).

Graphique 6.2. **Production de bioéthanol, pays de l'OCDE, 2008-10**

Part en % des pays dans le total OCDE

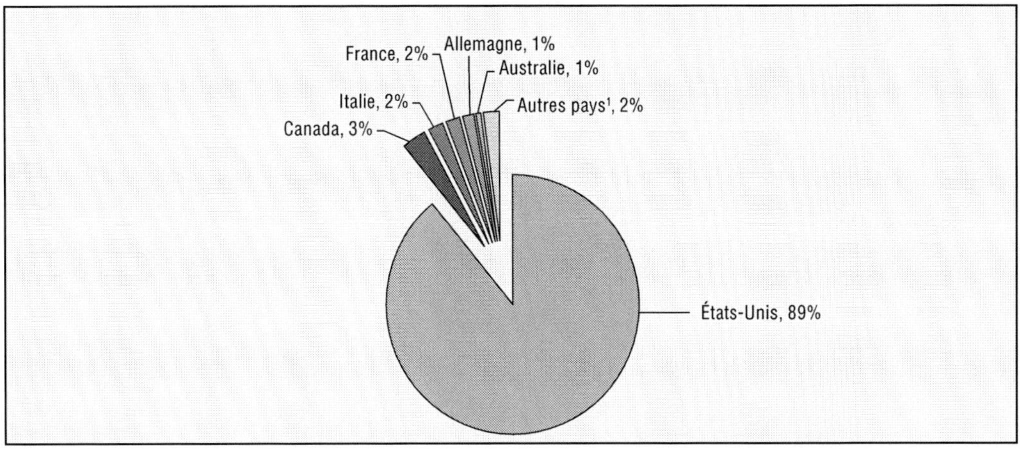

1. Les autres pays comprennent l'Autriche, la Corée, la Hongrie, le Japon, le Mexique, la Nouvelle-Zélande, la Pologne, la République tchèque et la Turquie.

Source : Perspectives agricoles de l'OCDE et de la FAO 2012-2021, www.agri-outlook.org ; et sources nationales pour l'Allemagne, l'Autriche, la France, la Hongrie, l'Italie, le Japon, la Nouvelle-Zélande, la Pologne et la République tchèque.

StatLink http://dx.doi.org/10.1787/888932992667

Graphique 6.3. **Production de biodiesel, pays de l'OCDE, 2008-10**

Part en % des pays dans le total OCDE

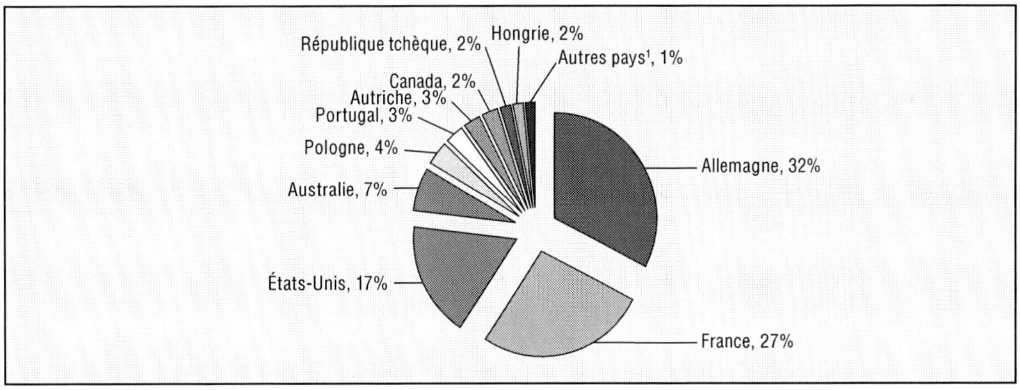

1. Les autres pays comprennent l'Italie, la Nouvelle-Zélande, la Slovénie et la Turquie.

Source : Perspectives agricoles de l'OCDE et de la FAO 2012-2021, www.agri-outlook.org ; et sources nationales pour l'Allemagne, l'Autriche, la France, la Hongrie, l'Italie, la Nouvelle-Zélande, la Pologne, le Portugal et la République tchèque.

StatLink http://dx.doi.org/10.1787/888932992686

L'un des principaux enseignements des études sur les effets de la production de biocarburants à partir de matières premières agricoles sur l'environnement (en particulier sur les sols, les systèmes aquatiques, les émissions atmosphériques et la biodiversité) est qu'en général, les cultures annuelles comme le maïs et le colza peuvent causer plus de dommages à l'environnement que la production de matières premières de deuxième génération comme l'alpiste roseau et la biomasse forestière à rotation rapide, par exemple.

Autre conclusion importante : le lieu de production, le type de travail du sol, le système de rotation des cultures et les autres pratiques agricoles appliquées pour produire la matière première des biocarburants déterminent fortement eux aussi les retombées sur l'environnement. En outre, l'augmentation de la production de biocarburants

Tableau 6.1. **Production de bioéthanol, pays de l'OCDE, 1990-2011**

Milliers de tonnes équivalent pétrole (tep)

	1990	1991	1992	1993	1994	1995	1996	1997	1998	1999	2000	2001	2002	2003	2004	2005	2006	2007	2008	2009	2010	2011
Australie	-	-	-	-	-	-	-	-	-	-	20	20	20	26	66	66	82	92	97	157	204	235
Autriche	-	-	-	-	-	-	-	-	-	-	-	-	-	-	-	-	-	11	62	122	138	151
Canada	-	-	-	-	-	-	20	20	90	96	195	190	189	190	193	226	379	470	700	748	820	903
République tchèque					-	-	-	-	-	-	-	-	-	-	-	-	1	17	39	58	61	-
France	-	-	-	18	25	24	39	54	63	58	59	58	58	50	52	75	149	274	378	460	478	429
Allemagne	-	-	-	-	-	-	-	-	-	-	-	-	-	-	13	84	219	200	297	382	376	-
Hongrie	-	-	-	-	-	-	-	-	-	-	-	-	-	-	-	-	-	28	47	50	58	-
Italie	-	-	-	-	-	-	-	-	-	-	-	-	-	-	-	-	-	-	429	509	468	-
Japon	-	-	-	-	-	-	-	-	-	-	-	-	56	70	58	58	58	56	56	51	54	-
Corée	-	-	-	-	-	-	-	-	-	-	-	105	88	89	84	84	83	89	82	86	88	88
Mexique	-	-	-	-	22	22	22	22	22	23	28	29	24	20	18	30	25	31	31	31	36	38
Nouvelle-Zélande	-	-	-	-	-	-	-	-	-	-	-	-	-	-	-	-	-	0	1	2	2	2
Pologne	-	-	-	-	14	32	51	56	51	45	26	35	42	39	25	57	83	61	56	84	104	-
Turquie	-	-	-	-	-	-	-	-	-	-	-	-	-	-	10	24	26	23	28	33	38	39
États-Unis	-	-	-	-	-	-	2 124	2 510	2 678	2 842	3 263	3 722	4 683	6 241	7 130	8 606	10 966	15 272	18 231	22 621	24 720	26 082
OCDE	-	-	-	**18**	**60**	**78**	**2 255**	**2 662**	**2 904**	**3 064**	**3 592**	**4 160**	**5 161**	**6 725**	**7 649**	**9 309**	**12 070**	**16 622**	**20 533**	**25 393**	**27 645**	**n.c.**
UE15	-	-	-	**18**	**25**	**24**	**39**	**54**	**63**	**58**	**59**	**58**	**58**	**50**	**65**	**159**	**368**	**484**	**1 166**	**1 472**	**1 461**	**n.c.**

n.c. : Non calculé.

Notes : Production nulle ou inférieure à un millier de tep pour : Belgique, Chili, Danemark, Espagne, Estonie, Finlande, Irlande, Islande, Israël, Luxembourg, Norvège, Portugal, République slovaque, République tchèque (de 1990 à 2005), Royaume-Uni, Slovénie, Suède, Suisse et Turquie (de 1990 à 2003).

Données converties de litres en tep au moyen du taux de conversion suivant : 1 000 litres de bioéthanol = 0.51 tep, tiré d'Eurostat voir : *http://epp.eurostat.ec.europa.eu.*

Source : *Perspectives agricoles de l'OCDE et de la FAO 2012-2021*, *www.agri-outlook.org* ; et sources nationales pour l'Allemagne, l'Autriche, la France, la Hongrie, l'Italie, le Japon, la Nouvelle-Zélande, la Pologne et la République tchèque.

StatLink http://dx.doi.org/10.1787/888932993275

Tableau 6.2. **Production de biodiesel, pays de l'OCDE, 1990-2011**

Milliers de tonnes équivalent pétrole (tep)

	1990	1991	1992	1993	1994	1995	1996	1997	1998	1999	2000	2001	2002	2003	2004	2005	2006	2007	2008	2009	2010	2011
Australie	-	-	-	-	-	-	-	-	-	-	-	-	-	-	-	38	68	236	473	495	500	506
Autriche	-	-	-	-	-	-	-	-	-	-	-	-	-	-	-	-	78	154	159	206	215	198
Canada	-	-	-	-	-	-	-	-	-	-	-	-	-	2	3	21	41	76	110	198	246	259
République tchèque	-	-	3	5	8	10	17	24	14	27	59	62	91	99	75	111	97	72	67	136	174	-
France	-	-	-	8	65	155	219	253	222	242	303	303	329	378	396	433	597	963	1 778	2 107	2 014	1 836
Allemagne	-	-	-	-	-	-	-	-	-	-	195	201	399	665	869	1 285	2 127	2 562	2 500	2 216	2 482	-
Hongrie	-	-	-	-	-	-	-	-	-	-	-	-	-	-	-	-	-	2	118	123	117	-
Italie	-	-	-	-	-	-	-	-	-	-	-	-	-	-	-	-	-	-	33	91	41	-
Nouvelle-Zélande	-	-	-	-	-	-	-	-	-	-	-	-	-	-	-	-	-	1	1	1	1	2
Pologne	-	-	-	-	-	-	-	-	-	-	-	-	-	-	-	57	81	39	148	323	328	-
Portugal	-	-	-	-	-	-	-	-	-	-	-	-	-	-	-	-	-	168	130	227	285	-
Slovénie	-	-	-	-	-	-	-	-	-	-	-	-	-	-	-	-	-	3	5	5	12	-
Turquie	-	-	-	-	-	-	-	-	-	-	-	-	-	-	-	399	399	399	22	20	103	25
États-Unis	-	-	-	-	-	-	-	-	-	-	12	22	27	27	92	252	639	1 168	1 849	1 286	743	2 310
OCDE	**-**	**-**	**3**	**13**	**73**	**165**	**235**	**278**	**236**	**269**	**569**	**589**	**847**	**1 171**	**1 434**	**2 596**	**4 126**	**5 842**	**7 394**	**7 433**	**7 261**	**n.c.**
UE15	**-**	**-**	**-**	**8**	**65**	**155**	**219**	**253**	**222**	**242**	**498**	**504**	**728**	**1 043**	**1 265**	**1 719**	**2 802**	**3 847**	**4 600**	**4 847**	**5 036**	**n.c.**

n.c. : Non calculé.

Notes : Production nulle ou inférieure à un millier de tep pour : Belgique, Chili, Danemark, Espagne, Estonie, Finlande, Grèce, Irlande, Islande, Israël, Japon, Luxembourg, Mexique, Norvège, Pays-Bas, République slovaque, Royaume-Uni, Suède, Suisse et Turquie (de 1990 à 2004).

Données converties de litres en tep au moyen du taux de conversion suivant : 1 000 litres de biodiesel = 0.78 tep, tiré d'Eurostat voir : *http://epp.eurostat.ec.europa.eu.*

Source : Perspectives agricoles de l'OCDE et de la FAO 2012-2021, www.agri-outlook.org ; et sources nationales pour l'Allemagne, l'Autriche, la France, la Hongrie, l'Italie, la Nouvelle-Zélande, la Pologne, le Portugal, la République tchèque et la Slovénie.

StatLink http://dx.doi.org/10.1787/888932993294

à partir de déchets et résidus agricoles et alimentaires (paille, effluents d'élevage, déchets alimentaires, graisses animales, par exemple) peut contribuer à réduire le besoin de production de matières premières à partir de plantes cultivées et, partant, réduire les incidences sur l'environnement. Une certaine prudence s'impose toutefois, car l'impact potentiel sur l'environnement de la production de biocarburants à partir de matières premières agricoles n'a pas été entièrement évalué, alors qu'on n'a pas encore une idée précise des répercussions sur l'utilisation des terres résultant de la concurrence entre la production d'aliments et la production de matières premières nécessaires à la fabrication de biocarburants (OCDE, 2010 ; 2011b ; 2012).

Bibliographie

OCDE (2012), *Qualité de l'eau et agriculture : un défi pour les politiques publiques*, Éditions OCDE, *http://dx.doi.org/10.1787/9789264121119-fr*.

OCDE (2011a), *Politiques agricoles : suivi et évaluation 2011 : pays de l'OCDE et économies émergentes*, Éditions OCDE, *http://dx.doi.org/10.1787/agr_pol-2011-fr*.

OCDE (2011b), *Perspectives agricoles de l'OCDE et de la FAO 2011-2020*, Éditions OCDE, *http://dx.doi.org/10.1787/agr_outlook-2011-fr*.

OCDE (2010), *Gestion durable des ressources en eau dans le secteur agricole*, Études de l'OCDE sur l'eau, Éditions OCDE, *http://dx.doi.org/10.1787/9789264083592-fr*.

OCDE (2008), *La performance environnementale de l'agriculture dans les pays de l'OCDE depuis 1990*, Éditions OCDE, *http://dx.doi.org/10.1787/9789264040946-fr*.

Chapitre 7

Sols : érosion hydrique et éolienne

Ce chapitre examine les performances environnementales de l'agriculture dans les pays de l'OCDE relatives aux sols, et en particulier à l'érosion hydrique et à l'érosion éolienne. Il fournit une description du contexte général (problématique et principaux défis), les définitions des indicateurs agro-environnementaux présentés, et des éléments portant sur les concepts, l'interprétation, les liens avec d'autres indicateurs, ainsi que sur la mesurabilité et la qualité des données. Le chapitre décrit ensuite les principales tendances des indicateurs agro-environnementaux, en recourant aux données disponibles couvrant la période 1990-2010 et en s'appuyant sur un ensemble de tableaux et de graphiques.

7.1. Contexte général

Problématique

L'érosion des sols, principalement d'origine hydrique et éolienne, est l'une des formes de dégradation des sols les plus répandues dans les pays de l'OCDE. La plupart des pays de l'OCDE ont mis au point des programmes pour encourager l'adoption de pratiques visant spécifiquement à réduire le risque d'érosion des sols, telles que la conversion de terres arables en prairies, les pâturages extensifs, le couvert végétal (en particulier en période hivernale) et à encourager les façons culturales antiérosives. L'**Union européenne** et les **États-Unis** ont également mis en place des programmes qui incitent à soustraire durablement les terres vulnérables à la production agricole et certains pays tentent de lutter contre l'érosion des sols en encourageant le boisement de terres agricoles.

Principaux défis

Le principal défi à relever face aux risques d'érosion des sols en agriculture consiste à préserver l'état des sols en accroissant la proportion de terres agricoles dont le taux d'érosion est faible ou tolérable. Il est important d'éviter les risques de pertes de fertilité et de productivité des sols agricoles liés à l'érosion de la couche superficielle du sol et de limiter les dommages à l'environnement dus à la perte de sédiments par érosion hydrique ou éolienne. Freiner l'érosion présente d'autres avantages, tels que la préservation de la teneur des sols en carbone, la réduction des risques d'inondation et de glissement de terrain, la limitation des coûts induits par le dragage des cours d'eau, des lacs, des estuaires et des retenues et par la baisse des coûts du traitement de l'eau pour la rendre potable. À cet égard, lorsque leur activité agricole crée ces externalités positives, les agriculteurs peuvent fournir des services à l'écosystème bénéficiant à la société en général (graphique 1.1.).

7.2. Indicateurs

Définitions

Les indicateurs relatifs à l'érosion des sols agricoles mesurent les variations :

- de la superficie des terres agricoles touchées par l'**érosion hydrique** et l'**érosion éolienne**, en fonction des différents niveaux de risque d'érosion, de modéré à grave.

Concepts, interprétation, points faibles et liens avec d'autres indicateurs

Le sol joue un rôle important dans la préservation de l'équilibre des écosystèmes et dans la qualité des produits agricoles (OCDE, 2003). Les sols agricoles assurent deux fonctions essentielles : ils servent de support à la production (notamment agricole, mais aussi forestière, entre autres) et ils ont une utilité environnementale (filtration et stockage de l'eau, fixation du carbone, réservoir de biodiversité, par exemple). Parfois, il s'écoule un laps de temps significatif entre le moment où l'on constate l'existence d'un problème de dégradation des sols et celui où l'on élabore une stratégie de conservation visant à préserver l'état du sol et la productivité des cultures. L'intensité des précipitations, le degré de protection assuré par le couvert végétal, la pente et la nature du sol sont les facteurs qui déterminent l'érosion hydrique.

Le processus d'érosion éolienne est lui aussi déterminé par les conditions climatiques (humidité du sol), le couvert végétal et la nature du sol, et il résulte du prélèvement et du transport de particules (principalement des limons et du sable fin) sur des distances variables. C'est dans les zones arides et semi-arides et dans celles où les sols sont extrêmement secs pendant de longues périodes que l'érosion éolienne est la plus répandue. La disparition de la couche superficielle du sol par érosion contribue aussi à la perte d'éléments nutritifs.

Dans les zones vallonnées, le travail du sol peut également favoriser l'érosion par déplacement du sol, ce dernier étant transporté du haut vers le bas de la pente (Eilers et autres, 2010). Les autres processus de dégradation des sols – tassement, acidification, contamination toxique et salinisation – concernent en général des régions particulières dans certains pays, si bien qu'il n'est pas possible de présenter des tendances de ces processus de dégradation pour la zone OCDE dans son ensemble.

Les indicateurs d'érosion hydrique des sols sont issus de modèles qui sont le plus souvent des variantes de l'USLE (*Universal Soil Loss Equation* – Équation universelle de perte de sol). Bien que ces modèles tiennent compte du type de sol, de la topographie, du climat et du couvert végétal, ils utilisent des données générales qui fournissent des estimations des risques d'érosion plus que des résultats de mesure sur le terrain. À noter que les tendances décrites dans ce chapitre se rapportent exclusivement à l'érosion des sols sur les exploitations agricoles.

Alors que la plupart des pays de l'OCDE utilisent couramment l'USLE, tous ne retiennent pas les mêmes limites pour définir les catégories de risques d'érosion des sols (de tolérable à grave) (voir la base de données du site Internet de l'OCDE). L'OCDE a utilisé une échelle normalisée pour présenter ces données. Les sols agricoles peuvent « tolérer » un certain degré d'érosion sans incidence négative sur la productivité à long terme, du fait qu'un nouveau sol se forme en permanence pour remplacer les pertes.

La limite de ce qui peut être considéré comme tolérable varie selon la profondeur des sols, le type de sol et les conditions agroclimatiques, mais elle s'établit généralement entre 1 tonne par hectare et par an sur les sols superficiels et sablonneux et 6 tonnes par hectare et par an sur les sols plus profonds et bien développés. L'échelle de l'OCDE définissant les catégories de risques d'érosion va de tolérable (moins de 6 tonnes par hectare et par an) à grave (plus de 33 tonnes par hectare et par an) en passant par faible, modéré et élevé. Toutefois, tous les pays n'utilisent pas ces limites et certains considèrent que pour être tolérable, l'érosion doit être inférieure à 4 tonnes par hectare et par an (**Pays-Bas**, **République slovaque** et **République tchèque**, par exemple). Par souci d'harmonisation de la présentation entre les pays, les graphiques présentés dans ce chapitre correspondent aux risques d'érosion supérieurs à 11 tonnes par hectare et par an (érosion modérée à grave).

Bien que les modèles utilisés pour calculer les indicateurs de l'érosion des sols permettent d'obtenir des tendances nationales assez justes, ils comportent des limites qui doivent être prises en compte lors de l'interprétation (Eilers et autres, 2010 ; Eurostat, OCDE, 2003 ; et 2008). Les séries de données utilisées par différents modèles nationaux diffèrent en termes de qualité et de couverture géographique, ce qui a une incidence sur les résultats fournis par les modèles. De plus, les modèles ne tiennent pas compte de tous les phénomènes d'érosion des sols (érosion du lit et des berges des cours d'eau ou érosion par ravinement, par exemple), ni de certaines pratiques de lutte contre l'érosion comme la mise en place de rigoles gazonnées ou d'un couvert végétal d'hiver.

Les modifications de la couverture et de l'utilisation des terres agricoles (chapitres 3 et 13), l'intensité de la production agricole et les systèmes et pratiques de gestion sont les principales causes agissantes couvertes par les indicateurs d'érosion des sols, qui eux-mêmes décrivent l'état, c'est-à-dire le risque d'érosion sur les exploitations agricoles. Ces indicateurs sont utiles pour les responsables de l'action publique dans la mesure où ils fournissent une évaluation de la viabilité écologique à long terme des pratiques de gestion agricole, ainsi que de l'efficacité des mesures de conservation des sols. On peut également les mettre en rapport avec certains aspects de la qualité des sols, tels que la perte de matières organiques des sols et de biodiversité des sols.

Mesurabilité et qualité des données

Certains pays de l'OCDE (**États-Unis**, par exemple) sont dotés de systèmes de surveillance des sols bien rodés qui fournissent des observations de terrain permettant de valider directement les estimations des risques à l'échelle nationale. D'autres pays de l'OCDE sont moins avancés s'agissant de la mise en œuvre de ce type de systèmes (**Australie**, par exemple). D'autres encore, notamment plusieurs pays de l'**Union européenne**, élaborent actuellement de tels systèmes (Eurostat et Centre commun de recherche).

Plusieurs pays produisent régulièrement des données sur l'érosion des sols au niveau national (tous les cinq ans pour le **Canada** et les **États-Unis**, par exemple) et le Centre commun de recherche a récemment élaboré, à partir d'un modèle spécifique harmonisé, des données sur l'érosion des sols pour l'ensemble de l'**Union européenne** (Centre commun de recherche). En revanche, dans plusieurs pays confrontés à un problème d'érosion des sols préoccupant (érosion hydrique et/ou éolienne), les données de surveillance nationales sont, dans le meilleur des cas, rarement actualisées (**Australie**, **Espagne**, **Nouvelle-Zélande**, **Portugal** et **Turquie**, par exemple).

7.3. Principales tendances

Dans près d'un tiers des pays membres de l'OCDE, plus de 20 % de la superficie des terres agricoles sont soumis à une érosion hydrique modérée à grave, tandis que les pays confrontés à un phénomène d'érosion éolienne d'intensité de même ampleur sont beaucoup moins nombreux (graphiques 7.1 et 7.3). Le nombre de pays atteints par une forte érosion est probablement sous-estimé, car certains d'entre eux ne figurent pas dans la série de données, ou bien les informations les concernant n'ont pas été révisées depuis plus de 20 ans. Cependant, dans de nombreux pays (d'Europe du Nord principalement), l'érosion ne touche qu'une très faible proportion de la superficie totale des terres agricoles sauf, en certains cas, dans des régions spécifiques (graphiques 7.1 et 7.3).

Il ressort de la tendance générale en matière d'érosion des sols dans les pays de l'OCDE que, dans la majorité des cas, des progrès continus ont été réalisés au cours des deux décennies écoulées depuis 1990, ou, à tout le moins, qu'une stabilisation a été observée, la proportion de terres agricoles touchées par une érosion hydrique ou éolienne tolérable ou faible plutôt que forte ayant augmenté (graphiques 7.2 et 7.4). Cette tendance mérite plus particulièrement d'être soulignée dans les pays où l'érosion des sols est un problème environnemental important dans certaines régions, comme le **Canada,** les **États-Unis** et l'**Italie**. En **Pologne** et en **République slovaque**, la proportion de terres agricoles touchées par l'érosion a augmenté, mais cette évolution s'explique par la réduction de la superficie

Graphique 7.1. **Terres agricoles classées comme exposées à un risque d'érosion hydrique modéré à grave, pays de l'OCDE, 1990-2010**

Risque d'érosion hydrique supérieur à 11 tonnes/hectare/an de perte de sol, part en pourcentage de la superficie totale des terres agricoles

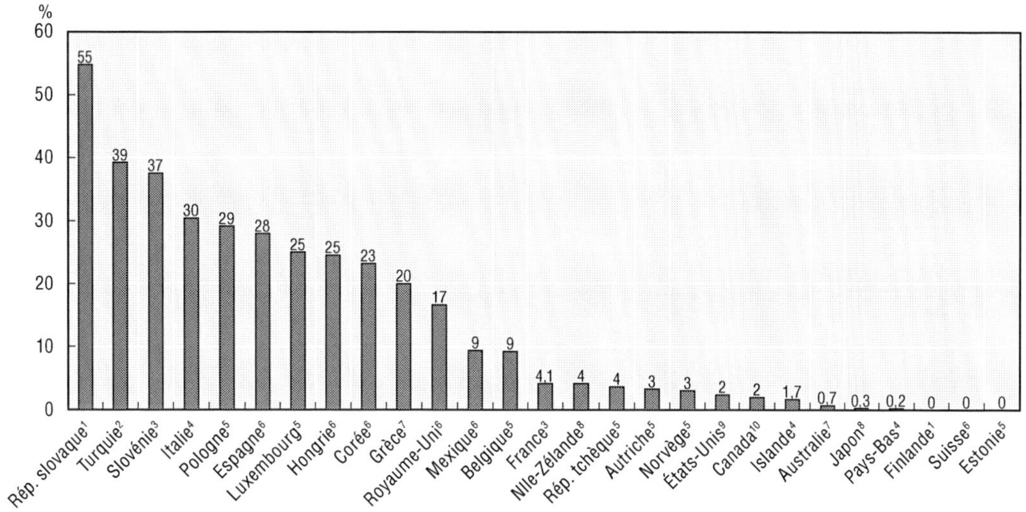

Note : Les pays sont classés par ordre décroissant de la part en % des terres agricoles exposées au risque d'érosion hydrique.

1. Les données pour la République slovaque correspondent à 2003-04.
2. Les données pour la Turquie correspondent à 1990-94.
3. Les données pour la France et la Slovénie correspondent à 2006-07.
4. Les données pour l'Islande, l'Italie et les Pays-Bas correspondent à 1995-99.
5. Les données pour l'Autriche, la Belgique, l'Estonie, le Luxembourg, la Norvège, la Pologne et la République tchèque correspondent à 2009-10.
6. Les données pour l'Espagne, la Hongrie, le Mexique, le Royaume-Uni et la Suisse correspondent à 2000-02 et les données pour la Corée correspondent à 2002. Les données relatives à l'érosion des sols pour l'Espagne englobent les terres agricoles et forestières. Pour la Suisse, la superficie agricole totale englobe les estives (pâturages de montagne). Pour le Mexique, la superficie exposée à un risque est la somme des catégories d'érosion modérée + grave + extrême.
7. Les données pour l'Australie et la Grèce proviennent de OCDE (2008). Les données pour la Grèce englobent toutes les terres, y compris les terres agricoles.
8. Les données pour le Japon et la Nouvelle-Zélande correspondent à 1985-89.
9. Les données pour les États-Unis correspondent à 2007-08.
10. Les données pour le Canada correspondent à 2005-06, valeurs représentant les terres cultivables.
11. Les données pour la Finlande correspondent à 2001.

Source : OCDE (2008), *La performance environnementale de l'agriculture dans les pays de l'OCDE depuis 1990*, *www.oecd.org/fr/tad/agriculture-durable/indicateurs-agro-environnementaux.htm* ; Centre commun de recherche, Union européenne ; Estimations non publiées établies à l'aide du modèle paneuropéen RUSLE, CCR, 2011 ; et sources nationales.

StatLink http://dx.doi.org/10.1787/888932992705

totale des terres agricoles, les superficies effectivement touchées par l'érosion ayant diminué dans les deux pays (graphiques 7.2 et 7.4).

Pour l'essentiel, les progrès accomplis en termes de réduction de superficie des terres agricoles exposées à un risque d'érosion élevé sont dus à l'adoption de plus en plus courante de pratiques de conservation des sols, telles que le travail minimum du sol ou l'absence de travail du sol, qui améliorent la teneur en matière organique du sol et diminuent le nombre de jours pendant lesquels le sol est exposé et sans couvert végétal, mais aussi, dans certains cas, la conversion de terres agricoles en pâturages et en espaces boisés. Les tendances en matière de pratiques de conservation du sol et de changement d'utilisation ou de couverture des sols peuvent constituer un indicateur indirect de l'évolution probable des zones exposées à un risque d'érosion. En **Australie**, par exemple, où les données nationales sur l'érosion des sols sont limitées, la croissance rapide de la superficie faisant

Graphique 7.2. **Évolution des terres agricoles classées comme exposées à un risque d'érosion hydrique modéré à grave, pays de l'OCDE, 1990-2010**

Risque d'érosion hydrique supérieur à 11 tonnes/hectare/an de perte de sol, part en pourcentage de la superficie totale des terres agricoles

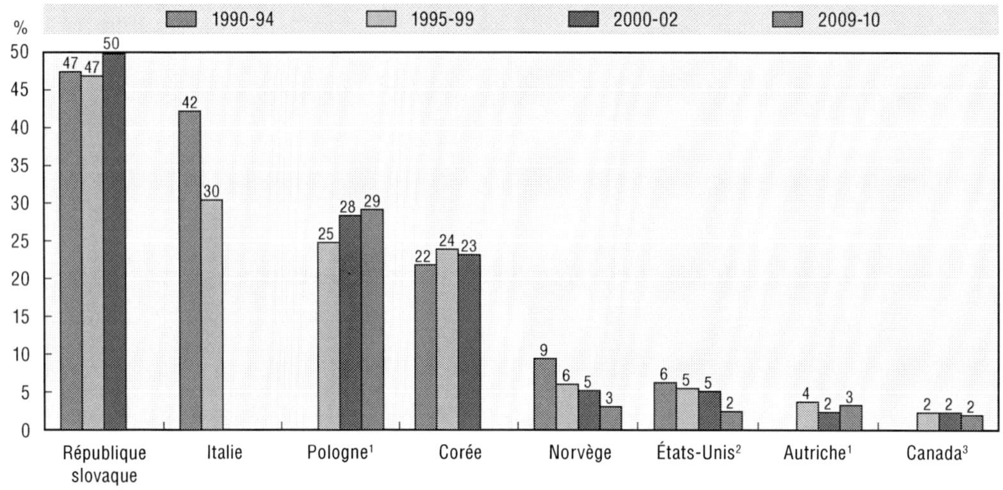

Note : Les pays sont classés par ordre décroissant de la part en % des terres agricoles exposées au risque d'érosion hydrique.

1. La moyenne 2000-02 pour l'Autriche et la Pologne correspond à 2003-04.
2. La moyenne 2009-10 pour les États-Unis correspond à 2007-08.
3. La moyenne 2009-10 pour le Canada correspond à 2005-06.

Source : OCDE (2008), *La performance environnementale de l'agriculture dans les pays de l'OCDE depuis 1990*, *www.oecd.org/fr/tad/agriculture-durable/indicateurs-agro-environnementaux.htm* ; Centre commun de recherche, Union européenne ; Estimations non publiées établies à l'aide du modèle paneuropéen RUSLE, CCR, 2011 ; et sources nationales.

StatLink http://dx.doi.org/10.1787/888932992724

l'objet de façons culturales antiérosives, qui est passée de 20 % en 1996 à 75 % en 2010, porte à croire que des progrès ont été accomplis en termes de réduction de l'érosion des sols et d'amélioration de la productivité (State of the Environment 2011 Committee). Dans les autres pays pour lesquels les données relatives à l'érosion des sols sont limitées ou inexistantes, mais où l'érosion des sols est un problème important, comme le **Portugal** et la **Turquie**, par exemple, l'augmentation des surfaces de pâturages (graphique 13.4) pourrait être le signe d'une diminution des risques d'érosion.

Dans les pays où les risques d'érosion restent préoccupants, cette situation est largement imputable au fait que des sols fragiles et marginaux continuent d'être cultivés ; au surpâturage constaté en particulier dans les régions vallonnées ou montagneuses ; et à l'adoption insuffisante de pratiques de conservation des sols. Par ailleurs, dans certaines régions, l'érosion des sols est aggravée par la survenue et la gravité croissantes de sécheresses et/ou de précipitations abondantes sans doute imputables au changement climatique (**Australie**, **Espagne** et **Italie**, par exemple), et par la destruction de la végétation indigène et des forêts dans certains pays (**Mexique** et **Turquie**, par exemple). Le défrichement a également constitué un problème en **Australie**, où un million d'hectares environ ont été défrichés chaque année au cours de la période 2000-10, même si, en 2010, l'ampleur du défrichement était compensée par celle de la repousse (State of the Environment 2011 Committee).

L'érosion des sols peut découler de diverses activités économiques (sylviculture, construction, utilisation de véhicules tout terrain, par exemple) et de phénomènes naturels (incendies, inondations, sécheresses, par exemple). Dans la plupart des cas

Graphique 7.3. **Terres agricoles classées comme exposées à un risque d'érosion éolienne modéré à grave, pays de l'OCDE, 1995-2010**

Risque d'érosion éolienne supérieur à 11 tonnes/hectare/an de perte de sol, part en pourcentage de la superficie totale des terres agricoles

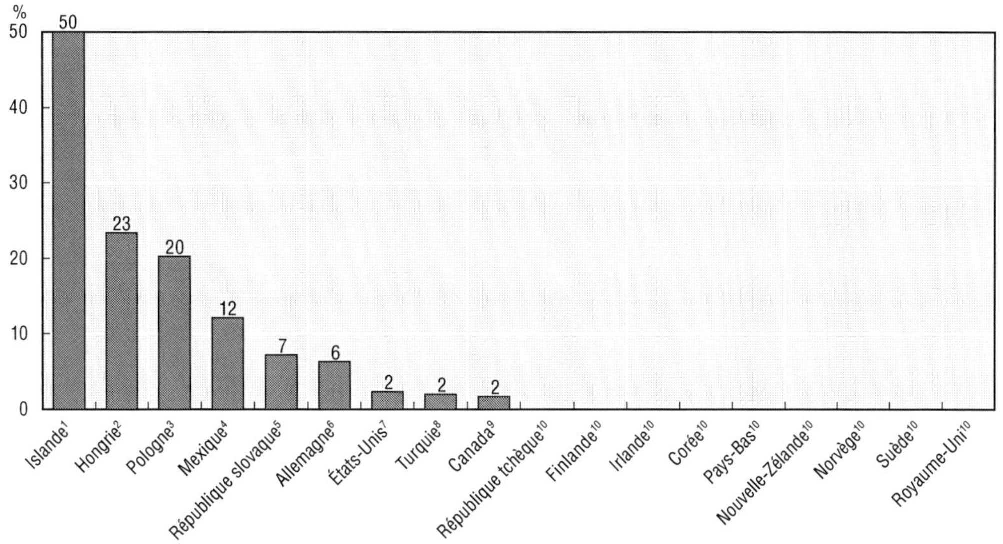

Note : Les pays sont classés par ordre décroissant de la part en % des terres agricoles exposées à un risque d'érosion éolienne.

1. Fin des années 90, pâturages permanents uniquement, comprend 95 % de la superficie totale des terres agricoles touchées par une érosion grave classée non par perte de sol mais par type de terre agricole.
2. Données pour 1995-99.
3. Les données montrent les terres agricoles correspondant à toutes les catégories de risque d'érosion éolienne, s'échelonnant du risque tolérable au risque élevé, pour 2009-10.
4. Données pour 2000-02.
5. Données pour 2003-04.
6. Les données sont celles de l'année 1996.
7. Données pour 2007.
8. Part des terres agricoles soumises à un risque modéré à grave d'érosion éolienne mais pour lesquelles les taux d'érosion ne sont pas spécifiés.
9. Données pour 2005-06, correspondant aux terres agricoles cultivées.
10. Ces pays font état d'un risque d'érosion éolienne modéré à grave très limité, compris entre zéro et moins de 0.5 % de la superficie totale des terres agricoles.

Source : OCDE (2008), *La performance environnementale de l'agriculture dans les pays de l'OCDE depuis 1990*, *www.oecd.org/fr/tad/agriculture-durable/indicateurs-agro-environnementaux.htm* et Questionnaire sur les indicateurs agro-environnementaux de l'OCDE, non publié ; et sources nationales.

StatLink http://dx.doi.org/10.1787/888932992743

toutefois, elle est en majeure partie imputable à l'agriculture. En règle générale, les terres arables cultivées et les terres affectées à des cultures permanentes (les vergers, par exemple) sont plus susceptibles que les zones de pâtures de subir un niveau d'érosion élevé. La raison en est que les pâturages sont protégés par un couvert végétal tout au long de l'année. Aux **États-Unis**, par exemple, les terres arables et celles affectées à des cultures permanentes représentaient 91 % du total des terres agricoles exposées à un risque d'érosion hydrique modéré à grave en 2007 (base de données du site Internet de l'OCDE). Pour autant, les pâtures situées sur des sols fragiles, dans des zones de fort relief, et soumises à un pâturage intensif, peuvent connaître des problèmes d'érosion plus aigus encore que les terres cultivées, par exemple en **Italie**, en **Nouvelle-Zélande** et au **Royaume-Uni** (OCDE, 2008).

Graphique 7.4. **Évolution des terres agricoles classées parmi les terres exposées à un risque d'érosion éolienne modéré à grave, pays de l'OCDE, 1991-2010**

Risque d'érosion éolienne supérieur à 11 tonnes/hectare/an de perte de sol, part en pourcentage de la superficie totale des terres agricoles

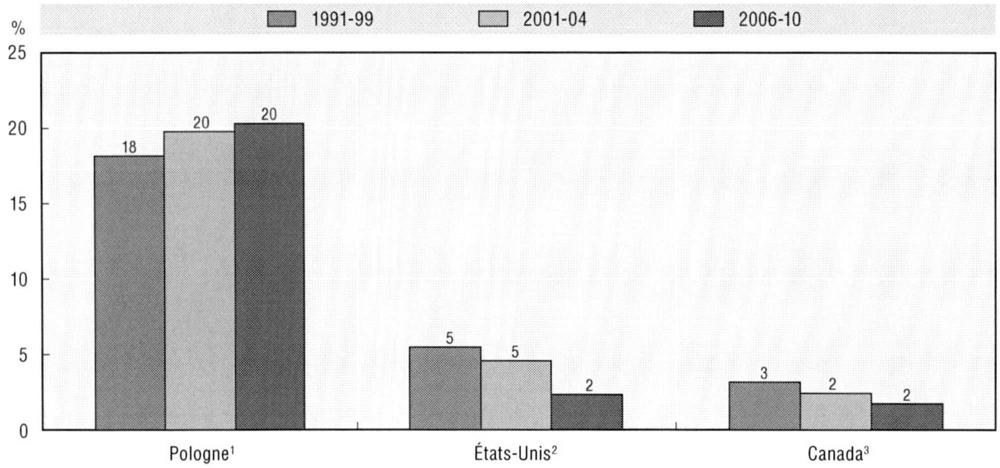

Note : Les pays sont classés par ordre décroissant de la part en % des terres agricoles exposées à un risque d'érosion éolienne.

1. Données pour 1995-99, 2003-04 et 2009-10.
2. Données pour 1992, 2001 et 2007.
3. Données correspondant aux terres cultivées, pour 1991, 2001 et 2006.

Source : OCDE (2008), *La performance environnementale de l'agriculture dans les pays de l'OCDE depuis 1990*, *www.oecd.org/fr/tad/agriculture-durable/indicateurs-agro-environnementaux.htm* et Questionnaire sur les indicateurs agro-environnementaux de l'OCDE, non publié ; et sources nationales.

StatLink http://dx.doi.org/10.1787/888932992762

Bibliographie

Centre commun de recherche de la Commission européenne, site Internet consacré aux sols, *http://eusoils.jrc.ec.europa.eu/Library/Themes/Contamination/Irena.html.*

Eilers, W., R. MacKay, L. Graham et A. Lefebvre (éditeurs) (2010), « L'agriculture écologiquement durable au Canada » *: Série sur les indicateurs agro-environnementaux – Rapport n° 3, Agriculture et Agroalimentaire Canada, Ottawa, Canada, http://publications.gc.ca/collections/collection_2011/agr/A22-201-2010-fra.pdf.*

Eurostat (Office statistique de l'Union européenne), site Internet sur les indicateurs agro-environnementaux, *http://epp.eurostat.ec.europa.eu/portal/page/portal/agri_environmental_indicators/introduction.*

OCDE (2008), *La performance environnementale de l'agriculture dans les pays de l'OCDE depuis 1990*, Éditions OCDE, *http://dx.doi.org/10.1787/9789264040946-fr.*

OCDE (2003), *Agricultural Impacts on Soil Erosion and Soil Biodiversity: Developing Indicators for Policy Analysis*, Actes d'une réunion d'experts de l'OCDE, Rome, Italie, mars 2003 (disponible uniquement en anglais), *www.oecd.org/fr/tad/agriculture-durable/indicateurs-agro-environnementaux.htm.*

State of the Environment 2011 Committee (2011), *Australia State of the Environment 2011*, Department of Sustainability, Environment, Water, Population and Communities, gouvernement australien, Canberra, *www.environment.gov.au/soe/2011/index.html.*

Chapitre 8

Prélèvements d'eau, superficie irriguée et doses d'application de l'eau d'irrigation

Ce chapitre examine les performances environnementales de l'agriculture dans les pays de l'OCDE relatives aux prélèvements d'eau, aux superficies irriguées et aux doses d'application de l'eau d'irrigation. Il fournit une description du contexte général (problématique et principaux défis), les définitions des indicateurs agro-environnementaux présentés, et des éléments portant sur les concepts, l'interprétation, les liens avec d'autres indicateurs, ainsi que sur la mesurabilité et la qualité des données. Le chapitre décrit ensuite les principales tendances des indicateurs agro-environnementaux, en recourant aux données disponibles couvrant la période 1990-2010 et en s'appuyant sur un ensemble de tableaux et de graphiques.

8.1. Contexte général

Problématique

La gestion des ressources en eau consiste à assurer une répartition efficiente et équitable de ces ressources pour qu'elles soient utilisées à des fins bénéfiques à la société, à l'environnement et à l'économie. Dans le secteur agricole, elle comporte plusieurs aspects : l'irrigation, pour répartir les apports d'eau tout au long de la campagne de production ; la gestion de l'eau dans les systèmes d'agriculture pluviale ; la gestion des crues et des sécheresses et le drainage ; la préservation des écosystèmes ; et la satisfaction des besoins culturels et récréatifs liés à l'eau (OCDE, 2010a).

Dans la zone de l'OCDE, la gestion de l'eau à usage agricole concerne un large éventail de systèmes agricoles et de conditions climatiques. Dans la plupart des pays, l'agriculture est essentiellement une agriculture pluviale, mais dans les zones exposées à des précipitations variables, l'irrigation vient compléter les précipitations, l'approvisionnement étant assuré principalement par les eaux douces de surface ou souterraines (puits peu profonds et aquifères profonds, par exemple) et, dans une moindre mesure, par le recyclage des eaux usées ou le dessalement de l'eau. Par ailleurs, la gestion des ressources en eau en agriculture est organisée dans des contextes politiques, culturels, juridiques et institutionnels extrêmement divers qui couvrent plusieurs domaines de l'action publique : agriculture, eau, environnement, énergie, fiscalité, économie, affaires sociales et régionales.

Principaux défis

Tous les pays de l'OCDE ont adopté des stratégies visant les objectifs généraux de la gestion de l'eau en termes de ressources, de qualité et d'écosystèmes. Toutefois, s'agissant plus précisément de la gestion des ressources en eau dans le secteur agricole, les pays ont dans l'ensemble la même vision des moyens à mettre en œuvre pour (OCDE, 2010a) :

1. établir un plan à long terme pour la gestion durable des ressources en eau dans le secteur agricole, en tenant compte des effets du changement climatique, y compris en ce qui concerne la protection contre les risques d'inondation et de sécheresse ;
2. contribuer à l'amélioration des revenus agricoles et à la réalisation d'objectifs de développement rural plus généraux ;
3. protéger les écosystèmes aquatiques situés sur les terres agricoles ou touchés par les activités agricoles ;
4. concilier au mieux les prélèvements d'eau agricoles et les besoins de l'environnement, et notamment maintenir un débit minimal dans les cours d'eau et les lacs et veiller à ce que les ressources en eau souterraines (puits peu profonds et aquifères profonds) soient utilisées de façon durable ; et
5. améliorer l'efficience et la gestion des prélèvements d'eau ainsi que les techniques employées dans ce domaine dans les exploitations, et veiller à disposer des moyens

financiers nécessaires pour entretenir et moderniser les infrastructures d'approvisionnement en eau des exploitations agricoles (et des autres usagers).

8.2. Indicateurs

Définitions

Les indicateurs relatifs aux ressources en eau douce de l'agriculture mesurent les variations :

- des prélèvements d'eau douce agricoles ;
- de la superficie des terres irriguées ;
- des doses d'application de l'eau d'irrigation – mégalitres d'eau par hectare de terre irrigué.

Concepts, interprétation, points faibles et liens avec d'autres indicateurs

Dans de nombreux pays de l'OCDE, la concurrence pour les ressources en eau entre l'industrie, les ménages, l'agriculture et l'environnement (écosystèmes aquatiques) va croissant. La demande en eau a également des répercussions sur les écosystèmes aquatiques, en particulier lorsque les prélèvements excèdent les besoins environnementaux minimaux des cours d'eaux, des lacs et des habitats des zones humides. Cependant, certains pays de l'OCDE possèdent d'abondantes ressources en eau et ne considèrent donc pas la disponibilité de l'eau comme un problème environnemental majeur justifiant une protection des ressources. La question de l'eau revêt également une importante dimension sociale, concernant par exemple l'accès à l'eau pour des besoins récréatifs (baignade, navigation, pêche, par exemple) et la valeur esthétique des paysages aquatiques. De plus, dans certaines sociétés l'eau revêt une grande valeur culturelle et spirituelle, par exemple pour les peuples indigènes d'**Australie,** du **Canada** et de **Nouvelle-Zélande**, et pour une grande partie de la population en **Corée** et au **Japon** (OCDE, 2004).

Les indicateurs présentés dans ce chapitre apportent des informations sur les tendances des prélèvements d'eau douce agricoles, ainsi que sur le poids du secteur agricole dans le total des prélèvements d'eau douce à l'échelle nationale. Ils informent également sur l'évolution des superficies irriguées en pourcentage de la superficie agricole totale et sur les conséquences de cette évolution en termes d'efficacité des prélèvements d'eau, mesurée en mégalitres d'eau utilisés par hectare irrigué. L'irrigation représentant la majeure partie des prélèvements d'eau agricoles dans la plupart des pays, elle constitue une cause agissante essentielle de l'évolution de ces prélèvements.

Les indicateurs relatifs aux ressources en eau dans le secteur agricole comportent un certain nombre de limites dont il faut tenir compte pour examiner les niveaux absolus, analyser les tendances et comparer les pays, comme on le verra ci-après (les limites de l'indicateur relatif aux apports d'eau sont examinées dans la section suivante) :

1. Les méthodes utilisées pour recueillir et calculer les données varient d'un pays à l'autre ainsi qu'à l'intérieur d'un même pays, et font aussi l'objet d'erreurs de mesure. Les données sur les prélèvements d'eau douce à des fins d'irrigation proviennent notamment d'enquêtes auprès des irrigants, et sont parfois estimées à l'aide d'informations sur la superficie des cultures irriguées, sur les besoins en eau des différentes cultures et sur les doses d'application des systèmes d'irrigation. Dans d'autres cas, ces données correspondent aux allocations d'eau, qui, selon les conditions climatiques annuelles, peuvent différer sensiblement des prélèvements effectifs. Ces estimations peuvent être ajustées ou

non pour tenir compte des variables climatiques, de l'efficacité systémique, des pertes au niveau des canalisations et d'autres pratiques d'irrigation telles que la préirrigation (Kenny et autres, 2009). Dans le cas d'enquêtes par sondage, la fiabilité de ces estimations est tributaire d'erreurs liées à l'échantillonnage, car toutes les exploitations ne sont pas couvertes par les enquêtes. Toutefois, les données empiriques provenant d'**Australie** (Australian Bureau of Statistics, 2012) montrent que les erreurs liées à l'échantillonnage pour ces indicateurs sont très peu nombreuses (moins de 5 %).

2. La couverture des données peut varier d'un pays à l'autre. On suppose dans ce chapitre que les prélèvements d'eau agricoles et totaux ne concernent que les sources d'eau douce, or dans certaines régions, l'agriculture utilise de l'eau dessalée ou des eaux usées recyclées. Lorsque le secteur agricole a recours à ces sources d'eau, il s'agit généralement de volumes très faibles qui n'entrent pas dans les calculs des prélèvements d'eau agricoles. L'utilisation d'eau salée aux **États-Unis**, par exemple, représentait 15 % du total des prélèvements d'eau en 2005, mais elle était en quasi-totalité le fait du secteur de l'électricité (Kenny et autres, 2009). **Israël** est une exception notable, puisqu'en 2008, 54 % des ressources en eau allouées à l'agriculture étaient des effluents recyclés et de l'eau dessalée, contre 33 % en 1998 (OCDE, 2010b).
3. Concrètement, il n'est pas facile de mesurer avec précision les prélèvements d'eau agricoles. Il peut notamment être difficile de déterminer l'ampleur des volumes d'eau prélevés sur les exploitations dans des puits peu profonds ou des aquifères, d'autant que dans la pupart des cas, ces prélèvements ne sont pas mesurés avec un compteur. Enfin, la situation est encore compliquée par le fait que, dans certains systèmes, l'agriculture peut contribuer à recharger les nappes souterraines. L'estimation des quantités d'eau restituées par les systèmes d'irrigation, et prélevées par d'autres utilisateurs situés en aval dans le bassin versant, est aussi entachée d'importantes incertitudes.

En tant que causes agissantes influant sur l'environnement, les indicateurs relatifs aux prélèvements d'eau agricoles et aux superficies irriguées sont à mettre en relation avec l'état (l'évolution) des réserves en eaux souterraines et de la concurrence pour les ressources en eau avec les autres usagers. Les réponses à ces modifications de la durabilité des prélèvements d'eau se concrétisent par l'adoption de pratiques et de techniques de gestion de l'irrigation plus efficaces, et par les améliorations qui en résultent en termes de doses d'application de l'eau par hectare irrigué.

Mesurabilité et qualité des données

Le terme « prélèvements d'eau agricoles » utilisé dans ce chapitre se rapporte aux « prélèvements d'eau » pour l'irrigation et autres usages agricoles (tels que l'élevage) effectués dans les rivières, les lacs et les nappes souterraines (puits peu profonds et aquifères profonds), et aux « restitutions d'eau » provenant de l'irrigation, mais exclut les précipitations directes sur les terres agricoles. « Prélèvement d'eau » n'est pas synonyme de « consommation d'eau », qui se rapporte à l'eau consommée ne pouvant pas être réutilisée.

Les chiffres des prélèvements de ressources en eau par le secteur agricole du **Canada** illustrent l'emploi de ces termes. Sur le total des ressources en eau renouvelables disponibles (provenant principalement des précipitations et de sources souterraines, mais aussi de la fonte des glaciers, etc.), le secteur agricole canadien prélève 6 % de l'ensemble des ressources en eau douce du pays (graphique 8.1). Il consomme (sans restitution au système aquatique) 70 à 80 % de l'eau qu'il prélève, ce qui en fait le premier consommateur d'eau du pays, avec environ 70 % de la consommation totale (OCDE, 2010a).

Graphique 8.1. **Prélèvements d'eau agricoles, pays de l'OCDE, 1990-2010**

Part de l'agriculture dans le total des prélèvements d'eau (%) 2008-10

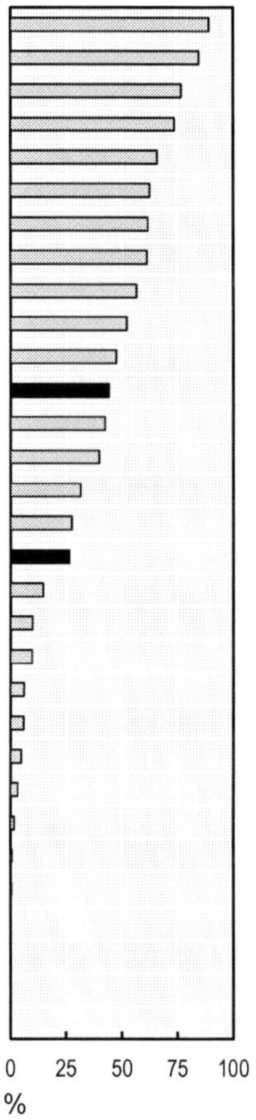

	Total des prélèvements d'eau douce agricoles			Variation du total des prélèvements d'eau douce agricoles		Variation du total des prélèvements d'eau douce		Part de l'agriculture dans le total des prélèvements d'eau douce
	1990-92[1]	1998-2000[2]	2008-10[3]	1990-92 à 1998-2000	1998-2000 à 2008-10	1990-92 à 1998-2000	1998-2000 à 2008-10	2008-10
	million m^3			Variation annuelle moyenne en %		Variation annuelle moyenne en %		%
Grèce	7 733	8 809	8 457	1.3	-0.7	2.1	-0.3	89
Turquie	26 240	35 192	36 274	3.7	0.3	3.2	0.7	85
Mexique	62 500	61 385	61 190	-0.4	0.0	0.8	0.5	77
Chili[4]	16 273	19 268	16 619	1.9	-2.1	2.1	-1.0	74
Japon	58 642	57 930	54 650	-0.2	-0.7	-0.1	-0.7	66
Portugal	6 569	6 308	4 392	-0.4	-5.0	0.3	-3.1	63
Nouvelle-Zélande	..	2 818	3 207	..	3.3	..	1.5	62
Espagne	23 700	25 008	20 255	0.7	-2.6	0.1	-1.5	61
Israël	997	1 256	1 108	2.9	-1.4	3.3	-0.5	56
Australie	14 498	15 033	7 359	0.6	-7.6	1.3	-5.2	52
Corée	14 700	15 810	16 000	0.9	0.1	3.6	0.2	47
OCDE[5]	**441 503**	**449 848**	**427 663**	**0.2**	**-0.5**	**0.3**	**-0.3**	**44**
Islande	70	70	70	0.0	0.0	-0.4	0.4	42
États-Unis	195 200	191 555	192 485	-0.2	0.1	0.2	0.2	40
Danemark	383	194	201	-8.2	0.4	-4.9	-1.4	31
Norvège	..	769	807	..	0.7	..	3.3	27
UE15[6]	**45 615**	**46 612**	**38 134**	**0.3**	**-2.0**	**-0.8**	**-1.0**	**26**
Royaume-Uni	1 347	2 015	1 294	5.2	-5.4	-1.0	-2.5	15
Pologne	1 527	1 035	1 154	-4.7	1.1	-1.9	-0.6	10
France	4 901	3 871	3 218	-2.9	-2.0	-2.2	0.2	10
Canada	3 991	4 104	2 257	0.6	-5.3	-1.3	-1.1	6
Hongrie	968	523	305	-7.4	-6.5	-1.5	-1.7	6
Suède	169	150	126	-1.5	-3.5	-1.2	-0.3	5
République slovaque	188	63	21	-12.8	-11.3	-5.3	-6.3	3
République tchèque	93	13	37	-22.1	11.2	-6.0	-0.1	2
Pays-Bas	184	85	75	-7.4	-2.1	1.1	3.2	1
Belgique	13	28	36	22.3	3.6	-0.6	-2.2	1
Estonie[4]	..	..	4	..	..	-7.8	-1.0	0.3
Allemagne[4]	616	142	80	-18.9	-10.9	-1.6	-2.8	0.2
Luxembourg	0	0	0	-5.4	-6.1	1.6	-2.1	0.2
Slovénie	4	5	2	3.3	-18.4	..	1.2	0.2
Autriche	100	100	..	0.0	..	-0.4	-0.5	..
Finlande	20	50	50	12.1	0.0	-0.3	..	..
Irlande	179	..	..	..	..	..	..	..
Italie[4]	..	20 865	16 800	..	-2.0	..	..	..

Notes : Les prélèvements d'eau agricoles sont définis comme les ressources en eau douce destinées à l'irrigation et aux autres usages agricoles (tels que l'élevage) ; ils englobent les prélèvements d'eau effectués dans les cours d'eau, les lacs, les retenues et les eaux souterraines et les « restitutions d'eau » provenant de l'irrigation, mais non les précipitations directes sur les terres agricoles. Lors de la compilation du total des prélèvements d'eau douce, les eaux restituées prélevées par d'autres usagers en aval sont comptabilisées de nouveau.

Les pays sont classés par ordre décroissant de la part de l'agriculture dans le total des prélèvements d'eau douce.

Les données statistiques concernant Israël sont fournies par et sous la responsabilité des autorités israéliennes compétentes. L'utilisation de ces données par l'OCDE est sans préjudice du statut des hauteurs du Golan, de Jérusalem-Est et des colonies de peuplement israéliennes en Cisjordanie aux termes du droit international.

1. Les données de la moyenne 1990-92 correspondent à la moyenne 1994-95 pour le Mexique, la moyenne 1994-96 pour l'Australie et la Belgique ; l'année 1991 pour le Canada, l'Espagne et les Pays-Bas ; l'année 1990 pour le Chili ; la moyenne sur deux ans de 1990 et 1992 pour la Hongrie et la République tchèque ; la moyenne 1990-91 pour le Danemark ; la moyenne 1992-94 pour l'Islande ; l'année 1995 pour l'Allemagne et le Luxembourg ; l'année 1994 pour l'Irlande ; et l'année 1990 pour la Corée, les États-Unis, le Japon et le Portugal.
2. Les données de la moyenne 1998-2000 correspondent à l'année 2001 pour l'Australie et les Pays-Bas ; la moyenne 1998-99 pour l'Autriche ; l'année 1999 pour le Chili, la Finlande, le Luxembourg et la Norvège ; l'année 2006 pour la Nouvelle-Zélande ; l'année 1996 pour le Canada ; l'année 2002 pour l'Allemagne ; l'année 1998 pour la Corée et l'Italie ; la moyenne 2000-02 pour la Grèce ; l'année 2000 pour les États-Unis et le Portugal ; et la moyenne 2002-04 pour la Slovénie.

Graphique 8.1. **Prélèvements d'eau agricoles, pays de l'OCDE, 1990-2010** *(suite)*

3. Les données de la moyenne 2008-10 correspondent à l'année 2010 pour l'Australie, le Luxembourg et la Nouvelle-Zélande ; la moyenne 2005-07 pour la Belgique et la Norvège ; l'année 2007 pour l'Allemagne, le Canada, la Corée et le Portugal ; l'année 2006 pour le Chili ; la moyenne 2007-09 pour le Danemark, la France, Israël, le Mexique, la République slovaque et la Turquie ; l'année 2009 pour l'Estonie et l'Italie ; la moyenne 2006-07 pour la Grèce ; la moyenne 2006-08 pour l'Espagne, la Hongrie, le Japon et le Royaume-Uni ; la moyenne 2007-08 pour les Pays-Bas ; la moyenne 2003-05 pour la Finlande, l'Islande et la Suède ; et l'année 2005 pour les États-Unis.
4. Pour l'Allemagne, le Chili, l'Estonie et l'Italie, on utilise les données sur l'eau d'irrigation parce que les données sur les prélèvements d'eau agricoles ne sont pas disponibles.
5. Faute de données disponibles, l'OCDE ne comprend pas les pays suivants : Autriche, Estonie, Finlande, Irlande, Italie, Norvège, Nouvelle-Zélande, Slovénie et Suisse.
6. Faute de données disponibles, l'UE15 ne comprend pas les pays suivants : Autriche, Finlande, Irlande et Italie.

Source : OCDE (2008), *La performance environnementale de l'agriculture dans les pays de l'OCDE depuis 1990*, *www.oecd.org/fr/tad/agriculture-durable/indicateurs-agro-environnementaux.htm* ; OCDE (2008), Données OCDE sur l'environnement, Compendium, *www.oecd.org/environnement* ; et sources nationales.

StatLink http://dx.doi.org/10.1787/888932992781

Dans la plupart des pays, les prélèvements d'eau douce destinés à l'irrigation englobent généralement l'eau utilisée par les systèmes d'irrigation pour assurer la croissance des plantes, notamment dans les grandes cultures, l'horticulture ainsi que les pâturages. Ils couvrent aussi l'eau utilisée pour la préirrigation, la protection contre le gel, l'application de produits chimiques, la lutte contre les adventices, la préparation des champs, le rafraîchissement des cultures, la récolte, le dépoussiérage, l'élimination des sels de la rhizosphère, et les pertes d'eau dans les canalisation (Kenny et autres, 2009). Pour certains pays, l'irrigation peut englober les terrains de golf, les parcs et autres usages non agricoles, ainsi que l'auto-approvisionnement et la fourniture d'eau par des sociétés privées ou publiques, des districts d'irrigation et des coopératives.

Pour la plupart des pays de l'OCDE, les séries de données sur les prélèvements d'eau agricoles et totaux et sur la superficie irriguée sont incomplètes (voir la base de données du site Internet de l'OCDE). L'une des raisons en est que ces données ne sont généralement pas calculées sur une base annuelle, mais tirées d'enquêtes menées sur cinq, voire dix ans. D'autres facteurs compromettant la qualité des données sur les ressources en eau sont examinés plus haut.

8.3. Principales tendances

Globalement, les principales tendances des prélèvements totaux d'eau douce agricoles constatées dans la zone de l'OCDE pendant les deux décennies de 1990 à 2010 sont les suivantes (graphiques 8.1, 8.2 et 8.3) :

- au cours des années 2000, les prélèvements d'eau douce imputables à l'agriculture ont diminué de 0.3 % par an, alors qu'ils avaient augmenté de 0.3 % par an au cours des années 90 ;
- 44 % des prélèvements d'eau douce totaux sont destinés au secteur agricole (2008-10), mais cette proportion varie considérablement d'un pays à l'autre ;
- la superficie irriguée a évolué parallèlement aux prélèvements d'eau agricoles : elle a légèrement augmenté au cours des années 90, mais diminué de 0.4 % par an au cours de la décennie écoulée ; et,
- inégale dans les années 90, l'efficience de l'irrigation s'est améliorée dans la plupart des pays au cours des années 2000 (on utilise moins d'eau par hectare irrigué).

La baisse annuelle globale des prélèvements d'eau agricoles dans la zone de l'OCDE au cours de la période 1998-2000 à 2007-09 semble indiquer que l'agriculture a exercé moins de pressions sur les ressources en eau que d'autres utilisateurs, alors que les prélèvements d'eau du secteur agricole avaient augmenté durant les années 90. Toutefois, l'agriculture demeure un important utilisateur d'eau puisqu'elle représente plus de 40 % des prélèvements d'eau totaux dans près de la moitié des pays de l'OCDE (graphique 8.1). Une partie de l'eau prélevée pour l'irrigation est réutilisée par d'autres usagers en aval ou permet de répondre à des besoins environnementaux, mais il existe aussi des pertes dues à l'évapotranspiration et à l'écoulement dans des sources souterraines dont l'exploitation n'est plus rentable, et l'agriculture irriguée est aussi une source de pollution par ruissellement.

La diminution des prélèvements d'eau agricoles des pays de l'OCDE au cours de la décennie écoulée – notamment en **Australie,** au **Chili,** en **Israël,** au **Japon** et dans l'**UE15** – est principalement imputable à un ensemble de facteurs, conjugués dans des proportions variables selon les pays, notamment : la quasi-stabilité ou la diminution de la superficie irriguée ; les améliorations en matière de gestion des eaux et d'efficacité des techniques d'irrigation ; la sécheresse ; le rejet d'eau pour répondre aux besoins de l'environnement ; et le ralentissement de la croissance de la production agricole (sauf au **Chili** et en **Israël**). Parallèlement, au cours de la même décennie, la superficie irriguée s'est accrue, notamment en **Nouvelle-Zélande** (en particulier pour l'irrigation des pâtures destinées aux troupeaux laitiers), au **Mexique** et en **Turquie** où les activités agricoles faisant appel à l'irrigation sont en expansion (graphiques 8.2).

L'agriculture prélève une part croissante de l'eau dont elle a besoin dans les nappes souterraines. La part du secteur agricole dans l'utilisation totale des eaux souterraines est élevée dans les pays où l'agriculture irriguée occupe une place importante, en particulier la **Corée**, le **Danemark**, l'**Espagne**, les **États-Unis**, la **Grèce**, **Israël**, le **Japon**, le **Mexique**, le **Portugal** et la **Turquie** (OCDE, 2008 ; 2010a). Il ressort du peu de données dont on dispose que l'agriculture prélève une part croissante de l'eau qu'elle utilise dans les nappes souterraines et que sa part dans le total des prélèvements d'eaux souterraines est élevée dans bon nombre de pays de l'OCDE (OCDE, 2008).

Dans certaines régions, la surexploitation des ressources en eau par l'agriculture détériore les écosystèmes en réduisant les écoulements (stocks) en deçà du niveau d'étiage des cours d'eau, lacs et zones humides, ce qui compromet également les activités de loisir, la pêche et les activités culturelles liées à ces écosystèmes. Les prélèvements d'eau souterraine pour l'irrigation qui dépassent les capacités de recharge des nappes dans certaines régions (notamment en **Australie**, aux **États-Unis**, en **Grèce**, en **Italie** et au **Mexique**) compromettent également la viabilité économique de l'agriculture dans les régions concernées. Dans bon nombre de pays, l'agriculture est en outre une source majeure et de plus en plus importante de pollution des eaux souterraines. Il s'agit là d'une situation particulièrement préoccupante dans les régions où l'approvisionnement en eau potable destiné à satisfaire les besoins humains et ceux du secteur agricole est assuré en grande partie par les ressources souterraines (chapitre 9 et OCDE, 2010a).

Dans certains pays de l'OCDE, le ***stress hydrique*** pourrait à l'avenir avoir des incidences sur les prélèvements d'eau douce opérés par l'agriculture. Le stress hydrique se calcule en rapportant la quantité d'eau prélevée (par l'ensemble des secteurs économiques, dont l'agriculture) au volume annuel d'eau douce renouvelable disponible. Dans la plupart des pays de l'OCDE, ce ratio est faible et inférieur à 10 %. Toutefois, certains pays sont confrontés à un stress hydrique intermédiaire, supérieur à 20 %, et doivent gérer l'offre et la demande d'eau pour résoudre les conflits entre usages concurrents (OCDE, 2010a). Dans ces pays (**Belgique**, **Corée**, **Espagne**, **Italie**), le secteur agricole représente également plus de 40 % de la totalité des prélèvements d'eau (sauf en **Belgique**). **Israël** se distingue comme étant l'un des pays du monde où le stress hydrique est le plus grave, le rapport de la quantité annuelle d'eau prélevée à la quantité d'eau disponible s'établissant à environ 90 % (OCDE, 2010b).

Graphique 8.2. **Superficie irriguée, pays de l'OCDE, 1990-2010**

Part de la superficie irriguée dans la superficie agricole totale (%) 2008-10

	Superficie irriguée			Variation de la superficie irriguée		Variation de la superficie agricole totale		Part de la superficie irriguée dans la superficie agricole totale	Part de l'eau d'irrigation dans le total des prélèvements d'eau douce agricoles
	1990-92[1]	1998-2000[2]	2008-10[3]	1990-92 à 1998-2000[1,2]	1998-2000 à 2008-10[2,3]	1990-92 à 1998-2000[1,2]	1998-2000 à 2008-10[2,3]	2008-10[4]	2008-10[5]
	1 000 hectares			% par an		% par an		%	%
Japon	2 824	2 660	2 506	-0.7	-0.6	-0.8	-0.5	54	100
Corée	984	880	829	-1.4	-0.7	-1.4	-0.9	46	100
Israël	191	191	185	0.0	-0.4	-0.3	-0.9	36	--
Grèce	1 229	1 432	1 423	1.9	-0.1	-0.2	1.9	36	100
Danemark	433	451	449	0.5	-0.1	0.4	-0.8	17	100
Italie	2 707	2 699	2 199	0.0	-2.0	-1.5	-1.5	16	--
Espagne	3 398	3 694	3 351	1.0	-1.4	-1.5	-1.0	13	100
Portugal	631	606	469	-0.4	-2.5	-0.4	-0.5	13	100
Turquie	3 329	3 093	3 506	-0.9	1.3	-0.5	0.0	9	100
UE15[6]	**10 566**	**11 125**	**9 880**	**0.6**	**-1.2**	**-0.7**	**-0.5**	**9**	**96**
Chili	--	1 067	1 094	--	0.2	-0.5	0.4	7	100
Nouvelle-Zélande	--	471	650	--	4.1	-0.4	-1.2	6	87
États-Unis	21 067	22 622	22 567	0.9	0.0	-0.3	0.0	5	92
Mexique	5 353	4 944	5 563	-1.0	1.3	0.2	-0.4	5	97
France	1 485	1 575	1 489	0.6	-0.8	-0.2	-0.2	5	100
OCDE[7]	**47 829**	**49 144**	**47 579**	**0.3**	**-0.3**	**-0.3**	**-0.5**	**4**	**95**
Norvège	--	44	40	--	-1.3	0.5	-0.3	4	14
Suisse	--	43	36	--	-2.8	0.1	-0.2	3	--
Allemagne	482	485	373	0.1	-2.6	-0.1	-0.2	2	100
Autriche	46	37	44	-2.9	4.8	-0.3	-0.7	1	82
Hongrie	205	84	77	-10.6	-0.8	-0.6	-0.6	1	21
République slovaque	250	178	25	-6.6	-17.8	0.1	-2.3	1	54
Canada	719	765	529	0.8	-3.3	0.1	0.2	1	74
Slovénie	--	2	3	--	5.6	-1.5	-0.4	1	100
République tchèque	24	24	19	0.0	-2.0	0.0	-1.9	0.5	54
Pologne	259	103	76	-10.9	-3.0	-0.3	-1.3	0.5	8
Royaume-Uni	156	147	83	-0.9	-6.2	-0.4	-0.2	0.5	6
Australie	2 057	2 476	1 817	3.8	-4.3	-0.2	-1.1	0.4	90
Belgique	18	40	--	10.5	--	0.2	-0.2	--	100
Pays-Bas	557	565	--	0.2	--	-0.2	-0.3	--	51
Suède	115	115	--	0.0	--	-1.3	0.1	--	68

Graphique 8.2. **Superficie irriguée, pays de l'OCDE, 1990-2010** *(suite)*

Notes : Les pays sont classés par ordre décroissant de la part de la superficie irriguée dans la superficie agricole totale.

Les données statistiques concernant Israël sont fournies par et sous la responsabilité des autorités israéliennes compétentes. L'utilisation de ces données par l'OCDE est sans préjudice du statut des hauteurs du Golan, de Jérusalem-Est et des colonies de peuplement israéliennes en Cisjordanie aux termes du droit international.

1. Pour la superficie irriguée, les données de la moyenne 1990-92 correspondent à l'année 1997 pour l'Australie ; l'année 1993 pour la République tchèque ; l'année 1990 pour la France et le Portugal ; la moyenne 1993-95 pour la République slovaque ; et l'année 1995 pour l'Autriche et le Royaume-Uni. Pour la superficie agricole totale, les données de la moyenne 1990-92 correspondent à la moyenne 1991-93 pour la Slovénie et l'année 1990 pour la Grèce et la Suisse.
2. Pour la superficie irriguée, les données de la moyenne 1998-2000 correspondent à la moyenne 2001-03 pour l'Australie ; la moyenne 2003-04 pour l'Autriche ; l'année 1997 pour le Chili ; l'année 2000 pour la France et le Royaume-Uni ; la moyenne 1998-99 pour la Grèce ; la moyenne 2002-03 pour la Nouvelle-Zélande ; l'année 2004 pour la Norvège ; l'année 1999 pour le Portugal ; la moyenne 2002-04 pour la Slovénie ; et la moyenne 2004-05 pour la Suisse. Pour la superficie agricole totale, les données de la moyenne 1998-2000 correspondent à la moyenne 1999-2001 pour l'Autriche et l'année 2000 pour la Grèce.
3. Pour la superficie irriguée, les données de la moyenne 2008-10 correspondent à l'année 2007 pour l'Autriche, le Chili et la France ; l'année 2009 pour l'Allemagne, l'Italie et le Portugal ; l'année 2010 pour le Canada, la Norvège, la Nouvelle-Zélande, la République tchèque, le Royaume-Uni et la Suisse ; l'année 2004 pour le Danemark ; la moyenne 2007-09 pour la Corée, la Grèce et le Mexique ; la moyenne 2006-08 pour Israël ; la moyenne 2005-07 pour l'Espagne ; et la moyenne 2007-08 pour les États-Unis. Pour la superficie agricole totale, les données de la moyenne 2008-10 correspondent à la moyenne 2007-08 pour l'Italie ; la moyenne 2007-09 pour l'Autriche, le Canada, le Chili, la Corée, le Danemark, Israël et le Mexique ; et l'année 2007 pour la Grèce.
4. Pour la part de la superficie irriguée dans la superficie agricole totale, le ratio 2008-10 correspond à l'année 2007 pour l'Autriche, le Chili, la France et la Grèce ; l'année 2010 pour la superficie irriguéee et l'année 2009 pour la superficie agricole totale pour le Canada ; l'année 2010 pour la Norvège, la Nouvelle-Zélande, la République tchèque et la Suisse ; l'année 2004 pour le Danemark, l'année 2009 pour l'Allemagne ; la moyenne 2006-08 pour Israël ; l'année 2009 pour la superficie irriguée et l'année 2008 pour la superficie agricole totale pour l'Italie ; la moyenne 2007-09 pour la Corée et le Mexique ; la moyenne 2005-07 pour l'Espagne ; et la moyenne 2007-08 pour les États-Unis.
5. Concernant les prélèvements d'eau douce pour l'irrigation et le total des prélèvements d'eau douce agricoles, les données de la moyenne 2008-10 correspondent à la moyenne 2002-03 pour l'Autriche ; la moyenne 2005-07 pour la Belgique et la Norvège ; la moyenne sur deux ans de 2005 et 2007 pour le Canada ; l'année 2006 pour le Chili ; la moyenne 2007-09 pour le Danemark, la France, la Grèce, les Pays-Bas et la République slovaque ; l'année 2007 pour l'Allemagne ; la moyenne 2004-06 pour la Hongrie ; la moyenne 2003-05 pour la Suède ; la moyenne 2006-08 pour l'Espagne, le Japon, le Mexique et le Royaume-Uni ; l'année 2002 pour la Corée ; l'année 2010 pour la Nouvelle-Zélande ; la moyenne sur deux ans de 2007 et 2009 pour le Portugal ; et l'année 2005 pour les États-Unis.
6. Faute de données disponibles, l'OCDE ne comprend pas les pays suivants : pour la superficie irriguée et la superficie agricole totale, Belgique, Chili, Estonie, Finlande, Irlande, Islande, Luxembourg, Norvège, Nouvelle-Zélande, Pays-Bas, Slovénie, Suède et Suisse ; pour les prélèvements d'eau douce pour l'irrigation et le total des prélèvements d'eau douce agricoles, Estonie, Finlande, Irlande, Islande, Israël, Italie, Luxembourg et Suisse.
7. Faute de données disponibles, l'UE15 ne comprend pas les pays suivants : pour la superficie irriguée et la superficie agricole totale, Belgique, Finlande, Irlande, Luxembourg, Pays-Bas et Suède ; pour les prélèvements d'eau douce pour l'irrigation et le total des prélèvements d'eau douce agricoles, Finlande, Irlande, Italie et Luxembourg.

Source : OCDE (2008), *La performance environnementale de l'agriculture dans les pays de l'OCDE depuis 1990, www.oecd.org/fr/tad/agriculture-durable/indicateurs-agro-environnementaux.htm* ; OCDE (2008), *Données OCDE sur l'environnement*, Compendium *www.oecd.org/environnement* ; Office statistique de l'Union européenne (EUROSTAT) *http://epp.eurostat.ec.europa.eu* ; et sources nationales.

StatLink http://dx.doi.org/10.1787/888932992800

Graphique 8.3. **Doses d'application de l'eau d'irrigation, pays de l'OCDE, 1990-2010**

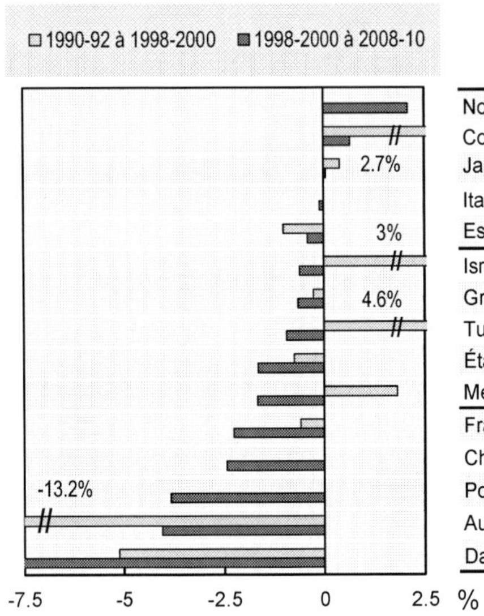

	Doses d'application de l'eau d'irrigation[1]			Variation annuelle moyenne en %	
	Mégalitres par hectare de terre irriguée			% par an	
	1990-92[2]	1998-2000[3]	2008-10[4]	1990-92 à 1998-2000	1998-2000 à 2008-10
Nouvelle-Zélande	..	3.4	4.3	..	2.1
Corée	14.3	17.6	18.2	2.7	0.7
Japon	20.6	21.5	21.6	0.4	0.1
Italie	..	7.7	7.6	..	-0.1
Espagne	7.0	6.5	6.3	-1.0	-0.4
Israël	5.2	6.6	6.2	3.0	-0.6
Grèce	6.3	6.1	5.8	-0.3	-0.7
Turquie	7.9	11.4	10.3	4.6	-0.9
États-Unis	9.1	8.4	7.7	-0.8	-1.7
Mexique	11.4	12.2	10.7	1.8	-1.7
France	3.3	3.1	2.6	-0.6	-2.3
Chili	..	18.1	15.2	..	-2.4
Portugal	10.4	10.4	7.3	0.0	-3.8
Australie	8.7	4.9	3.6	-13.2	-4.0
Danemark	0.9	0.7	0.4	-5.1	-7.5

Notes : Le graphique ne présente que les pays de l'OCDE dans lesquels la superficie d'irrigation dépasse 5 % de la superficie agricole totale, à l'exception de l'Australie où l'agriculture irriguée est importante (l'irrigation représente plus de 50 % du total des prélèvements d'eau douce) mais inférieure à 5 % des terres agricoles en raison de la forte proportion de pâturages.

Les pays sont classés par ordre décroissant en fonction de la variation annuelle moyenne en % pour la période 1998-2000 à 2008-10.

Les données pour Israël correspondent aux prélèvements d'eau douce agricoles.

Les données statistiques concernant Israël sont fournies par et sous la responsabilité des autorités israéliennes compétentes. L'utilisation de ces données par l'OCDE est sans préjudice du statut des hauteurs du Golan, de Jérusalem-Est et des colonies de peuplement israéliennes en Cisjordanie aux termes du droit international.

1. Les doses d'application de l'eau d'irrigation correspondent aux volumes de prélèvements d'eau douce pour l'irrigation divisés par la superficie irriguée (graphique 8.2).
2. Les données de la moyenne 1990-92 correspondent à l'année 1997 pour l'Australie ; la moyenne 1990-91 pour le Danemark ; l'année 1990 pour la Corée, les États-Unis, la France, le Japon et le Portugal ; la moyenne 1990-92 pour la Grèce ; la moyenne 1994-95 pour le Mexique ; et l'année 1991 pour l'Espagne.
3. Les données de la moyenne 1998-2000 correspondent à l'année 2001 pour l'Australie ; l'année 1999 pour les prélèvements d'eau pour l'irrigation et l'année 1997 pour la superficie irriguée pour le Chili ; la moyenne 1995-96 pour le Danemark ; l'année 2000 pour la France ; la moyenne 2000-02 pour la Grèce ; l'année 1998 pour l'Italie ; la moyenne 2000-01 pour le Japon ; la moyenne 1997-98 pour la Corée ; la moyenne 1998-2000 pour l'Espagne, le Mexique et la Turquie ; l'année 1999 pour les prélèvements d'eau pour l'irrigation et l'année 2002 pour la superficie irriguée pour la Nouvelle-Zélande ; l'année 2000 pour les prélèvements d'eau pour l'irrigation et l'année 1999 pour la superficie irriguée pour le Portugal ; et l'année 2000 pour les États-Unis.
4. Les données de la moyenne 2008-10 correspondent à la moyenne 2007-09 pour la Grèce ; l'année 2006 pour les prélèvements d'eau pour l'irrigation et l'année 2007 pour la superficie irriguée pour le Chili ; la moyenne 2002-04 pour le Danemark ; l'année 2007 pour la France ; la moyenne 2006-08 pour Israël et le Mexique ; la moyenne 2007-08 pour le Japon ; la moyenne 2002-03 pour la Corée ; l'année 2010 pour la Nouvelle-Zélande ; l'année 2009 pour l'Italie et le Portugal ; la moyenne 2005-07 pour l'Espagne ; et l'année 2005 pour les prélèvements d'eau pour l'irrigation et l'année 2007 pour la superficie irriguée pour les États-Unis.

Source : OCDE (2008), *La performance environnementale de l'agriculture dans les pays de l'OCDE depuis 1990, www.oecd.org/fr/tad/agriculture-durable/indicateurs-agro-environnementaux.htm* ; OCDE (2008), *Données OCDE sur l'environnement, Compendium www.oecd.org/environnement* ; et sources nationales.

StatLink *http://dx.doi.org/10.1787/888932992819*

Les régions confrontées à un problème d'aggravation de la pénurie d'eau recourent davantage au ***recyclage des eaux usées*** et au ***dessalement de l'eau*** de mer et de l'eau des aquifères salins. Bien que ces sources d'approvisionnement restent marginales dans la majeure partie des pays de l'OCDE, elles sont importantes pour l'agriculture de certaines localités, en particulier celles situées à proximité de grandes agglomérations (recyclage des eaux usées) ou dans les régions côtières (dessalement). Cette tendance commence à apparaître dans certains pays méditerranéens de l'OCDE comme l'**Espagne** et **Israël** (OCDE, 2010a et 2010b).

Dans certains pays de l'OCDE, l'***agriculture irriguée*** représente, en valeur, une partie notable de la production et des exportations agricoles, et elle fournit des emplois en milieu rural dans plusieurs régions. Elle représente donc une part substantielle du volume d'eau prélevé par le secteur agricole et continuera de jouer, dans certains pays, un rôle substantiel dans la croissance de la production agricole.

Dans l'ensemble, la superficie totale des terres irriguées au sein de la zone de l'OCDE a diminué dans les années 2000, à raison de 0.3 % par an, alors qu'elle avait légèrement augmenté au cours des années 90 (graphique 8.2). La diminution observée durant la décennie écoulée est en grande partie imputable à l'**Australie**, au **Japon** et à l'**UE15**, plus particulièrement à l'**Espagne**, à l'**Italie** et au **Portugal,** où la baisse de la superficie irriguée s'explique par divers facteurs, qui diffèrent selon les pays : recul de la production agricole, irrigation plus efficace dans les zones où elle est encore pratiquée et, dans certaines régions, longs épisodes de sécheresse. Rares sont les pays dans lesquels la superficie irriguée a augmenté au cours de la décennie écoulée. C'est cependant le cas du **Mexique**, de la **Nouvelle-Zélande** et de la **Turquie**, où cette hausse est étroitement liée à l'expansion du secteur agricole (graphique 3.1).

Dans beaucoup de pays, la superficie irrigable (terres dotées de l'infrastructure nécessaire à l'irrigation, mais pas nécessairement irriguées) est en général nettement supérieure à la superficie effectivement irriguée (indiquée au graphique 8.2) pendant une année donnée. Par exemple, en 2008-10, la superficie irriguée représentait 60 % de la superficie irrigable en **France**, 80 % en **Italie** et 85 % au **Portugal**. Ces chiffres révèlent le potentiel de développement de l'agriculture irriguée, qui, dans certains pays, est déjà à l'origine d'une part importante et croissante de la valeur de la production agricole (plus de 50 %) et de celle des exportations (plus de 60 %) ; c'est par exemple le cas en **Espagne,** aux **États-Unis** (valeur des ventes de produits végétaux uniquement), en **Italie** et au **Mexique** (OCDE, 2008).

Pour accroître la production agricole sur les terres irriguées, améliorer la rentabilité de l'agriculture irriguée et économiser l'eau dans les régions soumises au stress hydrique, il est essentiel d'augmenter la productivité physique (technique) et économique (valeur de la production par unité d'eau prélevée) des prélèvements d'eau par les irrigants. C'est ce que font de nombreux pays de l'OCDE, moyennant une amélioration de la gestion de l'eau et l'adoption de pratiques plus efficientes telles que l'irrigation au goutte à goutte et d'autres pratiques agricoles économes en eau. En outre, de nombreux pays entreprennent de réformer leur politique agricole et leur politique de l'eau en réduisant le soutien accordé aux agriculteurs au titre de l'eau, afin de faire payer aux irrigants le coût de leur approvisionnement, ce qui a dans certains cas entraîné l'allocation de l'eau à des produits à valeur plus élevée qui, souvent, nécessitent moins d'eau, comme la vigne et les cultures horticoles (OCDE, 2010a).

Dans la quasi-totalité des pays de l'OCDE, les doses moyennes d'application d'eau par hectare irrigué ont diminué au cours des années 2000, alors que les performances avaient été plus inégales au cours des années 90 (graphique 8.3). L'**Australie** est le pays de l'OCDE qui a obtenu les résultats les plus notables et les plus constants dans ce domaine sur les deux décennies, de 1990 à 2010 (graphique 8.3). Elle a adopté des pratiques de gestion et des techniques d'irrigation plus efficaces, mais a aussi engagé d'ambitieuses réformes de sa politique de l'eau qui ont touché l'agriculture et ont notamment modifié les droits de propriété sur l'eau, créé des marchés de droits de prélèvement d'eau et majoré les prix de l'eau payés par les agriculteurs (OCDE, 2010a ; Young, 2010). **Israël** a aussi sensiblement réformé sa politique de l'eau, notamment en augmentant le prix de l'approvisionnement en eau pour les irrigants, ce qui a favorisé une diminution des apports d'eau par hectare irrigué et entraîné l'adoption de pratiques de gestion et techniques d'irrigation plus efficaces (graphique 8.2) (OCDE, 2010b).

D'autres pays de l'OCDE engagent des réformes de la politique de l'eau touchant l'agriculture, en général dans le cadre de réformes entreprises à l'échelle de l'ensemble de l'économie, comme la *directive-cadre sur l'eau* de l'**UE** (OCDE, 2010a). Dans la majorité des cas, cependant, ces réformes n'ont pas encore entraîné de réduction significative des apports d'eau d'irrigation par hectare, et l'essentiel de la baisse des doses d'application de l'eau d'irrigation observée au cours de la décennie écoulée et apparaissant dans le graphique 8.3 a résulté d'améliorations des pratiques de gestion et des techniques d'irrigation (OCDE, 2010a). L'adoption de l'irrigation goutte à goutte, d'asperseurs basse pression et autres pratiques et techniques économes en eau devient plus courante (OCDE, 2008 ; 2010a). De plus, le remplacement des canaux d'irrigation en terre cuite par des ouvrages en béton, qui permettent de réduire les pertes, et l'amélioration de l'irrigation par submersion (notamment par le nivellement des parcelles, l'utilisation de sondes à neutrons pour mesurer l'humidité des sols et la programmation de l'irrigation en fonction des besoins des végétaux) permettent de rehausser l'efficience de la gestion des eaux d'irrigation dans l'agriculture.

Toutefois, malgré l'amélioration des pratiques de gestion et des techniques d'irrigation, certains pays (notamment le **Mexique** et la **Turquie**) continuent de pâtir de problèmes d'efficience de leurs systèmes d'irrigation, en partie liés à des déperditions dues à l'infrastructure, mais aussi à des inefficiences imputables au manque de compétences des irrigants en matière de gestion et à l'insuffisance des services de vulgarisation (OCDE, 2008 ; 2010a). Cependant, le **Mexique** et la **Turquie** commencent à adopter des réformes de la politique de l'eau pour remédier aux problèmes de gestion des systèmes d'irrigation (Cakmak, 2010 ; Garrido et Calatrava, 2010 ; OCDE, 2010a).

Dans l'analyse des variations des doses d'application de l'eau d'irrigation mises en évidence dans le graphique 8.3, ce sont les tendances qui importent, et non la quantité absolue d'eau par hectare irrigué. Les doses d'application de l'eau d'irrigation peuvent varier considérablement aussi bien dans un même pays que d'un pays à l'autre ; les principales raisons en sont : les différences d'une culture à l'autre (entre la vigne et le riz, par exemple) ; la variation des conditions climatiques et du régime des précipitations (mousson ou milieux arides, par exemple) ; et les différences relatives aux techniques d'irrigation (canons d'arrosage ou micro-irrigation, par exemple) et aux pratiques de gestion (par exemple, irrigation par gravité, irrigation au goutte à goutte) utilisées pour irriguer les champs.

Dans les systèmes de riziculture essentiellement situés dans des zones de mousson, comme ceux de la **Corée** et du **Japon**, qui fonctionnent différemment des systèmes irrigués dans les zones semi-arides ou arides, les apports d'eau par hectare irrigué sont nettement plus importants, puisqu'ils atteignent de 18 à 22 mégalitres par hectare irrigué contre en moyenne environ 4 à 10 mégalitres par hectare irrigué pour la plupart des autres systèmes d'irrigation (graphique 8.3) (OCDE, 2010a). De plus, pour des raisons climatiques, l'irrigation peut n'être pratiquée qu'une petite partie de l'année, par exemple sous le climat plus tempéré du **Danemark** et de la **France**, alors qu'elle le sera plus longtemps dans les régions plus arides ou semi-arides de pays comme l'**Australie**, l'**Espagne,** la **Grèce** et la **Turquie**.

Bibliographie

Australian Bureau of Statistics (2012), *Water Use on Australian Farms, 2010-11*, Canberra, Australie, *www.abs.gov.au/AUSSTATS/abs@.nsf/Lookup/4618.0Main+Features12010-11?OpenDocument*.

Cakmak, E. (2010), *Agricultural Water Pricing: Turkey*, rapport de consultants auprès de l'OCDE, *www.oecd.org/eau*.

Garrido, A. et J. Calatrava (2010), *Agricultural Water Pricing: EU and Mexico*, rapport de consultants auprès de l'OCDE, *www.oecd.org/eau*.

Kenny, J.F., N.L. Barber, S.S. Hutson, K.S. Linsey, J.K. Lovelace et M.A. Maupin (2009), *Estimated Use of Water in the United States in 2005*, U.S. Geological Survey Circular 1344, 52 pp., *http://pubs.usgs.gov/circ/1344*.

OCDE (2010), *Gestion durable des ressources en eau dans le secteur agricole*, Études de l'OCDE sur l'eau, Éditions OCDE, *http://dx.doi.org/10.1787/9789264083592-fr*.

OCDE (2010b), *OECD Review of Agricultural Policies: Israël 2010*, Éditions OCDE, *http://dx.doi.org/10.1787/9789264079397-en* (uniquement en anglais).

OCDE (2008), *La performance environnementale de l'agriculture dans les pays de l'OCDE depuis 1990*, Éditions OCDE, *http://dx.doi.org/10.1787/9789264040946-fr*.

OCDE (2004), *Agricultural Water Quality and Water Use: Developing Indicators for Policy Analysis*, Actes d'une réunion d'experts de l'OCDE, Gyeongju, Corée, octobre 2003 (disponible uniquement en anglais), *www.oecd.org/fr/tad/agriculture-durable/indicateurs-agro-environnementaux.htm*.

Young, M.D. (2010), *Environmental Effectiveness and Economic Efficiency of Water Use in Australia: The Experience of and Lessons from the Australian Water Reform Programme*, rapport de consultants auprès de l'OCDE, *www.oecd.org/eau*.

Chapitre 9

Qualité de l'eau : nitrates, phosphore et pesticides

Ce chapitre examine les performances environnementales de l'agriculture dans les pays de l'OCDE relatives à la qualité de l'eau. Il fournit une description du contexte général (problématique et principaux défis), les définitions des indicateurs agro-environnementaux présentés, et des éléments portant sur les concepts, l'interprétation, les liens avec d'autres indicateurs, ainsi que sur la mesurabilité et la qualité des données. Le chapitre décrit ensuite les principales tendances des indicateurs agro-environnementaux, en recourant aux données disponibles couvrant la période 1990-2010 et en s'appuyant sur un ensemble de tableaux et de graphiques.

9.1. Contexte général

Problématique

Dans la plupart des pays de l'OCDE, l'amélioration de la qualité de l'eau figure systématiquement parmi les principales préoccupations liées à l'environnement dans les sondages d'opinion. Au fil des décennies, les mesures prises par les pouvoirs publics et les investissements colossaux réalisés dans les pays de l'OCDE ont entraîné une diminution spectaculaire de la pollution de l'eau imputable aux centres urbains, à l'industrie et aux ouvrages d'assainissement, ce qui a eu d'importants effets positifs pour l'économie, la santé humaine, l'environnement et les valeurs sociales rattachées à l'eau. Forts de ce succès, bon nombre de pays se concentrent désormais sur la pollution de l'eau imputable à l'agriculture, généralement causée par des exploitations agricoles dispersées (pollution de sources diffuses), et non par des sources plus concentrées géographiquement, comme les centres urbains et les ouvrages d'assainissement (pollution de sources ponctuelles). Toutefois, l'agriculture est également une source ponctuelle de pollution de l'eau, par exemple dans le cas des élevages intensifs et de l'élimination des pesticides inutilisés (OCDE, 2012).

Dans l'ensemble, les pays de l'OCDE ont tenté de remédier à la pollution de l'eau d'origine agricole en associant des mesures d'incitation économique, des réglementations environnementales et des outils d'information. Des mesures très diverses ont été mises en œuvre au niveau local, national, international et à l'échelle des bassins versants via une multitude d'organismes publics. Bon nombre d'approches visant à lutter contre la pollution de l'eau due à l'agriculture sont d'application volontaire ; c'est ainsi que les compagnies des eaux et les acteurs de la filière agroalimentaire établissent des accords de coopération avec les exploitants agricoles pour réduire la pollution, par exemple en offrant des services de vulgarisation. Ces mesures et approches ont donné des résultats contrastés en termes de réduction des pressions exercées par l'agriculture sur les systèmes aquatiques (OCDE, 2012).

Principaux défis

Pour remédier aux problèmes de qualité de l'eau posés par l'agriculture, les responsables de l'action publique doivent notamment chercher à réduire les rejets polluants dans les systèmes aquatiques (externalités négatives) tout en encourageant l'agriculture à créer ou préserver un ensemble d'avantages liés à ces systèmes (externalités positives). Disposer d'une eau non polluée est indispensable pour assurer la prospérité économique du secteur agricole et d'autres secteurs, répondre aux besoins sanitaires de la population, garantir la pérennité des écosystèmes et préserver les fonctions sociales que la collectivité attribue à l'eau, qu'il s'agisse d'activités récréatives, d'agrément visuel ou de valeurs culturelles (OCDE, 2012).

9.2. Indicateurs

Définitions

Les indicateurs relatifs à la qualité de l'eau dans le secteur agricole mesurent les variations :

- de la pollution des eaux de surface, des eaux souterraines et des eaux marines par les nitrates, phosphates et pesticides d'origine agricole.

Concepts, interprétation, points faibles et liens avec d'autres indicateurs

La pollution agricole des masses d'eau (cours d'eau, lacs, retenues, eaux souterraines et marines) renvoie d'abord à la pollution de l'eau potable, puis aux effets préjudiciables des activités agricoles sur les écosystèmes aquatiques. Ces derniers peuvent porter atteinte aux organismes aquatiques et occasionner des coûts pour les pêches commerciales et les activités récréatives (baignade, par exemple) tant dans les eaux douces que dans les eaux de mer, pour les autres usagers commerciaux (agriculteurs compris) de l'eau prélevée en aval, et pour les autres fonctions que la collectivité attribue à l'eau (par exemple les valeurs d'agrément visuel).

Les tendances de la pollution agricole de l'eau sont difficiles à cerner parce qu'il n'est pas aisé de déterminer la part de la pollution totale imputable à l'agriculture et de repérer les zones exposées à ce type de pollution. En outre, les différences relatives aux méthodes de collecte de données et aux normes nationales applicables aux eaux environnementales et à l'eau potable empêchent de procéder à des analyses comparatives, tandis que dans certains pays, la surveillance de la pollution agricole de l'eau, en particulier celle due aux pesticides, est peu avancée.

On dispose généralement de moins d'informations sur l'ampleur de la pollution agricole des eaux souterraines que sur celle de la pollution des eaux de surface, essentiellement parce qu'il est plus coûteux de prélever des échantillons dans les eaux souterraines, et que la plupart des polluants mettent plus de temps à traverser les différentes couches du sol pour atteindre les aquifères. De plus, les activités de surveillance menées en zone agricole pour détecter la présence d'une quantité de polluants supérieure aux limites recommandées pour les usages récréatifs ou environnementaux sont moins développées que celles visant la surveillance de l'eau potable.

Les indicateurs relatifs à la qualité de l'eau inclus dans ce chapitre présentent d'autres limites liées aux différences dans les systèmes de surveillance utilisés pour mesurer les concentrations d'éléments nutritifs et de pesticides dans les eaux de différents pays. Ces différences portent, par exemple, sur le nombre de stations de surveillance, l'emplacement des sites de surveillance dans des bassins versants alimentant des régions essentiellement agricoles, et la fréquence à laquelle les mesures sont effectuées dans les sites de surveillance, aussi bien à l'échelle de la journée que sur l'ensemble de la période de végétation. Les comparaisons entre pays doivent donc être traitées avec prudence.

Par ailleurs, il convient d'analyser l'ampleur de la dégradation des systèmes aquatiques due à l'agriculture décrite dans ce chapitre en la resituant dans un contexte plus large. Dans la plupart des régions des pays de l'OCDE, l'eau potable est de très bonne qualité et présente des risques sanitaires limités, même si le traitement nécessaire à l'élimination des polluants est parfois coûteux (OCDE, 2012). En outre, l'agriculture n'est pas la seule source de pollution des systèmes aquatiques.

Les variations du bilan des éléments nutritifs (chapitre 4), des ventes de pesticides (chapitre 5) et de l'érosion des sols (chapitre 7) sont la principale cause agissante liée aux indicateurs de la qualité de l'eau qui décrivent l'état de la qualité de l'eau dans les zones agricoles et définissent la contribution de la pollution par les pesticides et les éléments nutritifs issus des activités agricoles (l'évaluation des dommages causés aux systèmes aquatiques par les sédiments d'origine agricole n'est pas examinée dans ce rapport). Les agriculteurs tentent de réduire le ruissellement des polluants des terres agricoles dans les masses d'eau en adaptant diverses pratiques de gestion des exploitations.

Mesurabilité et qualité des données

La plupart des pays de l'OCDE disposent de réseaux de surveillance pour mesurer la qualité globale des systèmes aquatiques. En revanche, la surveillance de la pollution agricole des masses d'eau est moins développée, la moitié environ des pays de l'OCDE effectuant un suivi régulier de la pollution par les éléments nutritifs et les pesticides (voir les graphiques contenus dans le présent chapitre et dans l'annexe 1.A2). Trois grandes sources d'information ont été utilisées pour établir ce chapitre : l'enquête réalisée par l'OCDE (2008) sur les conséquences de l'agriculture sur les systèmes aquatiques entre 1990 et le milieu des années 2000 dans les pays de l'OCDE ; une étude plus récente menée par l'OCDE (2012) sur la base d'enquêtes nationales relatives à l'évolution de la qualité de l'eau, analysée en lien avec l'agriculture, du milieu des années 2000 à 2010 ; et des données actualisées fournies par les pays de l'OCDE pour les besoins du présent rapport.

Alors que certains polluants agricoles font l'objet de relevés relativement détaillés et fréquents (notamment les éléments nutritifs et les pesticides), il n'existe pas de tableau précis de la situation générale dans la zone de l'OCDE en matière de pollution des eaux par des sédiments, des agents pathogènes, des sels et d'autres polluants agricoles (OCDE, 2012). Par ailleurs, les niveaux de pollution peuvent varier énormément selon les pays et les régions d'un même pays, principalement en fonction des types de sols et de cultures, des conditions agro-écologiques, du climat, des pratiques de gestion agricole et de l'action des pouvoirs publics (graphique 1.1 ; OCDE, 2012).

9.3. Principales tendances

Vue d'ensemble générale

Sur la période 2000-2010, l'évolution générale de la pollution agricole de l'eau par les nitrates, le phosphore et les pesticides dans les pays de l'OCDE est nuancée, mais des améliorations notables sont signalées dans quelques cas. Des évaluations nationales récentes de la pollution de l'eau liée à l'agriculture et quelques données sur les tendances nationales font état d'une situation variable d'un pays à l'autre du point de vue de l'évolution de la pollution de l'eau imputable à l'agriculture par types de polluants, la contribution de l'agriculture à la pollution totale et l'ampleur de l'écart entre la concentration de contaminants et les normes de qualité de l'eau potable (OCDE, 2012).

Sur les 15 à 20 pays de l'OCDE qui mesurent les concentrations d'éléments nutritifs et de pesticides dans les eaux superficielles et souterraines, environ la moitié indique qu'au moins 10 % des sites de surveillance situés en zone agricole affichent des teneurs supérieures aux limites nationales admises pour l'eau potable (voir ci-dessous graphiques 9.5, 9.6 et 9.9). Toutefois, le nombre de sites de surveillance où sont mesurées des concentrations supérieures aux normes applicables à l'eau potable diffère fortement d'un pays et d'un polluant à l'autre et entre les eaux de surface et les eaux souterraines. Par exemple, la proportion de sites de surveillance affichant des concentrations de polluants dans les eaux de surface et les eaux souterraines supérieures aux normes en vigueur pour l'eau potable est généralement plus faible pour les pesticides que pour les éléments nutritifs. La pollution des eaux souterraines par les pesticides demeure cependant préoccupante (voir ci-dessous graphiques 9.8 et 9.9).

Néanmoins, dans les pays de l'OCDE, l'eau consommée par la majeure partie de la population respecte largement les normes de qualité de l'eau potable, moyennant des traitements qui permettent de supprimer efficacement ces polluants, et pour un coût qui, d'après les estimations, représente chaque année des milliards de dollars pour les compagnies de traitement des eaux et les consommateurs. Il n'en reste pas moins que dans certaines zones rurales des pays de l'OCDE non raccordées aux réseaux d'eau potable, la pollution d'origine agricole peut poser un problème sanitaire plus grave, en particulier lorsque l'eau est prélevée dans des puits peu profonds.

La tendance à la baisse des excédents d'éléments nutritifs et des ventes de pesticides observée ces dix dernières années dans de nombreux pays de l'OCDE semble toutefois indiquer que la pression exercée par l'agriculture sur les systèmes aquatiques a diminué (chapitres 4 et 5). De plus, les résultats obtenus dans la lutte contre l'érosion des sols agricoles dans bon nombre de pays de l'OCDE pourraient laisser envisager une diminution du risque de pollution de l'eau d'origine agricole, dans la mesure où les sédiments sont une source majeure de pollution des systèmes aquatiques, notamment parce que les particules de sol transportent des polluants jusque dans l'eau (chapitre 7 ; OCDE, 2012).

La contradiction apparente entre la diminution de la charge polluante imputable à l'agriculture et la stabilité ou l'aggravation de la pollution de l'eau constatée sur les sites de mesure s'explique dans une large mesure par les décalages temporels (OCDE, 2012). Ce décalage (que l'on peut aussi qualifier « d'héritage du mode de gestion antérieur ») correspond au temps écoulé entre le moment où les agriculteurs modifient leurs pratiques de gestion et celui où une amélioration mesurable de la qualité de l'eau est détectée dans la masse d'eau ciblée (Fenton et autres, 2010 ; Kronvang, Rubaek et Heckrath, 2009 ; Meals, Dressing et Davenport, 2010 ; Schulte et autres, 2010).

L'ampleur de ce décalage dépend beaucoup du site et du polluant : elle peut aller de quelques heures à plusieurs mois pour certains polluants après de fortes précipitations, en particulier s'il s'agit d'une source agricole ponctuelle ; de plusieurs années à quelques décennies pour les excédents de phosphate dans les sols agricoles, et jusqu'à plusieurs décennies voire davantage pour les sédiments accumulés dans les cours d'eau (Meals, Dressing et Davenport, 2010). Les lacs enrichis en éléments nutritifs et les eaux acidifiées peuvent également mettre des années à retrouver leur état d'origine (Environment Agency, 2007). La vitesse de déplacement des eaux souterraines exerce aussi une influence importante sur le décalage, pouvant introduire un délai de plusieurs décennies entre la modification d'une pratique agricole et l'amélioration de la qualité des eaux souterraines (Collins et McGonigle, 2008 ; Dubrovsky et autres, 2010 ; Environment Agency, 2007 ; Meals, Dressing et Davenport, 2010).

Vue d'ensemble pour l'Union européenne et certains autres pays de l'OCDE

Dans la quasi-totalité des États membres de l'**Union européenne**, l'agriculture est une importante source de rejets d'éléments nutritifs et de pesticides dans les eaux de surface et les eaux souterraines (Agence européenne pour l'environnement, 2010). Si l'évolution des excédents d'éléments nutritifs d'origine agricole et leurs effets sur les systèmes aquatiques varient selon les pays, la contribution de l'agriculture reste élevée. En effet, dans la grande majorité des États membres, elle est à l'origine de plus d'un tiers des rejets d'éléments nutritifs dans les eaux de surface et les eaux côtières (graphiques 9.1 et 9.3) malgré une diminution globale de ces rejets depuis le milieu des années 90, dans certains pays mais non dans tous (graphiques 9.2, 9.4 et 9.7 ; Agence européenne pour l'environnement, 2010 ; et Commission européenne, 2010). Néanmoins, près d'un tiers des stations de surveillance des eaux de surface et des eaux souterraines de l'UE15 continuent de signaler une augmentation des concentrations de nitrates dans l'eau ; en outre, l'eutrophisation des eaux douces et de l'eau de mer est importante (Commission européenne, 2010).

D'après le *programme national d'évaluation de la qualité de l'eau* du Service géologique des **États-Unis** (USGS, 2010), les retombées de l'agriculture sur la qualité de l'eau sont importantes même si leur nature et leur gravité varient d'une région à l'autre (USGS, 2010). À l'échelle nationale, on estime que l'agriculture est responsable d'environ 60 % de la pollution des cours d'eau, 30 % de la pollution des lacs et 15 % de la pollution des estuaires et des eaux côtières. Elle contribue aussi fortement à la pollution des eaux souterraines (puits et aquifères) sur le territoire national, en particulier à travers le lessivage d'éléments nutritifs et de pesticides (voir ci-dessous graphiques 9.6 et 9.8 ; et USGS, 2010). La détection de plus en plus fréquente et de plus en plus répandue de mélanges de polluants, notamment de mélanges de pesticides et de produits vétérinaires à usage agricole avec d'autres polluants naturels ou de synthèse, est une évolution inquiétante pour la qualité des eaux souterraines (USGS, 2010).

La situation du **Canada** est actuellement satisfaisante en ce qui concerne les risques pour la qualité de l'eau liés à l'agriculture (graphique 9.5), mais s'est globalement dégradée par rapport au niveau souhaité, qui est celui de 1981. Cette dégradation de l'indicateur relatif à la qualité de l'eau en agriculture sur l'ensemble du territoire canadien s'explique principalement par un recours accru à des éléments nutritifs (azote et phosphore) sous forme d'engrais et d'effluents d'élevage (Eilers et autres, 2010). Des efforts supplémentaires doivent être déployés dans l'ensemble du pays pour réduire le risque de migration d'éléments nutritifs, de pesticides et de coliformes dans les eaux de surface et leur lessivage au-delà de la profondeur d'enracinement de la végétation. Il en va particulièrement ainsi dans les régions les plus exposées aux précipitations (Eilers et autres, 2010).

Au **Japon**, plus de 90 % des cours d'eau satisfont aux normes sanitaires de qualité de l'eau mais il n'en va pas de même pour de nombreux lacs, retenues et eaux côtières (OCDE, 2010). Les nitrates, les pesticides et les sédiments issus des activités agricoles en sont la principale cause reconnue aux côtés de rejets provenant d'autres sources (eaux usées, industrie, etc.). L'eutrophisation occasionnée par les éléments nutritifs reste préoccupante, dont ceux provenant de l'agriculture, par exemple de l'élevage intensif ou de l'utilisation d'engrais, conduisant fréquemment à une prolifération d'algues (marées rouges et bleues) qui est nocive pour la vie aquatique des zones côtières et renchérit le coût du traitement de l'eau issue du captage à l'intérieur des terres (Ileva et autres, 2009). La qualité des eaux souterraines s'améliore, les teneurs en azote (toutes sources confondues, dont l'agriculture) étant dépassées dans 5 % des puits surveillés

Graphique 9.1. **Émissions agricoles de nitrates et de phosphore dans les eaux de surface, pays de l'OCDE, 2000-09**

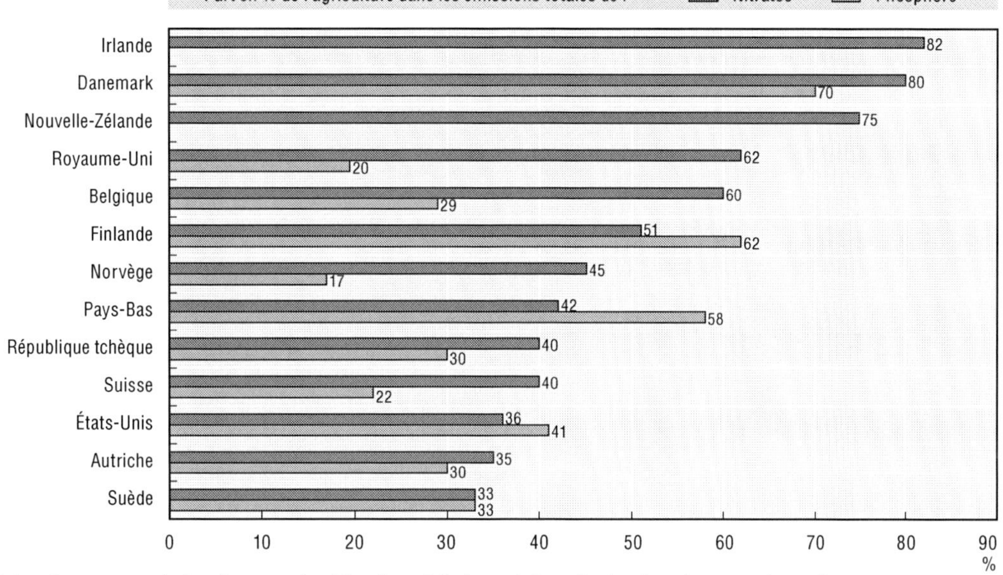

Notes : Les pays sont classés par ordre décroissant de la part des nitrates dans les eaux de surface.

Pour les nitrates, les chiffres présentés correspondent à l'année 2000 pour l'Autriche, les États-Unis, la Norvège, la Nouvelle-Zélande, la République tchèque et la Suisse ; l'année 2002 pour le Danemark ; l'année 2004 pour la Finlande et l'Irlande ; l'année 2005 pour la Belgique (Wallonie) ; l'année 2008 pour le Royaume-Uni ; et l'année 2009 pour les Pays-Bas et la Suède.

Pour le phosphore, les chiffres présentés correspondent à l'année 2000 pour l'Autriche, les États-Unis, la Norvège, la République tchèque et la Suisse ; l'année 2002 pour le Danemark ; l'année 2004 pour la Finlande ; l'année 2005 pour la Belgique (Wallonie) ; et l'année 2009 pour les Pays-Bas, le Royaume-Uni et la Suède.

Source : Questionnaire sur les indicateurs agro-environnementaux de l'OCDE, non publié.

StatLink http://dx.doi.org/10.1787/888932992838

Graphique 9.2. **Évolution des émissions agricoles de nitrates et de phosphore dans les eaux de surface, pays de l'OCDE, 1995-2009**

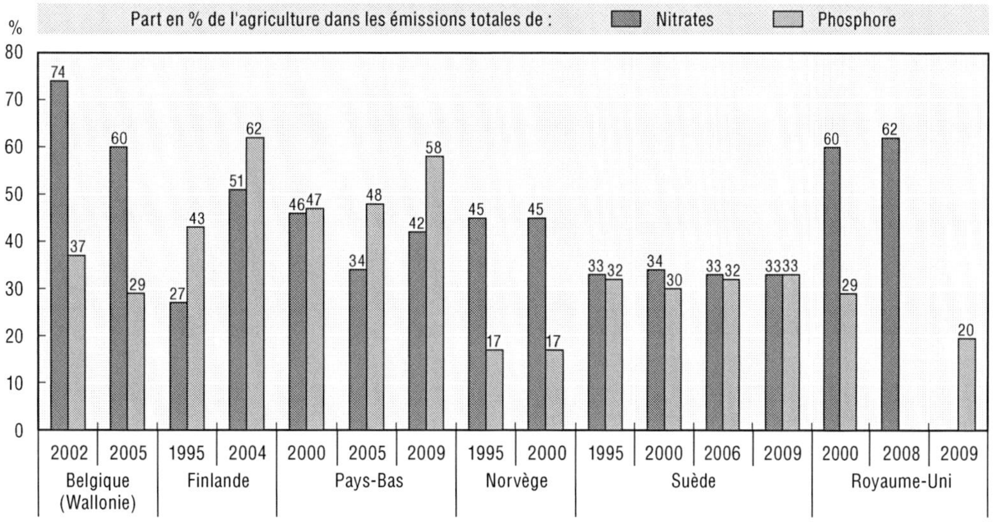

Note : Les pays sont classés par ordre alphabétique (anglais).

Source : Questionnaire sur les indicateurs agro-environnementaux de l'OCDE, non publié.

StatLink http://dx.doi.org/10.1787/888932992857

Graphique 9.3. **Émissions agricoles de nitrates et de phosphore dans les eaux côtières, pays de l'OCDE, 2000-09**

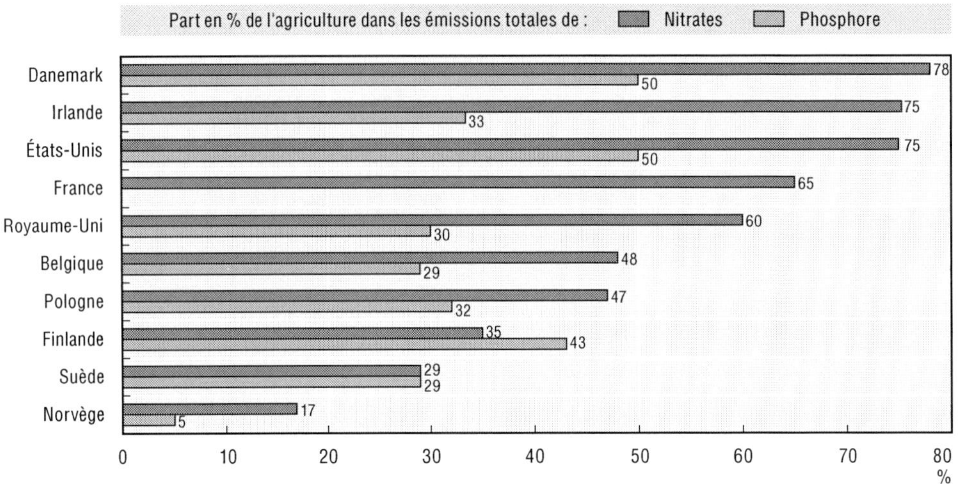

Notes : Les pays sont classés par ordre décroissant de la part des nitrates dans les eaux côtières.
Pour les nitrates, les chiffres présentés correspondent à l'année 2000 pour les États-Unis, la France, la Pologne et le Royaume-Uni ; l'année 2002 pour le Danemark ; l'année 2003 pour la Belgique (Flandre) ; l'année 2005 pour l'Irlande ; l'année 2006 pour la Finlande ; et l'année 2009 pour la Norvège et la Suède.
Pour le phosphore, les chiffres présentés correspondent à l'année 2000 pour les États-Unis, la Pologne et le Royaume-Uni ; l'année 2002 pour le Danemark ; l'année 2003 pour la Belgique (Flandre) ; l'année 2005 pour l'Irlande ; l'année 2006 pour la Finlande ; et l'année 2009 pour la Norvège et la Suède.
Source : Questionnaire sur les indicateurs agro-environnementaux de l'OCDE, non publié.

StatLink http://dx.doi.org/10.1787/888932992876

Graphique 9.4. **Évolution des émissions agricoles de nitrates et de phosphore dans les eaux côtières, pays de l'OCDE, 1995-2009**

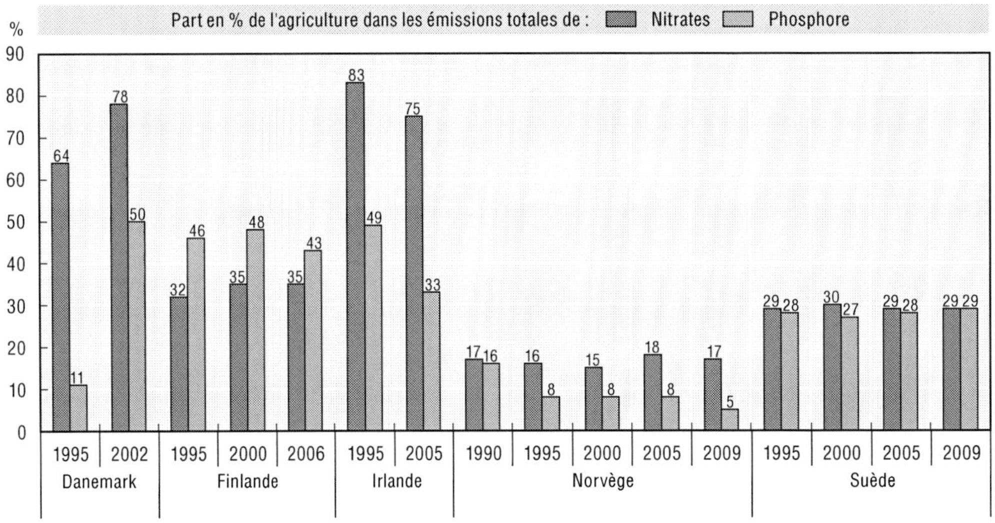

Note : Les pays sont présentés par ordre alphabétique.
Source : Questionnaire sur les indicateurs agro-environnementaux de l'OCDE, non publié.

StatLink http://dx.doi.org/10.1787/888932992895

(graphique 9.6) et les teneurs en pesticides dans moins de 0.1 % des eaux de surface (graphique 9.9). La capacité des rizières à reproduire les zones humides naturelles et à filtrer les éléments nutritifs excédentaires peut être positive pour la qualité de l'eau à condition que certaines pratiques de gestion agricole soient mises en œuvre (OCDE, 2012).

Graphique 9.5. **Zones agricoles où les concentrations en nitrates et en phosphore dans les eaux de surface sont supérieures aux limites recommandées pour l'eau potable, pays de l'OCDE, 2000-10**

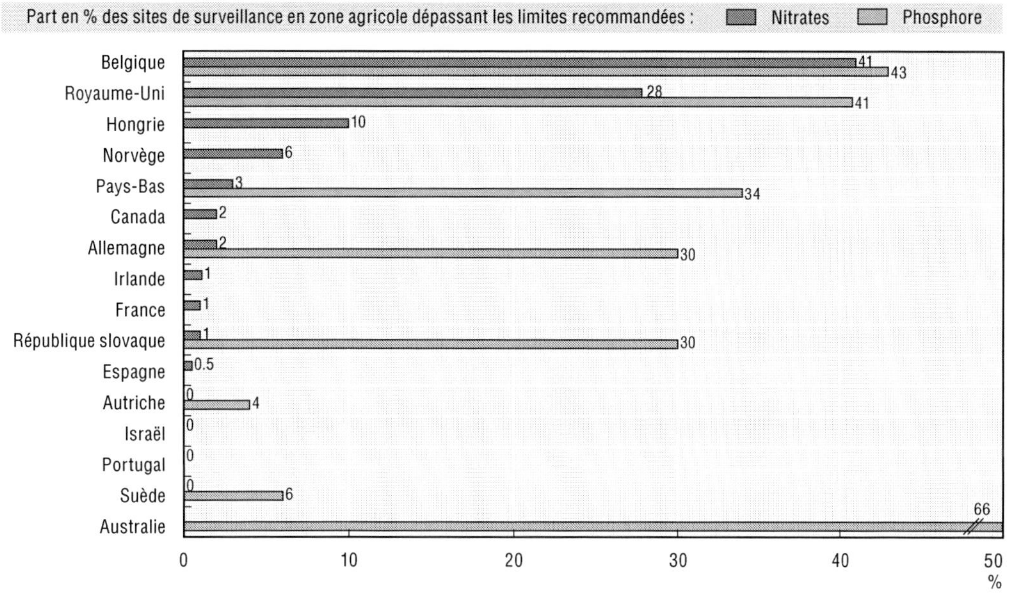

Notes : Les pays sont classés par ordre décroissant de la part des sites de surveillance où la teneur en nitrates des eaux de surface est supérieure aux limites recommandées pour l'eau potable.
Pour les nitrates, les données de l'Australie ne sont pas disponibles. S'agissant du phosphore, les données ne sont pas disponibles pour le Canada, l'Espagne, la France, la Hongrie, l'Irlande, Israël, la Norvège et le Portugal.
Pour les nitrates, les chiffres correspondent à l'année 2000 pour l'Allemagne, l'Autriche, la Hongrie, la Norvège et la Suède ; l'année 2001 pour la Belgique (Flandre) et l'Espagne ; l'année 2002 pour la République slovaque ; l'année 2005 pour le Portugal ; l'année 2008 pour la France ; l'année 2009 pour le Canada, l'Irlande et le Royaume-Uni ; et l'année 2010 pour Israël et les Pays-Bas. La valeur correspondant aux nitrates est nulle ou inférieure à 0.5 % pour l'Autriche, Israël, le Portugal et la Suède.
Pour le phosphore, les chiffres correspondent à l'année 2000 pour l'Allemagne et la Suède ; l'année 2001 pour l'Autriche et la Belgique (Flandre) ; l'année 2002 pour l'Australie et la République slovaque ; l'année 2009 pour le Royaume-Uni ; et l'année 2010 pour les Pays-Bas.
Les données statistiques concernant Israël sont fournies par et sous la responsabilité des autorités israéliennes compétentes. L'utilisation de ces données par l'OCDE est sans préjudice du statut des hauteurs du Golan, de Jérusalem-Est et des colonies de peuplement israéliennes en Cisjordanie aux termes du droit international.
Source : Questionnaire sur les indicateurs agro-environnementaux de l'OCDE, non publié.

StatLink http://dx.doi.org/10.1787/888932992914

En **Corée**, malgré quelques progrès récents, environ un tiers des cours d'eau ne respectent pas les normes de qualité nationales et plus d'un quart des lacs sont touchés par l'eutrophisation (OCDE, 2012). Dans 16 % des sites de surveillance des concentrations de nitrates dans les eaux souterraines, les limites recommandées pour l'eau potable ont été dépassées en 2000 (graphique 9.6). L'eutrophisation côtière touche localement la pêche et l'aquaculture. La pollution diffuse, y compris d'origine agricole, est reconnue comme une source de nuisances importante, l'augmentation des cheptels exerçant une pression croissante sur les systèmes aquatiques (graphique 3.3). Les rizières qui reproduisent les zones humides naturelles offrent des perspectives d'amélioration de la qualité de l'eau.

En **Australie**, les problèmes causés par la salinité et les polluants d'origine agricole sont aggravés par la faiblesse des débits due aux prélèvements et par le niveau des précipitations, qui a été inférieur à la moyenne ces dernières années (OCDE, 2012). La plupart des cours d'eau sont en très mauvais état, en particulier dans le bassin du Murray-Darling, principale région agricole du pays. La qualité de l'eau potable est médiocre dans bon nombre de régions et les régions côtières situées en aval des grandes zones agricoles pâtissent des apports en éléments nutritifs et en sédiments (graphiques 9.5, 9.6 et 9.9). S'agissant de la santé écologique de la Grande barrière de corail, de récentes études montrent que cette dernière reçoit de plus en plus de sédiments, de phosphore et d'azote et que l'agriculture fait partie des principaux responsables de la pollution de l'eau dans cette région (Rolfe et Windle, 2011). Toutefois, en l'absence de système national de surveillance, il est difficile d'évaluer l'évolution de la qualité de l'eau liée à l'agriculture sur le territoire national (State of the Environment Committee, 2011).

En **Nouvelle-Zélande**, la qualité de l'eau est globalement satisfaisante mais laisse à désirer pour certains cours d'eau en plaine. De coûteuses opérations de nettoyage de certains lacs symboliques sont en cours et l'on s'interroge sur l'état des eaux souterraines. À l'échelle nationale, les rejets diffus l'emportent désormais nettement sur la pollution ponctuelle (ouvrages d'assainissement, par exemple) (graphique 9.1). Environ 64 % des lacs surveillés situés dans des paysages pastoraux sont classés dans la catégorie « eutrophes » ou dans une catégorie inférieure (Ballantine et Davies-Colley, 2009 ; Land and Water Forum, 2010). De même, la qualité des eaux souterraines s'est détériorée, la concentration en nitrates ayant augmenté dans un tiers des sites surveillés entre 1995 et 2008 (Daughney et Randall, 2009).

Pollution par les nitrates et le phosphore

L'agriculture est souvent l'activité qui émet le plus de nitrates et de phosphore dans les eaux de surface et les eaux souterraines des pays de l'OCDE (graphiques 9.1, 9.2 et 9.6). Les sources ponctuelles de pollution de l'eau (industrielles et urbaines) diminuant plus rapidement que les sources de pollution agricoles depuis plusieurs décennies et étant le plus souvent maîtrisées, la part de l'agriculture dans la pollution des systèmes aquatiques par les éléments nutritifs progresse, même si les niveaux de polluants ont diminué en valeur absolue dans bien des cas (OCDE, 2008 ; 2012).

Sur la période 1995-2009, l'évolution générale de la contribution des nitrates et du phosphore à la pollution des eaux de surface est nuancée, mais cette conclusion s'applique à un nombre très limité de pays de l'OCDE (graphique 9.2). En ce qui concerne les eaux souterraines, les données sur les tendances sont encore plus limitées, seule l'Autriche donnant une indication de l'évolution dans le temps (graphique 9.7). S'agissant du nombre de sites de surveillance dans les zones essentiellement agricoles où les concentrations de nitrates et de phosphore dans les eaux de surface et les eaux souterraines sont supérieures aux limites recommandées pour l'eau potable, il ressort des données disponibles que les dépassements dans les eaux de surface (graphique 9.5) sont généralement moins nombreux que dans les eaux souterraines (graphique 9.6).

Dans les pays de l'OCDE, l'agriculture constitue aussi une importante source d'émissions dans les eaux marines (graphiques 9.3 et 9.4). Dans certaines régions, la pollution des estuaires et des eaux côtières par les éléments nutritifs d'origine agricole a fortement contribué à l'eutrophisation et à la prolifération des algues (« marées rouges » ou « zones mortes »). Ce phénomène a été extrêmement dommageable pour la vie marine, notamment pour la pêche commerciale dans les eaux côtières de l'**Australie**, de la **Corée**, des **États-Unis**, du **Japon** et de l'**Europe**, essentiellement dans les mers Méditerranéenne, Baltique et du Nord (Diaz et autres, 2012 ; OCDE, 2012).

Dans la région du bassin hydrographique de la **mer Baltique**, par exemple, les intrants diffus, provenant essentiellement de l'agriculture, sont la principale source

Graphique 9.6. **Zones agricoles où les concentrations en nitrates dans les eaux souterraines sont supérieures aux limites recommandées pour l'eau potable, pays de l'OCDE, 2000-10**

Part en % des sites de surveillance en zone agricole dépassant les limites recommandées pour les nitrates :

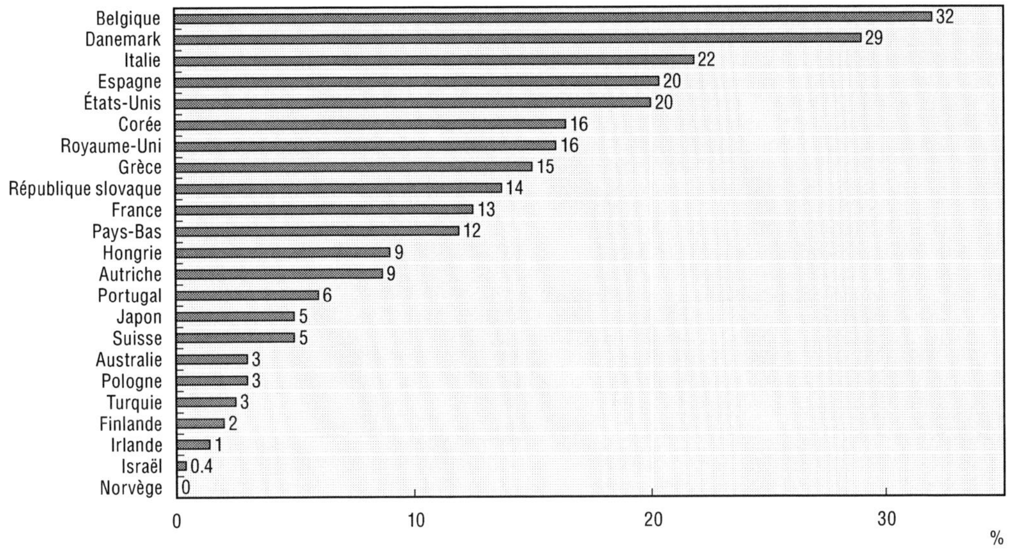

Notes : Les pays sont classés par ordre décroissant de la part des sites de surveillance où la teneur en nitrates des eaux souterraines est supérieure aux limites recommandées pour l'eau potable.

Les chiffres correspondent à l'année 2000 pour les États-Unis, le Japon et la Turquie ; l'année 2001 pour la Grèce ; l'année 2002 pour l'Australie, la Finlande, la Hongrie et la Norvège ; l'année 2003 pour le Danemark, l'Espagne et l'Italie ; l'année 2005 pour la Belgique (Flandre), le Portugal et la République slovaque ; l'année 2008 pour la France et la Pologne ; l'année 2009 pour la Suisse ; et l'année 2010 pour l'Autriche, la Corée, l'Irlande, Israël, les Pays-Bas et le Royaume-Uni.

Les données statistiques concernant Israël sont fournies par et sous la responsabilité des autorités israéliennes compétentes. L'utilisation de ces données par l'OCDE est sans préjudice du statut des hauteurs du Golan, de Jérusalem-Est et des colonies de peuplement israéliennes en Cisjordanie aux termes du droit international.

Source : Questionnaire sur les indicateurs agro-environnementaux de l'OCDE, non publié.

StatLink http://dx.doi.org/10.1787/888932992933

Graphique 9.7. **Zones agricoles où les concentrations en nitrates dans les eaux souterraines dépassent les limites nationales recommandées pour l'eau potable, Autriche, 1990-2010**

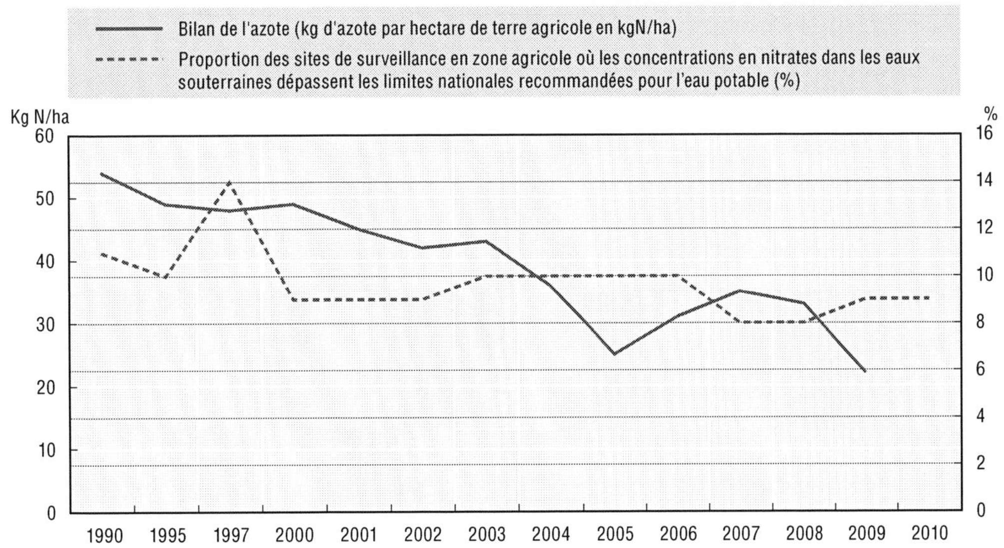

Source : Questionnaire sur les indicateurs agro-environnementaux de l'OCDE, non publié.

StatLink http://dx.doi.org/10.1787/888932992952

Graphique 9.8. **Zones agricoles où les eaux de surface et souterraines contiennent au moins un pesticide, pays de l'OCDE, 2000-10**

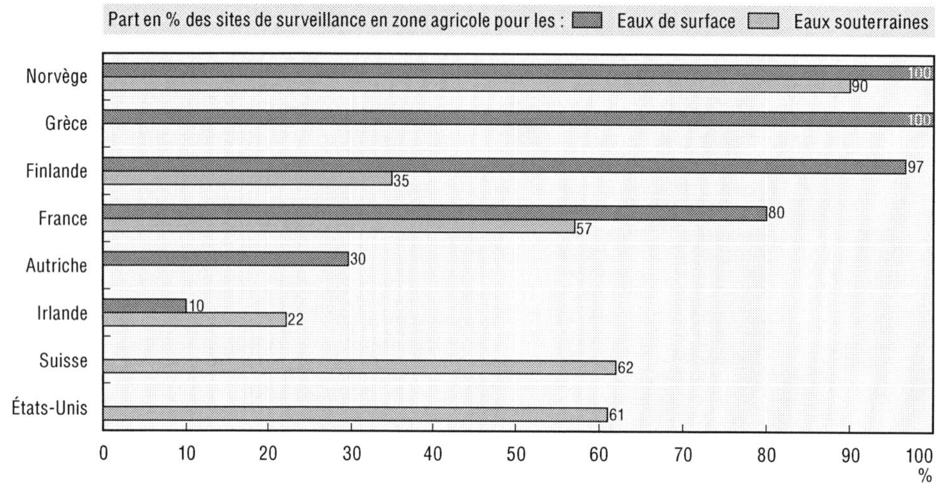

Notes : Les pays sont classés par ordre décroissant de l'importance de la présence des pesticides dans les eaux de surface. Les données relatives aux eaux de surface ne sont pas disponibles pour les États-Unis et la Suisse ; celles concernant les eaux souterraines ne le sont pas pour l'Autriche et la Grèce.

Pour les eaux de surface, les chiffres présentés correspondent à : la moyenne 2005-07 pour l'Autriche ; la moyenne 2008-10 pour la Finlande et l'Irlande ; l'année 2002 pour la France et la Suisse ; l'année 2000 pour la Grèce ; et l'année 2010 pour la Norvège.

Pour les eaux souterraines, les chiffres présentés correspondent à : la moyenne 2003-05 pour la Finlande ; l'année 2002 pour les États-Unis et la France ; la moyenne 2007-09 pour l'Irlande ; l'année 2009 pour la Suisse ; et l'année 2010 pour la Norvège.

Source : Questionnaire sur les indicateurs agro-environnementaux de l'OCDE, non publié.

StatLink http://dx.doi.org/10.1787/888932992971

anthropogénique d'azote dans l'eau (HELCOM, 2009 ; Malmaeus et Karlsson, 2010). Ces apports représentent 71 % de la charge totale dans les eaux de surface de la zone du bassin versant. À elle seule, l'agriculture apporte environ 80 % de la charge diffuse totale enregistrée. Les charges de phosphore les plus élevées sont imputables à des sources ponctuelles (56 %), surtout aux communes, responsables de 90 % des rejets issus de sources ponctuelles en 2000, les 44 % restants provenant de sources diffuses, comme l'agriculture. Pour certains pays riverains de la mer Baltique, comme la **Finlande** et la **Suède**, l'agriculture est la première source de rejets de phosphore dans cette mer.

De même, la zone hypoxique (morte/eutrophe) du **golfe du Mexique**, repérée pour la première fois dans les années 70, s'est sensiblement agrandie, principalement sous l'effet du déversement dans le golfe d'éléments nutritifs d'origine agricole transportés par le Mississippi (OCDE, 2012). Les travaux de recherche de la National Oceanic and Atmospheric Administration des **États-Unis** montrent que si la superficie de la zone hypoxique du golfe a généralement tendance à augmenter, elle varie chaque année en fonction des conditions météorologiques (Devine, Dorfman et Rosselot, 2008 ; Rabotyagov et autres, 2010).

Pollution par les pesticides

La présence de pesticides dans les eaux de surface et les eaux souterraines est largement répandue dans les pays de l'OCDE, au moins un pesticide ayant été retrouvé dans les eaux de surface et les eaux souterraines de plus de 60 % des sites surveillés dans certains pays (graphique 9.8). À noter toutefois que moins d'un tiers des pays de l'OCDE effectuent un suivi de la présence de pesticides dans les systèmes aquatiques. Il convient néanmoins d'être prudent lorsqu'on rapproche les tendances de l'utilisation de pesticides et la

Graphique 9.9. **Zones agricoles où la concentration en pesticides des eaux de surface et souterraines est supérieure aux limites recommandées pour l'eau potable, pays de l'OCDE, 2000-10**

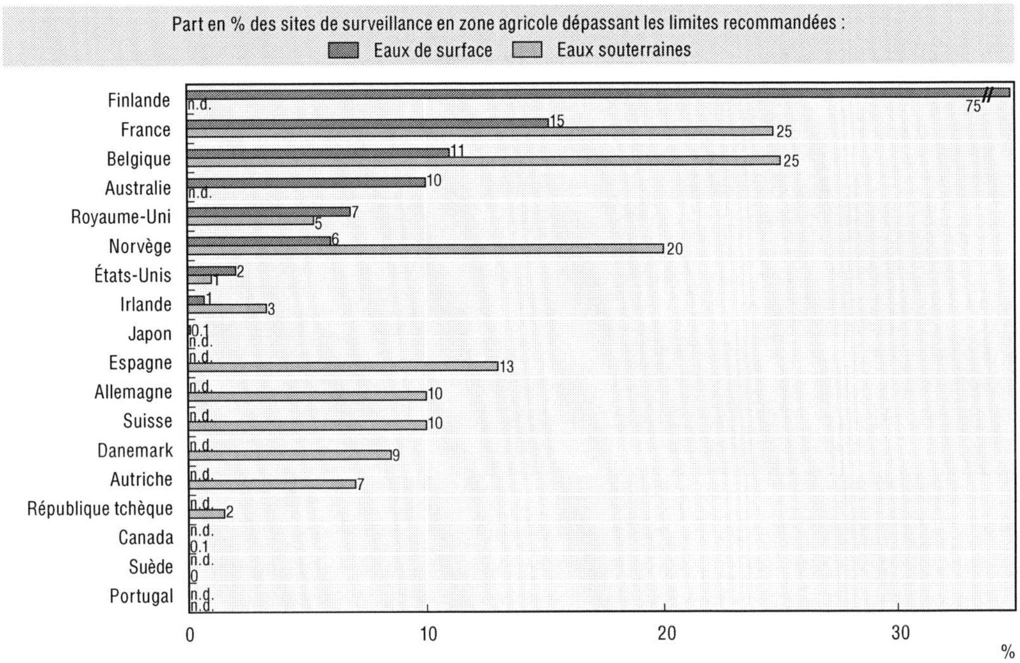

n.d. : Non disponible.

Notes : Les pays sont classés par ordre décroissant de la part des sites de surveillance où la concentration en pesticides dans les eaux de surface dépasse les limites recommandées pour l'eau de boisson.

Pour les eaux de surface, les chiffres présentés correspondent à l'année 2002 pour l'Australie, la Belgique, les États-Unis, la France et la Norvège ; l'année 2004 pour l'Irlande ; la moyenne 1998-2005 pour le Japon ; et la moyenne 2005-07 pour le Royaume-Uni.

Pour les eaux souterraines, les chiffres présentés correspondent à l'année 2000 pour l'Allemagne et le Danemark ; l'année 2002 pour la Belgique, le Canada, l'Espagne, les États-Unis, la France, la Norvège, le Royaume-Uni et la Suède ; l'année 2003 pour la République tchèque ; la moyenne 2007-09 pour l'Irlande ; l'année 2009 pour la Suisse ; et la moyenne 2008-10 pour l'Autriche.

Source : Questionnaire sur les indicateurs agro-environnementaux de l'OCDE, non publié.

StatLink *http://dx.doi.org/10.1787/888932992990*

pollution de l'eau, car des pesticides différents créent des types et des niveaux de risques différents pour les environnements aquatiques et l'eau potable (OCDE, 2008).

Dans un certain nombre de pays de l'OCDE, plus de 10 % des sites surveillés en zone agricole affichent des concentrations de pesticides dans les eaux de surface et les eaux souterraines supérieures aux limites recommandées pour l'eau potable (graphique 9.9). Toutefois, comme pour d'autres indicateurs relatifs à la qualité de l'eau dans le secteur agricole, le nombre de pays de l'OCDE surveillant la présence de pesticides dans les systèmes aquatiques est limité, tout comme les séries chronologiques de données, encore que les données relatives à l'**Autriche** montrent que l'évolution des ventes de pesticides est étroitement liée à celle des pesticides décelés dans les eaux de surface, la réponse étant peut-être retardée pour les eaux souterraines (graphique 9.10).

La pollution des masses d'eau par les pesticides est également inquiétante en raison de la présence de pesticides extrêmement toxiques et persistants tels que le DDT. Dans la plupart des pays de l'OCDE, ces pesticides sont interdits depuis plusieurs décennies mais ils continuent néanmoins à être détectés à des niveaux dangereux pour les organismes aquatiques. C'est le cas, par exemple, aux **États-Unis**, en **France** et au **Mexique**, cependant l'interdiction est plus récente dans ce dernier pays (OCDE, 2008). Les pesticides se rencontrent aussi couramment dans les eaux

Graphique 9.10. **Zones agricoles où les eaux de surface contiennent un ou plusieurs pesticides et où la concentration en pesticides des eaux souterraines dépasse les limites nationales recommandées pour l'eau potable, Autriche, 1997-2010**

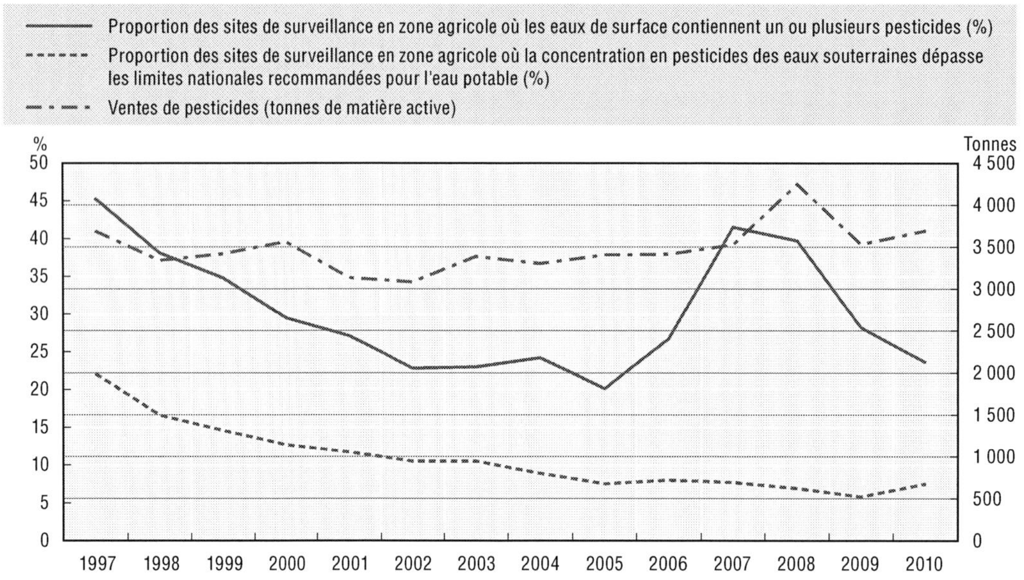

Source : Questionnaire sur les indicateurs agro-environnementaux de l'OCDE, non publié.

StatLink http://dx.doi.org/10.1787/888932993009

côtières de certains pays (**France** et **Mexique**), et représentent un risque pour la santé des personnes consommant des poissons pêchés dans ces eaux. Ces risques sont particulièrement importants au **Mexique** où les ventes de pesticides augmentent depuis 20 ans (graphique 5.1) (OCDE, 2008).

Bibliographie

Agence européenne pour l'environnement (2010), *The European Environment State and Outlook 2010: Freshwater Quality*, Copenhague, Danemark, *www.eea.europea.eu*.

Ballantine, D. et R.J. Davies-Colley (2009), *Water Quality Trends at National River Water Quality Network Sites for 1989-2007*, rapport préparé pour le ministère de l'Environnement de la Nouvelle-Zélande, National Institute of Water and Atmospheric Research Ltd., Hamilton, Nouvelle-Zélande, *www.mfe.govt.nz/environmental-reporting/freshwater/*.

Collins, A.L. et D.F. McGonigle (2008), « Monitoring and Modelling Diffuse Pollution from Agriculture for Policy Support: UK and European Experience », *Environmental Science and Policy*, vol. 11, pp. 97-101.

Commission européenne (2010), *Rapport de la Commission au Conseil et au Parlement européen relatif à la mise en œuvre de la directive 91/676/CEE du Conseil concernant la protection des eaux contre la pollution par les nitrates à partir de sources agricoles, sur la base des rapports établis par les États membres pour la période 2004-2007*, COM(2010)47 Final, Bruxelles, Belgique.

Daughney, C. et M. Randall (2009), « National Groundwater Quality Indicators Update: State and Trends 1995-2008 », *GNS Consultancy Report* 2009/145, rapport préparé pour le ministère de l'Environnement de la Nouvelle-Zélande, Wellington, Nouvelle-Zélande, *www.mfe.govt.nz/environmental-reporting/freshwater/*.

Devine, J., M. Dorfman et K.S. Rosselot (2008), « Missing Protection: Polluting the Mississippi River Basin's Small Streams and Wetlands », Natural Resources Defence Council, *Issue Paper*, New York, États-Unis, *www.nrdc.org/water/pollution/msriver/msriver.pdf*.

Díaz, Robert J., N.N. Rabalais et D.L. Breitburg (2012), « Agriculture's Impact on Aquaculture: Hypoxia and Eutrophication in Marine Waters », *rapport de consultants auprès de l'OCDE*, consultable à l'adresse : *www.oecd.org/fr/agriculture/utilisationdeleauenagriculture.htm.*

Dubrovsky, N.M. et autres (2010), *The Quality of our Nation's Waters – Nutrients in the Nation's Streams and Groundwater, 1992-2004*, U.S. Geological Survey Circular 1350, U.S. Geological Service, Reston, Virginie, États-Unis.

Eilers, W., R. MacKay, L. Graham et A. Lefebvre (dir. publ.) (2010), « L'agriculture écologiquement durable au Canada », *Série sur les indicateurs agro-environnementaux* – Rapport n° 3, Agriculture et Agroalimentaire Canada, Ottawa, Canada, *http://publications.gc.ca/collections/collection_2011/agr/A22-201-2010-fra.pdf.*

Environment Agency (2007), *The Unseen Threat to Water Quality – Diffuse Water Pollution in England and Wales*, Bristol, Royaume-Uni, mai.

Fenton, O., R.O. Schulte, P. Jordan, S.T.J. Lalor et K. Richards (2010), « Lag time: A Methodology for the Estimation of Vertical and Horizontal Travel and Flushing Timescales to Nitrate Threshold Concentrations in Irish Aquifers », *Environmental Science and Policy*, vol. 14, pp. 419-431.

HELCOM (Commission d'Helsinki) (2009), « Eutrophication in the Baltic Sea: An Integrated Thematic Assessment of the Effects of Nutrient Enrichment in the Baltic Sea Region – Executive Summary », *Baltic Sea Environment Proceedings*, n° 115A, HELCOM, Helsinki, Finlande.

Ileva, N.Y., H. Shibata, F. Satoh, K. Sasa et H. Ueda (2009), « Relationship Between the Riverine Nitrate-Nitrogen Concentration and the Land Use in the Teshio River Watershed, North Japan », *Sustainability Science*, vol. 4, pp. 189-198.

Kronvang, B., G.H. Rubaek et G. Heckrath (2009), « International Phosphorus Workshop: Diffuse Phosphorus Loss to Surface Water Bodies – Risk Assessment, Mitigation Options, and Ecological Effects in River Basins », *Journal of Environmental Quality*, vol. 38, pp. 1924-1929.

Land and Water Forum (2010), *Report of the Land and Water Forum : A Fresh Start for Freshwater*, Wellington, Nouvelle-Zélande, *www.landandwater.org.nz.*

Malmaeus, J.M. et O.M. Karlsson (2010), « Estimating Costs and Potentials of Different Methods to Reduce the Swedish Phosphorus Load from Agriculture to Surface Water », *Science of the Total Environment*, vol. 408, pp. 473-479.

Meals, D.W., S.A. Dressing et T.E. Davenport (2010), « Lag Time in Water Quality Response to Best Management Practices: A Review », *Journal of Environmental Quality*, vol. 39, pp. 85-96.

OCDE (2008), *La performance environnementale de l'agriculture dans les pays de l'OCDE depuis 1990*, Éditions OCDE, *http://dx.doi.org/10.1787/9789264040946-fr.*

OCDE (2010), *Examens environnementaux de l'OCDE : Japon*, Éditions OCDE, *http://dx.doi.org/10.1787/9789264087996-fr.*

OCDE (2012), *Qualité de l'eau et agriculture : un défi pour les politiques publiques*, Éditions OCDE, *http://dx.doi.org/10.1787/9789264121119-fr.*

Rabotyagov, S., T. Campbell, M. Jha, P.W. Gassman, J. Arnold, L. Kurkalova, S. Secchi, H. Feng et C.L. Kling (2010), « Least-Cost Control of Agricultural Nutrient Contributions to the Gulf of Mexico Hypoxic Zone », *Ecological Applications*, vol. 20, n° 6, pp. 1542-1555.

Rolfe, J. et J. Windle (2011), « Using Auction Mechanisms to Reveal Costs for Water Quality Improvements in Great Barrier Reef Catchments in Australia », *Agricultural Water Management*, vol. 98, pp. 493-501.

Schulte, R.P.O., A.R. Melland, O. Fenton, M. Herlihy, K. Richards et P. Jordan (2010), « Modelling Soil Phosphorus Decline: Expectations of Water Framework Directive Policies », *Environmental Science and Policy*, vol. 13, pp. 472-484.

State of the Environment 2011 Committee (2011), *Australia State of the Environment 2011*, Department of Sustainability, Environment, Water, Population and Communities, gouvernement australien, Canberra, Australie.

USGS (U.S. Geological Survey) (2010), *Quality of Water from Public-Supply Wells in the United States, 1993-2007: Overview of Major Findings*, US Geological Survey, Circular 1346, Washington, DC, États-Unis, *pubs.usgs.gov/sir/2010/5024/.*

Chapitre 10

Émissions d'ammoniac : acidification et eutrophisation

Ce chapitre examine les performances environnementales de l'agriculture dans les pays de l'OCDE relatives aux émissions d'ammoniac. Il fournit une description du contexte général (problématique et principaux défis), les définitions des indicateurs agro-environnementaux présentés, et des éléments portant sur les concepts, l'interprétation, les liens avec d'autres indicateurs, ainsi que sur la mesurabilité et la qualité des données. Le chapitre décrit ensuite les principales tendances des indicateurs agro-environnementaux, en recourant aux données disponibles couvrant la période 1990-2010 et en s'appuyant sur un ensemble de tableaux et de graphiques.

Ce chapitre, de même que le chapitre 11 suivant consacré aux émissions de gaz à effet de serre, porte sur les retombées des activités agricoles sur la qualité de l'air à travers les émissions d'ammoniac (NH_3) et de gaz à effet de serre (méthane CH_4, hémioxyde d'azote N_2O et dioxyde de carbone CO_2). Les répercussions de ces émissions d'origine agricole sur l'environnement doivent être resituées dans le contexte plus large de l'ensemble des sources de pollution (dont, par exemple, l'industrie et le transport). Il convient en outre de les analyser en se plaçant du point de vue des réactions chimiques entre les différents polluants atmosphériques (« multipolluants », par exemple dioxyde de soufre, dioxyde de carbone) et des effets qui en résultent pour l'environnement (« multieffets », par exemple acidification, eutrophisation) (graphique 10.1).

Graphique 10.1. **Répercussions de l'agriculture sur la qualité de l'air : multipolluants, multieffets**

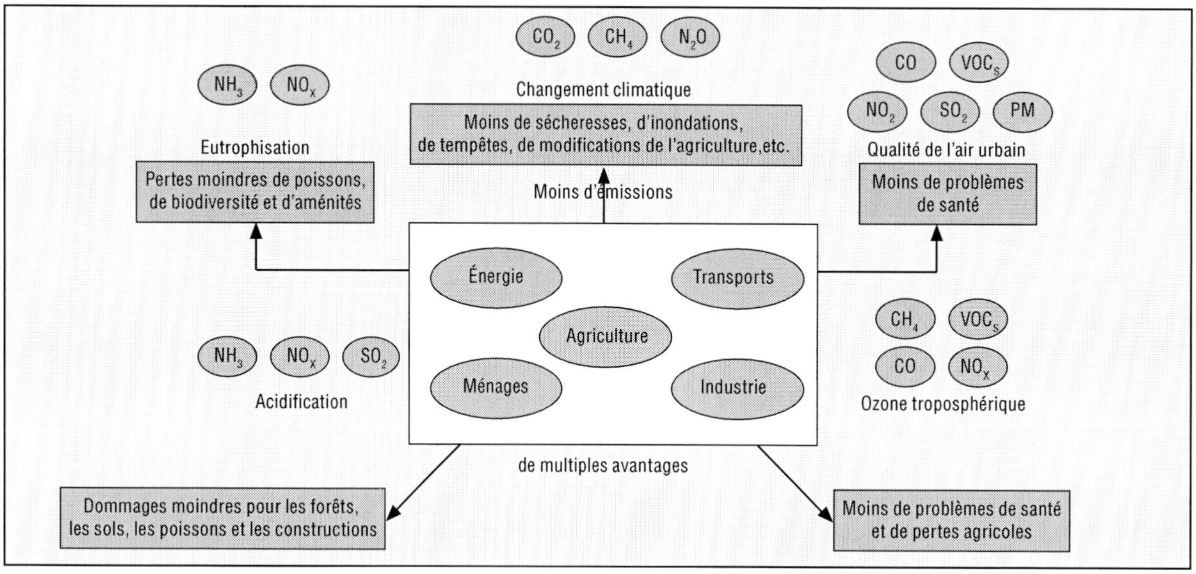

CH_4 – méthane ; CO_2 – dioxyde de carbone ; NH_3 – ammoniac ; N_2O – hémioxyde d'azote ; NO_2 – dioxyde d'azote ; NO_X – oxydes d'azote ; PM – matières particulaires ; SO_2 – dioxyde de soufre ; VOC_s – composés organiques volatils.

Source : AEE (2000), « Environmental signals 2000 », *Environmental Assessment Report*, n° 6, Copenhague, Danemark.

10.1. Contexte général

Problématique

Les émissions d'ammoniac peuvent avoir des effets préjudiciables sur la santé humaine et animale et sur l'environnement. À proximité de la source d'émission, de fortes concentrations d'ammoniac peuvent être nocives pour l'appareil respiratoire des êtres humains et des animaux et perturber la physiologie végétale. À une distance plus importante de la source, les émissions d'ammoniac peuvent contribuer à l'acidification et à l'eutrophisation des sols et de l'eau. De plus, l'ammoniac est un précurseur de particules fines (PM2.5). Dans certaines conditions, il va se combiner avec d'autres substances chimiques et particules atmosphériques pour former des particules fines, qui sont à l'origine de problèmes de santé comme l'asthme, les cancers du poumon, les pathologies cardiovasculaires, les malformations congénitales et les décès prématurés.

Les effets préjudiciables de l'ammoniac sur la santé humaine et les écosystèmes ont incité de nombreux pays de l'OCDE à se mobiliser pour réduire les émissions d'ammoniac d'origine agricole. Des mesures ont aussi été prises pour favoriser la mise au point de techniques et de pratiques de gestion permettant de réduire ces émissions, en particulier en matière de gestion des effluents d'élevage, depuis le stockage jusqu'à l'épandage. L'adoption de ces techniques et pratiques a été encouragée par : des mesures réglementaires relatives au stockage et à l'épandage des effluents d'élevage ; des services publics de vulgarisation agricole ; des aides financières accordées aux agriculteurs, destinées par exemple à l'amélioration des installations de stockage des effluents (OCDE, 2008 et 2012).

Étant un gaz atmosphérique, l'ammoniac est très mobile et peut traverser les frontières nationales. Dans le cadre des efforts déployés à l'échelle internationale pour réduire les émissions d'ammoniac et d'autres gaz acidifiants, certains pays de l'OCDE ont, en 1999, adopté le Protocole relatif à la réduction de l'acidification, de l'eutrophisation et de l'ozone troposphérique (*Protocole de Göteborg*) dans le cadre de la *Convention sur la pollution atmosphérique transfrontière à longue distance* (Convention PATLD). Le *Protocole de Göteborg* établissait des plafonds nationaux d'émission d'ammoniac à respecter à l'horizon 2010, sauf pour le **Canada** et les **États-Unis**, la directive 2001/81/CE de l'**UE** sur les *plafonds d'émission nationaux* (DPEN) ayant fixé pour sa part des plafonds d'émission d'ammoniac identiques à ceux du *Protocole de Göteborg*.

Des négociations internationales étaient en cours en 2012 en vue d'élaborer une version révisée du *Protocole de Göteborg*, qui devrait prévoir des plafonds d'émission à respecter à l'horizon 2020 pour l'ammoniac et d'autres polluants atmosphériques visés par la Convention PATLD. Parallèlement, l'**UE** révise la Directive DPEN dans le cadre de l'application de sa *Stratégie thématique sur la pollution atmosphérique*. Une version révisée de la DPEN devrait être proposée avant fin 2013 (Agence européenne pour l'environnement, 2012 ; CEE-ONU, 2012).

Principaux défis

Le principal défi à relever s'agissant des émissions d'ammoniac d'origine agricole consiste à réduire les émissions totales afin d'éliminer les effets toxiques de ce gaz sur la santé humaine et animale, en particulier à l'intérieur et à proximité des bâtiments agricoles ; réduire la dégradation écologique des écosystèmes sensibles à un apport trop important d'azote ; réduire la contribution des émissions d'ammoniac au changement climatique, ces émissions pouvant aussi se traduire par la libération d'hémioxyde d'azote (N_2O), qui est un gaz à effet de serre ; et limiter le plus possible la perte économique liée à un élément nutritif essentiel pour les végétaux. Les solutions envisageables pour réduire les effets préjudiciables des émissions d'ammoniac sont diverses, mais concernent en grande partie les effluents d'élevage et les engrais minéraux, qui constituent les principales sources d'émission d'ammoniac d'origine agricole. La plupart des émissions proviennent des bâtiments d'élevage et du pâturage du bétail, ainsi que de l'épandage d'effluents d'élevage dans les champs.

10.2. Indicateurs

Définitions

L'indicateur relatif aux émissions d'ammoniac (NH_3) d'origine agricole mesure les variations :

- des émissions d'ammoniac d'origine agricole.

Concepts, interprétation, points faibles et liens avec d'autres indicateurs

Les émissions d'ammoniac (NH_3) sont associées, en tant que cause agissante, à deux grands types de problèmes d'environnement : l'acidification et l'eutrophisation (graphique 10.1). L'ammoniac, de même que le dioxyde de soufre (SO_2) et les oxydes d'azote (NO_x), contribue à l'*acidification* du sol et de l'eau lorsqu'il se combine à l'eau dans l'atmosphère ou après dépôt (OCDE, 2008). Une trop forte acidité du sol peut être dommageable pour certains types d'écosystèmes terrestres et aquatiques. En tant que source d'azote, les dépôts d'ammoniac peuvent également accroître les niveaux d'azote dans le sol et l'eau, ce qui peut favoriser un phénomène d'*eutrophisation* dans les écosystèmes aquatiques qui les reçoivent. Les émissions agricoles d'ammoniac, de même que l'acidification et l'eutrophisation, peuvent fortement contribuer à la formation, dans l'atmosphère, d'aérosols susceptibles d'altérer la santé humaine (en aggravant les affections respiratoires), la visibilité et le climat et provoquer une odeur nauséabonde au voisinage des exploitations agricoles (Eilers et autres, 2010).

L'indicateur des émissions d'ammoniac d'origine agricole doit être interprété avec prudence car son calcul présente plusieurs limites (Eilers et autres, 2010). Bien souvent, la qualité des données sur lesquelles repose le calcul des émissions d'ammoniac mériterait d'être améliorée, notamment celle des données relatives à l'alimentation du bétail, aux bâtiments d'élevage, au stockage des effluents et aux pratiques d'épandage. De surcroît, certains calculs reposent sur des coefficients d'émission nationaux normalisés, alors qu'on sait que les émissions fluctuent au cours de l'année et que leurs effets sur la santé humaine et l'environnement peuvent varier en fonction du lieu.

L'indicateur relatif aux émissions d'ammoniac d'origine agricole est lié aux tendances des bilans de l'azote (chapitre 4) et des émissions de gaz à effet de serre (chapitre 11) en tant que causes agissant sur l'état ou les concentrations de nitrates dans les masses d'eau (chapitre 9) et de polluants acidifiants dans l'air. Dans de nombreux pays de l'OCDE, la réponse du secteur agricole consiste à respecter les plafonds nationaux d'émission d'ammoniac fixés dans le *Protocole de Göteborg* (voir tableau 10.2 ci-dessous), par exemple en adoptant des pratiques de gestion des éléments nutritifs.

Mesurabilité et qualité des données

Pour les pays visés par le *Protocole de Göteborg*, les données relatives aux émissions d'ammoniac utilisées dans le présent chapitre proviennent du programme EMEP de surveillance et d'évaluation du transport à longue distance des polluants atmosphériques en Europe et de l'Agence européenne pour l'environnement (Agence européenne pour l'environnement, 2012), pour les autres pays elles proviennent de sources nationales (graphique 10.2). Dans le cadre des efforts visant à réduire les émissions d'ammoniac d'origine agricole, d'importants travaux de recherche ont été menés dans plusieurs pays de l'OCDE pour valider et améliorer les coefficients utilisés pour estimer le niveau des émissions d'ammoniac (CEE-ONU/EMEP, 2009). Les données relatives à ces émissions sont

Graphique 10.2. **Émissions d'ammoniac d'origine agricole, pays de l'OCDE, 1990-2010**

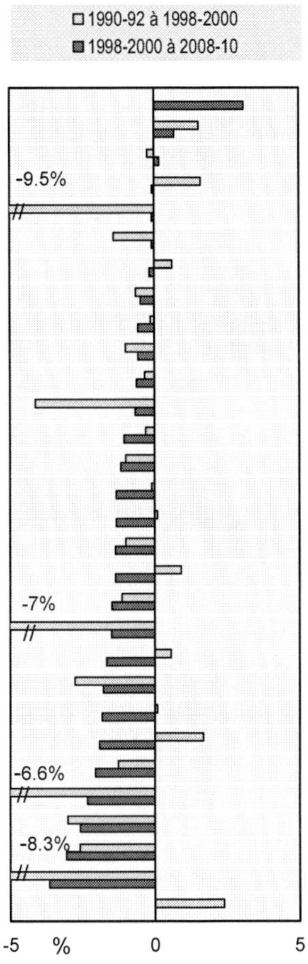

	Moyenne (milliers de tonnes)			Variation annuelle moyenne en %		Émissions totales d'ammoniac en 2008-10[4] toutes sources confondues (milliers de tonnes)	Part en % de l'agriculture dans les émissions totales d'ammoniac 2008-10
	1990-92[1]	1998-2000[2]	2008-10[3]	1990-92 à 1998-2000	1998-2000 à 2008-10		
Israël	..	12	15	..	3.1	19	82
Canada	366	414	441	1.6	0.7	492	90
Finlande	34	33	34	-0.2	0.2	37	90
Espagne	295	335	333	1.6	-0.1	362	92
Estonie	22	10	10	-9.5	-0.1	10	93
Suisse	66	59	58	-1.4	-0.1	63	92
Norvège	20	21	20	0.6	-0.2	23	90
Luxembourg	5	5	4	-0.6	-0.5	5	94
Turquie	1	1	1	-0.1	-0.6	1	98
Slovénie	19	18	17	-1.0	-0.6	18	95
Autriche	64	62	58	-0.3	-0.6	63	93
Hongrie	98	70	66	-4.1	-0.7	67	97
Italie	424	414	372	-0.3	-1.1	394	94
Allemagne	644	594	528	-1.0	-1.2	564	94
France	738	732	640	-0.1	-1.3	658	97
OCDE[5]	**7 981**	**8 049**	**7 040**	**0.1**	**-1.3**	**7 670**	**92**
UE15	**3 379**	**3 119**	**2 720**	**-1.0**	**-1.4**	**2 908**	**94**
Irlande	113	121	106	0.9	-1.4	107	98
Grèce	78	71	61	-1.1	-1.5	64	96
République tchèque	131	74	63	-7.0	-1.5	66	95
Suède	49	51	43	0.6	-1.7	51	84
Pologne	406	324	271	-2.8	-1.8	277	98
Portugal	52	53	45	0.1	-1.8	51	88
États-Unis[6]	3 421	3 910	3 349	1.7	-1.9	3 721	90
Royaume-Uni	342	309	251	-1.3	-2.1	283	89
République slovaque	53	31	24	-6.6	-2.3	25	97
Belgique	105	83	64	-3.0	-2.6	69	93
Danemark	123	100	73	-2.6	-3.1	76	96
Pays-Bas	314	157	108	-8.3	-3.7	126	86
Corée	143	181	..	2.4	..	..	..

.. : Non disponible.

Notes : Les pays sont classés par ordre décroissant de variation annuelle moyenne en % pour la période 1998-2000 à 2008-10.

Les données statistiques concernant Israël sont fournies par et sous la responsabilité des autorités israéliennes compétentes. L'utilisation de ces données par l'OCDE est sans préjudice du statut des hauteurs du Golan, de Jérusalem-Est et des colonies de peuplement israéliennes en Cisjordanie aux termes du droit international.

1. Les données de la moyenne 1990-92 correspondent à l'année 1990 pour la Corée.
2. Les données de la moyenne 1998-2000 correspondent à la moyenne 2000-02 pour Israël.
3. Pour les émissions agricoles d'ammoniac, les données de la moyenne 2008-10 correspondent à la moyenne 2007-09 pour le Canada, Israël et le Portugal ; et à la moyenne 2006-08 pour les États-Unis.
4. Pour les émissions totales d'ammoniac, les données de la moyenne 2008-10 correspondent à l'année 2009 pour Israël et à l'année 2010 pour la Turquie.
5. Faute de données disponibles, l'OCDE ne comprend pas les pays suivants : Australie, Chili, Corée, Islande, Israël (1990-99), Japon, Mexique et Nouvelle-Zélande.
6. Les données relatives aux émissions agricoles d'ammoniac ont été estimées en considérant que les émissions agricoles d'ammoniac représentaient 90 % des émissions totales d'ammoniac, selon la recommandation de l'USEPA.

Source : EMEP (2012), Site Internet du Programme concerté de surveillance continue et d'évaluation du transport à longue distance des polluants atmosphériques en Europe (EMEP), *http://webdab1.umweltbundesamt.at/scaled_country_year.html* ; et sources nationales pour la Finlande, Israël, l'Italie, la Norvège, les Pays-Bas, la Pologne, le Portugal, la Slovénie, la Suisse et la Turquie.

StatLink *http://dx.doi.org/10.1787/888932993028*

de bonne qualité malgré les limites qui viennent d'être citées, mais l'absence de séries de données pour près d'un tiers des pays de l'OCDE constitue un problème important.

10.3. Principales tendances

Après une légère augmentation dans les années 90, les émissions d'ammoniac d'origine agricole ont reculé de 1.3 % par an entre 1998-2000 et 2008-10 (graphique 10.2). Ce résultat doit toutefois être relativisé, dans la mesure où un cinquième des pays de l'OCDE ne déclarent pas de données sur les émissions d'ammoniac. Le **Canada,** la **Finlande** et **Israël** ont tous enregistré une augmentation de leurs émissions d'ammoniac. Pour les trois pays, la production animale, qui est la principale source d'émissions d'ammoniac d'origine agricole, s'est accrue au cours des années 2000. Toutefois, les émissions se sont probablement aussi accrues dans des pays de l'OCDE pour lesquels on ne dispose d'aucune donnée, en particulier le **Chili**, la **Corée**, l'**Islande**, le **Mexique** et la **Nouvelle-Zélande**, qui ont enregistré au cours de la dernière décennie une augmentation de la production animale, qui est la principale source d'émissions d'ammoniac dans la plupart des pays, comme on le verra plus en détail ci-dessous (graphique 3.3).

La réduction des émissions observée dans tous les pays de l'UE en transition (**Estonie**, **Hongrie**, **Pologne**, **République slovaque**, **République tchèque** et **Slovénie**) est une caractéristique remarquable de l'évolution des émissions d'ammoniac ces 20 dernières années. Ce phénomène s'explique en majeure partie par la forte contraction qu'a connue le secteur agricole de ces pays dans le sillage de la transition vers l'économie de marché opérée dans les années 90. Dans ces pays, l'agriculture a ensuite connu une légère reprise durant les années 2000, décennie pendant laquelle les émissions ont certes continué de décroître, mais à un rythme plus lent que pendant les années 90 (graphique 10.2).

Les tendances nationales en matière d'émissions de NH_3 d'origine agricole masquent des disparités régionales substantielles à l'intérieur des pays. Par exemple, les émissions sont plus importantes en **Italie** du Nord compte tenu de la plus forte utilisation d'engrais dans cette partie du pays. En **France**, c'est la Bretagne qui affiche le niveau d'émissions le plus élevé du fait de la concentration d'élevages intensifs dans cette région (OCDE, 2008). Les émissions d'ammoniac, l'acidification des sols et les pluies acides connaissent également des variations régionales considérables au **Canada** (Eilers et autres, 2010) et aux **États-Unis** (National Atmospheric Deposition Program).

L'agriculture constitue la principale source d'émissions d'ammoniac dans les pays de l'OCDE. En 2008-10, sa contribution aux émissions a été comprise entre 82 % et 98 %, soit 92 % en moyenne (graphique 10.2). Les émissions totales de gaz acidifiants (SO_2, NO_x et NH_3) dans les pays de l'OCDE sont en recul, notamment en raison de la baisse substantielle des émissions de SO_2 et de NO_x imputables à l'industrie et au secteur de l'énergie, qui a été plus forte que celle des émissions d'ammoniac (tableau 10.1). De ce fait, la part des émissions d'ammoniac de l'agriculture dans le total des émissions de gaz acidifiants a augmenté, malgré leur diminution en valeur absolue dans les années 2000 (tableau 10.1).

L'ammoniac étant très réactif, les fortes concentrations (suffisantes pour être sources d'odeurs et de dépôts d'azote importants) se rencontrent généralement à proximité (moins de 2 km) des sources d'émission (OCDE, 2008). S'agissant des dépôts de NH_3, si environ 20 % des émissions sont déposés à proximité de la source, le reste peut parcourir de longues distances dans l'atmosphère, y compris traverser les frontières nationales, ce qui est particulièrement important pour les pays européens de l'OCDE.

On peut supposer que la baisse des émissions d'ammoniac d'origine agricole se traduit par une réduction de la pression exercée sur la santé humaine, la santé des animaux et les

Tableau 10.1. **Émissions totales de polluants acidifiants, pays de l'OCDE, 1990-2010**

	1990-92		2008-10		1990-92 à 2008-10	
	Moyenne	Part du total	Moyenne	Part du total	Variation totale	
	Milliers de tonnes équivalent acide[1]	%	Milliers de tonnes équivalent acide[1]	%	Milliers de tonnes équivalent acide[1]	Variation en %
Dioxyde de soufre (SO_2)[2]	1 486	51	488	33	-998	-67
Oxydes d'azote (NO_X)[3]	927	32	551	37	-377	-41
Ammoniac (NH_3)[4]	515	18	450	30	-65	-13
Total	**2 928**	**100**	**1 488**	**100**	**-1 440**	**-120**

1. Les facteurs de pondération suivants sont utilisés pour combiner les émissions en fonction de leur effet acidifiant potentiel : équivalent acide/g : SO_2 = 1/32, NO_x = 1/46 et NH_3 = 1/17.
2. Le total OCDE pour le SO_2 ne comprend pas les pays suivants : l'Australie, la Corée, le Chili (2007-10), Israël (1990-95, 1997-99, 2001-02), le Japon, le Mexique (1990-98, 2000-04, 2006-10), la Nouvelle-Zélande et la Turquie (1990-2009). Les données du Portugal sont hors utilisation des terres, changement d'utilisation des terres et foresterie (UTCATF). Les données de 2010 correspondent à la moyenne 2007-09 pour les États-Unis, Israël et le Portugal.
3. Le total OCDE pour le NO_2 ne comprend pas les pays suivants : l'Australie, le Chili (2007-10), la Corée (2008-10), l'Islande, Israël (1990-95, 1997-99, 2001-02), le Japon, le Mexique (1990-98, 2000-04, 2006-10), la Nouvelle-Zélande et la Turquie (1990-2009). Les données du Portugal sont hors UTCATF. Les données de 2010 correspondent à la moyenne 2007-09 pour les États-Unis, Israël et le Portugal.
4. Le total OCDE pour le NH_3 ne comprend pas les pays suivants : l'Australie, le Chili (1990-2004), la Corée, l'Islande, Israël (1990-2008), le Japon, le Mexique (1990-98, 2000-10), la Nouvelle-Zélande et la Turquie (1990-2009).

Source : EMEP (2012), Site Internet du Programme concerté de surveillance continue et d'évaluation du transport à longue distance des polluants atmosphériques en Europe (EMEP), *http://webdab1.umweltbundesamt.at/scaled_country_year.html* ; Agence européenne pour l'environnement ; et sources nationales pour la Finlande, Israël, l'Italie, les Pays-Bas, la Norvège, la Pologne, le Portugal, la Suisse et la Turquie.

StatLink http://dx.doi.org/10.1787/888932993313

écosystèmes. Une analyse systématique des données et études relatives aux conséquences des émissions d'ammoniac d'origine agricole sur la santé et l'environnement sortirait du champ du présent rapport. On peut cependant faire observer qu'une telle analyse se heurte à certaines difficultés, liées notamment à la nécessité d'isoler les effets de la présence d'autres polluants acidifiants et de distinguer les aspects spatiaux et temporels des émissions, ainsi qu'à l'insuffisance des connaissances et données sur ces effets (OCDE, 2008).

Principalement dues à l'élevage (fumier et lisier), les émissions agricoles d'ammoniac sont aussi imputables dans une moindre mesure à l'utilisation d'engrais chimiques et à la dégradation des résidus de récolte. Dans la plupart des pays de l'OCDE, plus de 90 % des émissions totales d'ammoniac sont dus à l'élevage, mais dans quelques pays (comme la **Corée** et le **Japon**) la part des émissions provenant de l'utilisation d'engrais est supérieure à 20 %, ce qui s'explique par le fait que la production végétale occupe une place plus importante dans ces pays que dans ceux où l'élevage prédomine (OCDE, 2008).

Le graphique 10.3 montre qu'il existe un lien étroit entre les émissions d'ammoniac et l'évolution de la production animale, même s'il ne s'agit pas d'une relation linéaire. L'évolution des émissions est corrélée positivement à celle de la production animale, cette dernière jouant un rôle important dans la majorité des pays de l'OCDE, aussi bien dans ceux où elle a augmenté (comme le **Canada**) que dans ceux où elle a diminué (comme la **Belgique**). Pour la plupart des pays, mais non pour tous, la diminution des émissions d'ammoniac d'origine agricole est systématiquement supérieure à la diminution de la production animale, ce qui porte à croire que la baisse des émissions d'origine agricole est associée à une amélioration de l'éco-efficience (graphique 10.3). Dans une certaine mesure, cette amélioration de l'éco-efficience de la réduction des émissions

Graphique 10.3. **Émissions d'ammoniac d'origine agricole et volume de la production animale, pays de l'OCDE, 1990-2010**

Variation annuelle moyenne en % entre 1990-92[1] et 1998-2000[2]

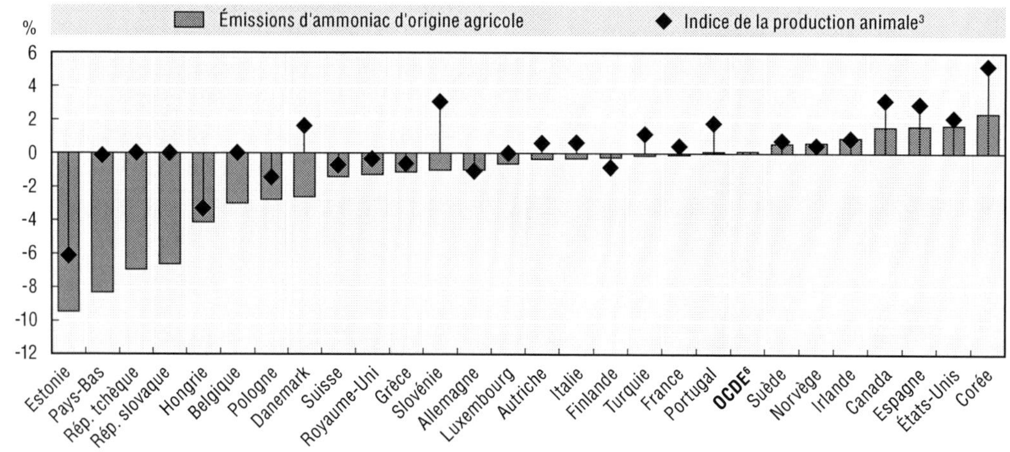

Variation annuelle moyenne en % entre 1998-2000[2] et 2008-10[4]

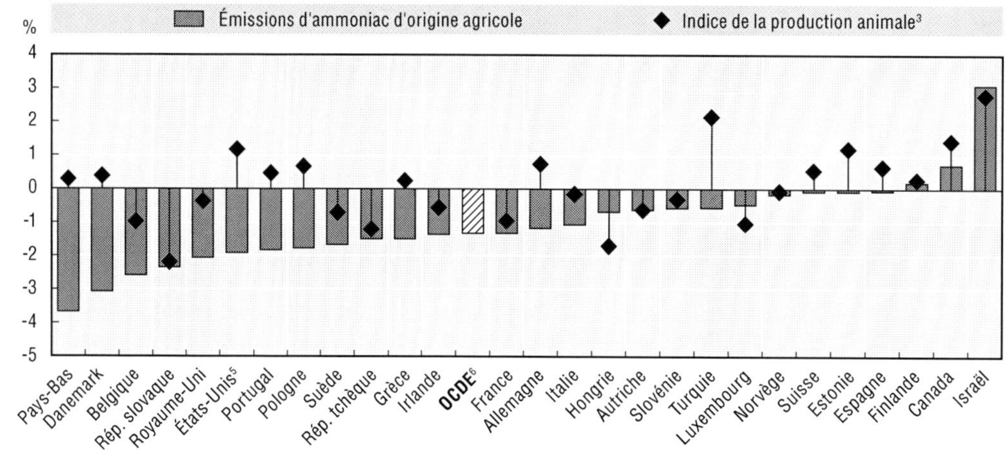

Notes : Dans le premier graphique, les pays sont classés par ordre croissant de la variation annuelle moyenne en pourcentage entre 1990-92 et 1998-2000 des émissions d'ammoniac. Dans le deuxième graphique, les pays sont classés par ordre croissant de la variation annuelle moyenne en pourcentage entre 1998-2000 et 2008-10 des émissions d'ammoniac.

Les données statistiques concernant Israël sont fournies par et sous la responsabilité des autorités israéliennes compétentes. L'utilisation de ces données par l'OCDE est sans préjudice du statut des hauteurs du Golan, de Jérusalem-Est et des colonies de peuplement israéliennes en Cisjordanie aux termes du droit international.

1. Pour les indices de la production animale, les données de la moyenne 1990-92 correspondent à l'année 1990 pour la Corée ; et à l'année 1992 pour l'Estonie et la Slovénie. Dans le cas des émissions d'ammoniac d'origine agricole, la moyenne 1990-92 correspond à l'année 1990 pour la Corée.
2. Pour les indices de la production animale, les données de la moyenne 1998-2000 correspondent à l'année 2000 pour la Belgique et le Luxembourg ; et à la moyenne 2000-02 pour Israël.
3. Les indices FAO de la production agricole animale montrent le niveau relatif du volume global de la production agricole, pour chaque année, par rapport à la période de référence 2004-06. On les calcule en faisant la somme pondérée par le prix de la production des différents produits animaux. Tous les indices, aux niveaux national, régional et mondial, sont calculés au moyen de la formule de Laspeyres. Les quantités de chaque produit sont pondérées par les prix moyens internationaux à la production pour la période 2004-06 et additionnées pour chaque année. On divise l'agrégat pour une année déterminée par l'agrégat moyen de la période de référence 2004-06 pour obtenir l'indice. Des raisons techniques empêchent de fournir une moyenne pour l'OCDE ou l'UE.
4. Pour les indices de la production animale et les émissions d'ammoniac d'origine agricole, les données de la moyenne 2008-10 correspondent à la moyenne 2007-09 pour le Canada, Israël et le Portugal ; et à la moyenne 2006-08 pour les États-Unis.
5. Les données relatives aux émissions d'ammoniac d'origine agricole ont été estimées en considérant que ces émissions représentaient 90 % des émissions totales d'ammoniac, selon la recommandation de l'USEPA.
6. Faute de données disponibles pour les émissions d'ammoniac d'origine agricole, l'OCDE ne comprend pas les pays suivants : Australie, Chili, Corée, Islande, Israël (1990-99), Japon, Mexique et Nouvelle-Zélande.

Source : EMEP (2012), Site Internet du Programme concerté de surveillance continue et d'évaluation du transport à longue distance des polluants atmosphériques en Europe (EMEP), *http://webdab1.umweltbundesamt.at/scaled_country_year.html* ; et sources nationales pour la Finlande, Israël, l'Italie, la Norvège, les Pays-Bas, la Pologne, le Portugal, la Suisse et la Turquie ; FAOSTAT (2012) *http://faostat.fao.org*.

StatLink *http://dx.doi.org/10.1787/888932993047*

Tableau 10.2. **Plafonds d'émission d'ammoniac à respecter en 2010 au titre de la Convention sur la pollution atmosphérique transfrontière à longue distance, pays de l'OCDE, 1990-2010**

	Émissions totales d'ammoniac (2008-10)	Part de l'agriculture dans les émissions totales (2008-10)	Émissions totales d'ammoniac 1990 (année de base)	Évolution de la réduction des émissions totales (1990 à 2008-10)	Plafonds des émissions totales au titre du Protocole de Göteborg[1] (2010)	Émissions totales en 2008-10 en proportion des plafonds d'émission 2010[2]
	Milliers de tonnes	%	Milliers de tonnes	%	Milliers de tonnes	%
Autriche	63	93	65	-4	66	95
Belgique	69	93	120	-43	74	93
République tchèque	66	95	156	-57	101	66
Danemark	76	96	114	-34	69	110
Estonie	10	93	25	-58	28	37
Finlande	37	90	38	-2	31	121
France	658	97	704	-6	780	84
Allemagne	564	94	692	-18	550	103
Grèce	64	96	85	-25	73	87
Hongrie	67	97	124	-46	90	75
Irlande	107	98	107	1	116	93
Italie	394	94	468	-16	419	94
Luxembourg	5	94	5	-13	7	68
Pays-Bas	126	86	355	-65	128	98
Norvège	23	90	21	9	23	99
Pologne	277	98	508	-46	468	59
Portugal[3]	49	88	63	-22	108 (90)[4]	46
République slovaque	25	97	65	-62	39	64
Slovénie	18	95	21	-16	20	89
Espagne	362	92	318	14	353	102
Suède	51	84	55	-7	57	90
Suisse	63	92	73	-13	63	101
Royaume-Uni	283	89	360	-21	297	95
UE15	2 907	94	3 549	-18	3 128	93

1. Les pays suivants ne sont pas signataires du Protocole de Göteborg à la Convention sur la pollution atmosphérique transfrontière à longue distance (PATLD) : Australie, Canada, Corée, Islande, Israël, Japon, Mexique, Nouvelle-Zélande et Turquie. Le Canada et les États-Unis sont signataires de la Convention PATLD, mais n'ont pas d'objectifs en matière d'émissions et ne figurent donc pas dans le tableau.
2. Cette colonne indique, pour chaque pays, dans quelle mesure les émissions en 2008-10 étaient inférieures aux plafonds fixés pour 2010 (cas de la République tchèque) ou dépassaient le plafond d'émissions (cas du Danemark), en divisant le plafond des émissions totales pour 2010 par les émissions totales en 2008-10.
3. Pour les émissions totales d'ammoniac et les émissions totales d'ammoniac d'origine agricole, les données de la moyenne 2008-10 correspondent à la moyenne 2007-09 pour le Portugal.
4. Le chiffre indiqué entre parenthèses pour le Portugal correspond au plafond d'émissions fixé au titre de la directive de l'UE sur les plafonds nationaux d'émission pour certains polluants atmosphériques, octobre 2001 (Communautés européennes, 2001), *http://europa.eu.*

Source : EMEP (2012), Site Internet du Programme concerté de surveillance continue et d'évaluation du transport à longue distance des polluants atmosphériques en Europe (EMEP), *http://webdab1.umweltbundesamt.at/scaled_country_year.html* ; et sources nationales pour la Finlande, l'Italie, la Norvège, les Pays-Bas, la Pologne, le Portugal, la Slovénie et la Suisse.

StatLink *http://dx.doi.org/10.1787/888932993332*

d'ammoniac liée à l'évolution des effectifs des cheptels et de la gestion des effluents peut vraisemblablement aussi être attribuée à des changements au niveau de la gestion et de l'utilisation des engrais chimiques.

L'amélioration de l'éco-efficience liée à la réduction du niveau et de l'intensité des émissions agricoles d'ammoniac au cours de la décennie écoulée s'explique essentiellement par l'adoption de techniques et de pratiques de gestion agricole plus efficaces et par la mise en œuvre dans les pays de l'OCDE de mesures incitatives destinées à favoriser la réduction des émissions. De plus en plus d'agriculteurs recourent à des technologies (installations couvertes de stockage des effluents d'élevage, par exemple) et à des pratiques, comme l'épandage localisé des engrais, qui contribuent à la réduction des émissions. L'adoption de ces technologies et pratiques est en partie associée à divers instruments d'action, comme les réglementations relatives au stockage et à l'épandage des effluents d'élevage ou les paiements au titre du stockage de ces effluents (OCDE, 2012). Toutefois, les émissions et l'efficacité des pratiques destinées à les réduire dépendent aussi de facteurs sur lesquels les agriculteurs ne peuvent pas agir, comme la température, les précipitations et le vent.

S'agissant des progrès enregistrés en matière de respect des plafonds d'émission fixés pour 2010 par le *Protocole de Göteborg*, la situation est contrastée dans les pays de l'OCDE (tableau 10.2). En 2008-10, bon nombre de pays avaient ramené leurs émissions à un niveau conforme aux objectifs prévus par le Protocole. En revanche, d'autres pays devront continuer de réduire leurs émissions pour respecter l'objectif fixé pour 2010, en particulier le **Danemark** et la **Finlande**, tandis que d'autres encore sont plus proches de l'objectif (**Allemagne**, **Espagne** et **Suisse**). Néanmoins, tous ces pays encouragent l'adoption généralisée de pratiques de gestion des éléments nutritifs et mettent en œuvre des programmes visant à réduire les émissions d'ammoniac (OCDE, 2008).

Bibliographie

Eilers, W., R. MacKay, L. Graham et A. Lefebvre (dir. publ.) (2010), « L'agriculture écologiquement durable au Canada » : *Série sur les indicateurs agro-environnementaux* – Rapport n° 3, Agriculture et Agroalimentaire Canada, Ottawa, Canada, *http://publications.gc.ca/collections/collection_2011/agr/A22-201-2010-fra.pdf*.

EMEP, Site Internet du Programme concerté de surveillance continue et d'évaluation du transport à longue distance des polluants atmosphériques en Europe (EMEP), *www.emep.int/index_data.html*.

Agence européenne pour l'environnement (2012), *Emissions of Acidifying Substances (CSI 001) – Assessment Published Dec. 2011*, voir *www.eea.europa.eu/data-and-maps/indicators/emissions-of-acidifying-substances-version-2/assessment-1*.

Agence européenne pour l'environnement (2000), « Signaux environnementaux 2000 », *Rapport d'évaluation environnementale*, n° 6, Copenhague, Danemark.

National Atmospheric Deposition Program, site Internet du United States Ammonia Monitoring Network, *http://nadp.sws.uiuc.edu/amon*.

OCDE (2012), *Qualité de l'eau et agriculture : un défi pour les politiques publiques*, Éditions OCDE, *http://dx.doi.org/10.1787/9789264121119-fr*.

OCDE (2008), *La performance environnementale de l'agriculture dans les pays de l'OCDE depuis 1990*, Éditions OCDE, *http://dx.doi.org/10.1787/9789264040946-fr*.

CEE-ONU (2012), *Financement à long-terme du Programme concerté de surveillance continue et d'évaluation du transport à longue distance des polluants atmosphériques en Europe* (EMEP), *www.unece.org/env/lrtap/emep_h1.html*.

CEE-ONU/EMEP (2009), *Joint EMEP/CORINAIR Atmospheric Emission Inventory Guidebook*, Agence européenne pour l'environnement, Copenhague, Danemark, *www.eea.europa.eu/publications/emep-eea-emission-inventory-guidebook-2009*.

Chapitre 11

Émissions de gaz à effet de serre : changement climatique

Ce chapitre examine les performances environnementales de l'agriculture dans les pays de l'OCDE relatives aux émissions de gaz à effet de serre. Il fournit une description du contexte général (problématique et principaux défis), les définitions des indicateurs agro-environnementaux présentés, et des éléments portant sur les concepts, l'interprétation, les liens avec d'autres indicateurs, ainsi que sur la mesurabilité et la qualité des données. Le chapitre décrit ensuite les principales tendances des indicateurs agro-environnementaux, en recourant aux données disponibles couvrant la période 1990-2010 et en s'appuyant sur un ensemble de tableaux et de graphiques.

Ce chapitre sur les émissions de gaz à effet de serre (méthane CH_4, hémioxyde d'azote N_2O et dioxyde de carbone CO_2), comme le chapitre précédent consacré aux émissions d'ammoniac (chapitre 10), porte sur les retombées des activités agricoles sur la qualité de l'air. Les répercussions de ces émissions d'origine agricole sur l'environnement doivent être resituées dans le contexte plus large des autres sources de pollution (par exemple, l'industrie et le transport). Il convient en outre de les analyser en se plaçant du point de vue des réactions chimiques entre les différents polluants atmosphériques (« multipolluants », par exemple dioxyde de soufre, dioxyde de carbone) et des effets qui en résultent pour l'environnement (« multieffets », par exemple acidification, eutrophisation) (graphique 10.1).

11.1. Contexte général

Problématique

Les relations entre l'activité et le changement climatique sont plus complexes dans le secteur agricole que dans beaucoup d'autres secteurs économiques, car l'agriculture : contribue aux émissions de gaz à effet de serre (GES) ; assure la fonction de puits de carbone en présence de certaines pratiques de gestion ; et est elle-même soumise aux effets du changement climatique. La question des puits de carbone créés par l'agriculture et celle de l'impact du changement climatique sur le secteur agricole sortent du champ du présent rapport.

La plupart des pays de l'OCDE se sont engagés à réduire leurs émissions de GES (par rapport aux niveaux de 1990) à l'horizon 2008-12, mais ils ne se sont pas fixé d'objectifs précis pour le méthane et l'hémioxyde d'azote, et le secteur agricole, comme d'autres, n'a pas à respecter d'engagements qui lui soient propres au titre de la Convention-cadre des Nations Unies sur les changements climatiques (CCNUCC). Néanmoins, tous les pays de l'OCDE déploient des programmes de lutte contre le changement climatique dans le secteur agricole, qui visent à réduire les émissions de GES, à encourager la création de puits de carbone et à améliorer la capacité de l'agriculture à s'adapter au changement climatique.

Si ces programmes diffèrent les uns des autres, ils reposent généralement sur une diversité d'approches, dont le recours à la réglementation associé à des subventions à l'investissement et à des services de conseil agricole afin d'encourager l'adoption de pratiques de nature à réduire les émissions de GES et la création de puits de carbone. D'autres mesures permettent de lutter indirectement contre le changement climatique. C'est par exemple le cas des programmes qui favorisent une utilisation moins intensive des terres agricoles, une amélioration de la gestion des éléments nutritifs et la soustraction de terres à la production agricole (boisement, programmes de protection des terres, utilisation extensive des herbages), autant de pratiques qui peuvent aussi contribuer à la capture de carbone.

Principaux défis

Le principal défi à relever s'agissant des émissions de GES d'origine agricole consiste à réduire le volume total des émissions et les émissions par unité de volume de production agricole. Les autres défis en rapport avec le changement climatique, par exemple la nécessité d'encourager la capture de carbone et d'améliorer la capacité d'adaptation de l'agriculture au changement climatique, ne sont pas mesurés par l'indicateur relatif aux GES présenté dans ce chapitre car ils n'entrent pas dans le champ du présent rapport. Pour réduire les émissions de GES, il faut aussi tenir compte des synergies ou arbitrages possibles avec d'autres problématiques environnementales liées à l'agriculture, comme la pollution de l'eau et la préservation de la biodiversité.

11.2. Indicateurs

Définitions

L'indicateur relatif aux émissions de gaz à effet de serre d'origine agricole mesure les variations :

- du total des émissions brutes de gaz à effet de serre d'origine agricole (méthane et hémioxyde d'azote, mais pas le dioxyde de carbone).

Concepts, interprétation, points faibles et liens avec d'autres indicateurs

L'agriculture a un lien complexe avec les émissions de gaz à effet de serre (GES) et le changement climatique. Alors qu'elle participe à l'effet de serre, certains éléments des systèmes de production agricole (les sols) peuvent, selon la façon dont ils sont gérés, constituer des puits de carbone (OCDE, 2008). Certains types de biomasse agricole peuvent fournir une source d'énergie renouvelable neutre en carbone. En outre, la production agricole est certes une source de gaz à effet de serre, principalement de méthane (CH_4) et d'hémioxyde d'azote (N_2O), qui sont parmi les principales causes agissantes responsables du changement climatique, mais elle subit également les conséquences de ce dernier. Les effets du changement climatique et l'adaptation à ce changement pourraient aboutir à une modification des types de cultures et des modes de culture dans bon nombre de pays de l'OCDE, mais ces questions sortent du champ du présent rapport.

Globalement, les inventaires de la CCNUCC fournissent un ensemble de données fiables et comparables au niveau international, mais présentent un certain nombre de limites. Les estimations nationales des émissions réalisées par les pays membres peuvent varier en fonction des facteurs inclus dans les calculs. Dans de nombreux pays, les sources agricoles d'émissions de CO_2 sont regroupées avec les émissions provenant de la sylviculture et de la pêche et ne figurent donc pas dans les graphiques et tableaux du présent chapitre. De surcroît, les hypothèses sur lesquelles repose le calcul des émissions de GES d'origine agricole simplifient des systèmes agricoles complexes, ce qui introduit une incertitude au sujet des estimations. Par ailleurs, les données relatives aux émissions figurant dans ce chapitre peuvent varier d'un pays à l'autre en fonction de la méthodologie spécifique utilisée par le pays pour effectuer ses calculs dans le cadre de la CCNUCC (on trouvera des détails supplémentaires sur les méthodologies de la CCNUCC sur le site : *http://unfccc.int/ghg_data/ghg_data_unfccc/items/4146.php*).

Les émissions de GES d'origine agricole sont liées aux indicateurs relatifs aux bilans de l'azote (chapitre 4), à l'ammoniac (chapitre 10), à l'utilisation d'énergie (chapitre 6) et aux stocks de carbone dans le sol, et sont des causes agissantes du fait de leurs conséquences (état) sur le réchauffement de la planète et de leurs incidences sur le changement climatique. La réponse de l'agriculture pour réduire les émissions de GES consiste notamment à produire et utiliser davantage d'énergies renouvelables, à améliorer l'efficacité énergétique et à restreindre les émissions grâce à l'adoption de meilleures pratiques de gestion des sols et des éléments nutritifs et à l'amélioration du rendement de la production animale.

Mesurabilité et qualité des données

Les principales sources agricoles de CH_4 et de N_2O, dont la fermentation entérique (processus mis en œuvre au cours de la digestion du bétail, par lequel les microbes de l'appareil digestif font fermenter les aliments consommés par l'animal), les effluents d'élevage, les engrais et les sols agricoles saturés (les rizières, par exemple), sont reprises dans la rubrique « Agriculture » des inventaires de la CCNUCC. L'inventaire ne reprend pas les données sur les émissions de CO_2 (essentiellement imputables à la combustion de combustibles fossiles en agriculture) qui figurent dans la rubrique « Énergie ».

Les inventaires de la CCNUCC sont la principale source de données sur les émissions de GES utilisée dans le présent chapitre. Ils fournissent un ensemble de données conformes à la méthodologie des Lignes directrices du Groupe d'experts intergouvernemental sur l'évolution du climat (GIEC) pour les inventaires nationaux de gaz à effet de serre. Ces données permettent des comparaisons parce que les inventaires couvrent la majorité des pays de l'OCDE. Les données se rapportant au **Chili**, à la **Corée**, à **Israël** et au **Mexique** sont des données nationales. Les émissions de CH_4 et de N_2O ont été converties en équivalent CO_2 à l'aide de coefficients de pondération (potentiels de réchauffement de la planète). Toutefois, les émissions de CO_2 provenant des activités agroalimentaires d'amont et d'aval, comme la production d'engrais et de pesticides, l'utilisation d'énergie, les transports et les industries de transformation, ne sont pas traitées dans le présent rapport, l'indicateur relatif aux GES portant ici sur le secteur agricole primaire.

Un certain nombre de pays de l'OCDE commencent à effectuer un suivi de la capture du carbone dans les sols agricoles et à notifier les données correspondantes à la CCNUCC. À l'avenir, les inventaires de la CCNUCC classeront les informations relatives à la capture du carbone dans les sols agricoles séparément des émissions des sols, conformément aux nouvelles exigences de notification en matière d'utilisation des terres, de changement d'affectation des terres et de foresterie. La CCNUCC collecte également des données sur les émissions résultant de la réaffectation des terres, mais ces données ne sont pas prises en compte ici car il n'est pas possible d'en extraire des informations concernant spécifiquement les changements d'utilisation des terres agricoles (terres agricoles converties à d'autres usages ou à partir d'autres usages).

11.3. Principales tendances

Alors qu'elles avaient légèrement augmenté, de 0.1 %, au cours des années 90, les émissions brutes totales de GES imputables à l'agriculture ont diminué de 0.4 % par an au cours des années 2000, soit une réduction globale de près de 44 millions de tonnes d'équivalent CO_2 sur la décennie (graphique 11.1). Entre 1998-2000 et 2008-10, les émissions de GES n'ont augmenté que dans un très petit nombre de pays, notamment le **Canada**, le **Chili**, les **États-Unis** et la **Nouvelle-Zélande**, mais à un rythme nettement moins rapide que dans les années 90. Aux **États-Unis**, les émissions de GES ont augmenté de plus de 11 millions de tonnes d'équivalent CO_2 au cours de la décennie écoulée (graphique 11.1).

Au sein de l'**UE15**, les émissions de GES d'origine agricole ont diminué de 1 % entre 1998-2000 et 2008-10, ce qui représente près de 40 millions de tonnes d'équivalent CO_2. L'**Allemagne**, la **France**, l'**Italie** et le **Royaume-Uni** ont fortement contribué à cette baisse. D'autres pays de l'UE ont aussi enregistré de fortes réductions des émissions, comme l'**Espagne** et les **Pays-Bas**, tandis que leur production agricole augmentait (graphiques 11.1 et 11.2). Dans certains pays, par exemple en **Australie**, en **Corée**, en **Espagne,** en **Irlande** et au **Portugal**, la tendance à l'augmentation des émissions de GES d'origine agricole observée durant les années 90 s'est inversée pour s'orienter à la baisse au cours de la décennie suivante.

Dans les pays de l'UE en transition (**Estonie**, **Hongrie**, **Pologne, République slovaque**, **République tchèque** et **Slovénie**), les émissions de GES enregistrent une baisse continue depuis les années 90 (graphique 11.1). Cette baisse s'explique principalement par la forte contraction qu'a connue le secteur agricole de ces pays dans le sillage de la transition vers l'économie de marché opérée dans les années 90. L'agriculture a ensuite connu une reprise durant les années 2000, décennie pendant laquelle les émissions ont certes continué de décroître, mais à un rythme plus lent que pendant les années 90, sauf en **République slovaque**.

En 2008-10, la part de l'agriculture dans le total des émissions de GES de la zone de l'OCDE s'est établie à 8 % globalement, mais a atteint un niveau beaucoup plus élevé, de respectivement 75 % et 38 %, pour les émissions d'hémioxyde d'azote (N_2O) et de méthane (CH_4) (graphique 11.1 et tableau 11.1). La contribution relative de l'agriculture aux émissions nationales totales de GES varie selon les pays. En 2008-10, elle a été d'au moins 15 % dans cinq pays (**Australie**, **Danemark**, **France**, **Irlande** et **Nouvelle-Zélande**) même si, en dehors de l'**Australie** et de la **France**, ces pays ont peu contribué aux émissions totales de GES d'origine agricole dans la zone de l'OCDE. Ensemble, l'**UE15** et les **États-Unis** ont été à l'origine de 68 % des émissions agricoles de GES dans la zone de l'OCDE en 2008-10.

La contribution de l'agriculture aux émissions de GES en général est principalement imputable à l'hémioxyde d'azote (N_2O) et au méthane (CH_4). En 2008-10, ces deux gaz ont chacun représenté environ 50 % du total des émissions dues à l'agriculture en équivalent CO_2, des proportions qui ont peu évolué depuis le début des années 90 (tableau 11.1). Les émissions d'hémioxyde d'azote (N_2O) proviennent en majeure partie de l'épandage d'engrais, des effluents d'élevage, des résidus de récolte, de l'exploitation de sols organiques (qui est également source d'émissions de CO_2), tandis que les émissions de méthane résultent pour l'essentiel de la fermentation entérique et des effluents d'élevage. En **Corée** et au **Japon**, la riziculture est également une source importante d'émissions de méthane.

Graphique 11.1. **Émissions brutes de gaz à effet de serre d'origine agricole, pays de l'OCDE, 1990-2010**

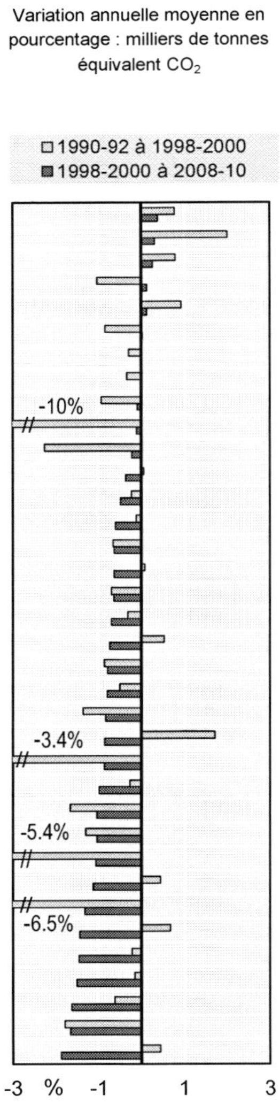

	Moyenne			Évolution des émissions de GES d'origine agricole[1]				Part de l'agriculture dans le total des émissions nationales de GES	Part dans le total des émissions agricoles de GES dans la zone OCDE
	Milliers de tonnes, équivalent CO_2			Milliers de tonnes, équivalent CO_2	Variation annuelle moyenne en %	Milliers de tonnes, équivalent CO_2	Variation annuelle moyenne en %	%	%
	1990-92	1998-2000	2008-10	1990-92 à 1998-2000		1998-2000 à 2008-10		2008-10	2008-10
Chili[2]	12 285	13 070	13 425	785	0.8	354	0.4	9	1
Canada	46 885	54 943	56 672	8 058	2.0	1 729	0.3	8	5
États-Unis	392 450	418 180	429 546	25 731	0.8	11 366	0.3	6	36
Suisse	6 091	5 603	5 675	-488	-1.0	72	0.1	11	0
Nouvelle-Zélande	30 777	33 128	33 556	2 351	0.9	429	0.1	46	3
Finlande	6 222	5 809	5 823	-413	-0.9	14	0.0	8	0
Islande	677	661	660	-16	-0.3	-1	0.0	14	0
Mexique[3]	46 739	45 486	45 424	-1 253	-0.3	-62	0.0	7	4
Israël[4,5]	2 681	2 581	2 565	-100	-0.9	-16	-0.1	3	0
Estonie	3 210	1 377	1 362	-1 833	-10.0	-15	-0.1	7	0
Pologne	43 412	36 133	35 345	-7 279	-2.3	-788	-0.2	9	3
OCDE	**1 220 878**	**1 226 552**	**1 182 632**	**5 674**	**0.1**	**-43 920**	**-0.4**	**8**	**100**
Slovénie	2 111	2 073	1 974	-38	-0.2	-99	-0.5	10	0
France	103 022	102 038	96 029	-985	-0.1	-6 009	-0.6	18	8
Autriche	8 530	8 081	7 577	-449	-0.7	-504	-0.6	9	1
Norvège	4 544	4 575	4 288	31	0.1	-287	-0.6	8	0
Allemagne	77 798	73 524	68 868	-4 274	-0.7	-4 656	-0.7	7	6
Luxembourg	750	730	681	-19	-0.3	-50	-0.7	6	0
Australie	86 151	89 870	83 370	3 720	0.5	-6 500	-0.7	15	7
Turquie	30 153	28 115	25 955	-2 037	-0.9	-2 160	-0.8	7	2
Suède	8 895	8 545	7 882	-349	-0.5	-663	-0.8	12	1
Japon	31 202	27 943	25 665	-3 259	-1.4	-2 278	-0.8	2	2
Espagne	37 301	42 733	39 185	5 432	1.7	-3 549	-0.9	10	3
Hongrie	12 225	9 234	8 458	-2 991	-3.4	-776	-0.9	12	1
UE15	**426 951**	**417 972**	**378 073**	**-8 978**	**-0.3**	**-39 900**	**-1.0**	**10**	**32**
Danemark	12 321	10 765	9 689	-1 556	-1.7	-1 076	-1.0	15	1
Grèce	11 298	10 166	9 148	-1 132	-1.3	-1 018	-1.0	7	1
République tchèque	13 960	8 938	8 026	-5 022	-5.4	-913	-1.1	6	1
Portugal	8 138	8 430	7 521	292	0.4	-909	-1.1	10	1
République slovaque	6 029	3 518	3 079	-2 511	-6.5	-439	-1.3	7	0
Irlande	19 752	20 835	17 999	1 083	0.7	-2 836	-1.5	28	2
Belgique	11 763	11 555	9 967	-208	-0.2	-1 588	-1.5	8	1
Italie	41 086	40 574	34 844	-512	-0.2	-5 730	-1.5	7	3
Royaume-Uni	57 271	54 449	46 167	-2 822	-0.6	-8 282	-1.6	8	4
Pays-Bas	22 804	19 739	16 692	-3 065	-1.8	-3 046	-1.7	8	1
Corée[5]	22 349	23 152	19 514	803	0.4	-3 638	-1.9	..	2

Graphique 11.1. **Émissions brutes de gaz à effet de serre d'origine agricole, pays de l'OCDE, 1990-2010** *(suite)*

Notes : Les pays sont classés par ordre décroissant de la variation annuelle moyenne en pourcentage pour la période 1998-2000 à 2008-10.

Les données statistiques concernant Israël sont fournies par et sous la responsabilité des autorités israéliennes compétentes. L'utilisation de ces données par l'OCDE est sans préjudice du statut des hauteurs du Golan, de Jérusalem-Est et des colonies de peuplement israéliennes en Cisjordanie aux termes du droit international.

1. Les émissions brutes de GES d'origine agricole englobent les émissions de CH_4 et de N_2O mais ne comprennent pas les émissions de CO_2.
2. Les données de la moyenne 2008-10 correspondent à la moyenne 2005-07.
3. Les données de la moyenne 2008-10 correspondent à la moyenne 2004-06.
4. Les données de la moyenne 1990-92 correspondent à l'année 1996 ; et les données de la moyenne 1998-2000 correspondent à l'année 2000.
5. Les données de la moyenne 2008-10 correspondent à la moyenne 2007-09.

Source : CCNUCC (2012), site Internet de la *Base de données de la CCNUCC pour les inventaires de gaz à effet de serre, http://ghg.unfccc.int* ; et données nationales (pour le Chili, la Corée, Israël et le Mexique).

StatLink http://dx.doi.org/10.1787/888932993066

Tableau 11.1. **Émissions brutes de gaz à effet de serre, pays de l'OCDE, 1990-2010**

Type de GES	Émissions brutes totales de la zone de l'OCDE[1] (millions de tonnes)			Part de chaque gaz dans le total OCDE[1] (%)			Émissions de GES d'origine agricole[2] (millions de tonnes)			Part de chaque gaz dans les émissions totales d'origine agricole (%)			Part de l'agriculture dans le total OCDE de chaque gaz (%)		
	1990-92	1998-2000	2008-10	1990-92	1998-2000	2008-10	1990-92	1998-2000	2008-10	1990-92	1998-2000	2008-10	1990-92	1998-2000	2008-10
Dioxyde de carbone (CO_2)	11 657	12 645	12 515	81	82	83	..	..	..	..	..	..	..	..	..
Méthane (CH_4)	1 603	1 582	1 544	11	10	10	605	605	594	50	49	50	38	38	38
Hémioxyde d'azote (N_2O)	918	896	783	6	6	5	615	621	588	50	51	50	67	69	75
Autres : (HFCs, PFCs, SF6)	234	272	282	2	2	2	..	..	..	..	..	..	..	..	..
Total	**14 412**	**15 395**	**15 124**	**100**	**100**	**100**	**1 220**	**1 226**	**1 182**	**100**	**100**	**100**	**8**	**8**	**8**

1. Émissions brutes totales de la zone de l'OCDE, à l'exclusion de l'utilisation des terres, des changements d'affectation des terres et de la foresterie (UTCATF). Les émissions brutes totales de la zone de l'OCDE ne comprennent pas la Corée pour CO_2, CH_4 et N_2O ; et ne comprennent pas la Corée et Israël pour autres (HFCs, PFCs, SF6).
2. Les émissions brutes de GES d'origine agricole comprennent les émissions de CH_4 et de N_2O mais ne comprennent pas les émissions de CO_2.

Source : CCNUCC (2012), site Internet de la *Base de données de la CCNUCC pour les inventaires de gaz à effet de serre, http://ghg.unfccc.int* ; et sources nationales pour le Chili, la Corée, Israël et le Mexique.

StatLink http://dx.doi.org/10.1787/888932993351

Les émissions de GES d'origine agricole évoluent principalement en fonction de la production agricole, et en particulier de la production animale qui influe sur les émissions de méthane (CH_4), et de la production végétale qui suppose l'utilisation d'engrais, déterminante dans l'évolution des émissions d'hémioxyde d'azote (N_2O). En confrontant les tendances de la production agricole totale et celles des émissions de GES d'origine agricole au cours de la période 1990-2010, on observe que globalement, l'éco-efficience des émissions de GES d'origine agricole s'est améliorée (en d'autres termes, l'évolution des émissions de GES a été plus lente que l'évolution correspondante de la production agricole) (graphique 11.2).

Graphique 11.2. **Émissions de gaz à effet de serre d'origine agricole et volume de production agricole, pays de l'OCDE : 1990-2010**

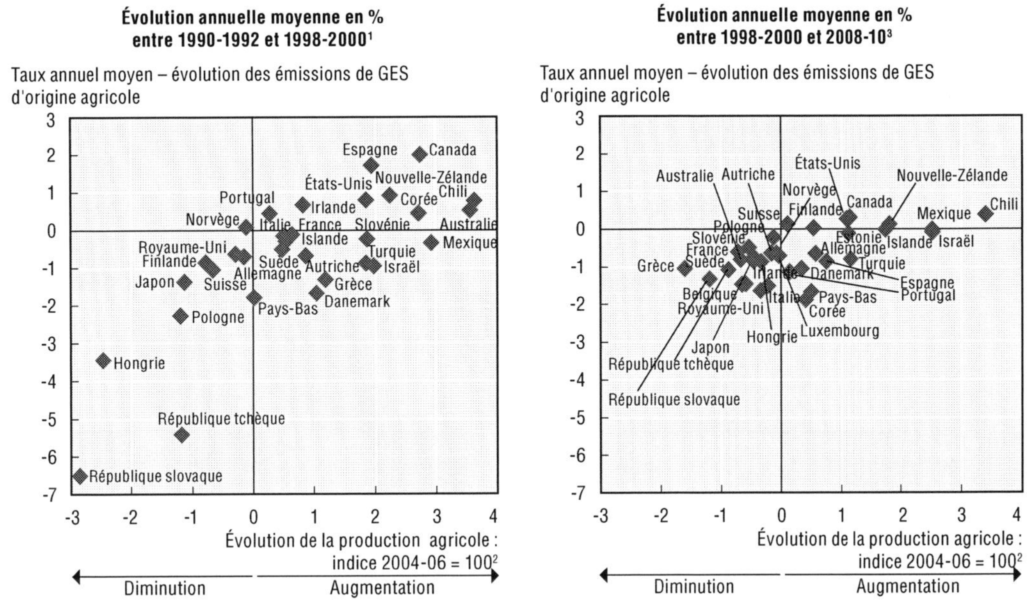

Notes : Les données statistiques concernant Israël sont fournies par et sous la responsabilité des autorités israéliennes compétentes. L'utilisation de ces données par l'OCDE est sans préjudice du statut des hauteurs du Golan, de Jérusalem-Est et des colonies de peuplement israéliennes en Cisjordanie aux termes du droit international.

1. Pour la période couvrant 1990-92 à 1998-2000 : l'Estonie (-5 % par an de volume de production agricole et -10 % par an d'émissions de gaz à effet de serre d'origine agricole), n'est pas représentée. L'indice de production agricole n'est pas disponible pour la Belgique et le Luxembourg. Les données sur les émissions de gaz à effet de serre d'origine agricole d'Israël pour la moyenne 1990-92 correspondent à l'année 1996 ; et celles de la moyenne 1998-2000 correspondent à l'année 2000.
2. Les indices FAO de la production agricole indiquent le niveau relatif du volume global de la production agricole, pour chaque année, par rapport à la période de référence 2004-06. On les calcule en faisant la somme pondérée par le prix de la production des différents produits agricoles, après déduction des quantités utilisées comme semences ou pour l'alimentation animale, pondérées de même. L'agrégat ainsi obtenu représente donc la production disponible pour toutes les utilisations, sauf l'utilisation comme semences ou aliments pour animaux. Tous les indices, aux niveaux national, régional et mondial, sont calculés au moyen de la formule de Laspeyres. Les quantités de chaque produit sont pondérées par les prix moyens internationaux à la production pour la période 2004-06 et additionnées pour chaque année. On divise l'agrégat pour une année déterminée par l'agrégat moyen de la période de référence 2004-06 pour obtenir l'indice. Pour des raisons techniques, il n'est pas possible de fournir une moyenne pour la zone de l'OCDE ou pour l'UE.
3. Pour la période couvrant 1998-2000 à 2008-10, s'agissant des émissions de gas à effet de serre d'origine agricole : Chili : les données de la moyenne 2008-10 correspondent à la moyenne 2005-07 ; Mexique : les données de la moyenne 2008-10 correspondent à la moyenne 2004-06 ; Corée et Israël : les données de la moyenne 2008-10 correspondent à la moyenne 2007-09.

Source : FAOSTAT (2012) ; CCNUCC (2012), site Internet de la *Base de données de la CCNUCC pour les inventaires de gaz à effet de serre, http://ghg.unfccc.int* ; et données nationales (pour le Chili, la Corée, Israël et le Mexique).

StatLink http://dx.doi.org/10.1787/888932993085

L'amélioration de l'éco-efficience des émissions de GES au cours des années 2000 a apparemment été importante au **Canada**, au **Chili**, en **Estonie**, aux **États-Unis,** en **Islande**, en **Israël**, au **Mexique** et en **Nouvelle-Zélande** (croissance ou quasi-stabilité des émissions de GES par rapport aux taux de croissance plus élevés de la production agricole) ; en **Corée**, au **Danemark**, en **Espagne**, aux **Pays-Bas** et en **Turquie** (diminution des émissions de GES et augmentation de la production agricole) ; ainsi qu'en **Belgique**, en **Irlande**, en **Italie** et au **Royaume-Uni** (réduction des émissions de GES supérieure à la contraction de la production agricole) (graphique 11.2).

Comme dans le cas de l'ammoniac, l'amélioration de l'éco-efficience liée à la réduction du niveau et de l'intensité des émissions de GES d'origine agricole au cours de la décennie écoulée s'explique essentiellement par l'adoption de techniques et de pratiques de gestion agricole plus efficaces et par l'introduction, dans les pays de l'OCDE, de mesures incitatives destinées à favoriser la réduction des émissions. De plus en plus d'agriculteurs adoptent des techniques (par exemple, amélioration de l'efficacité alimentaire et du taux de croissance du bétail pour réduire les émissions de méthane) et des pratiques, comme l'épandage localisé des engrais, qui contribuent à la réduction des émissions en abaissant les émissions d'hémioxyde d'azote.

L'adoption de ces techniques et pratiques a été favorisée par l'introduction de divers instruments, par exemple de réglementations relatives aux bâtiments d'élevage destinées à limiter les émissions de GES, et d'aides financières pour financer des biodigesteurs aux fins de capture et de production de méthane en tant que source d'énergie renouvelable, et remplacer ainsi indirectement d'autres sources d'énergie, le charbon par exemple. Au **Canada** par exemple, entre 1981 et 2006, l'adoption de pratiques de gestion plus efficaces a permis de réduire les émissions de GES par unité de poids vif produite de près de 40 % dans les filières bovine et porcine et de 20 % par kilogramme de lait produit dans la filière laitière (Eilers et autres, 2010).

Bibliographie

Eilers, W., R. MacKay, L. Graham et A. Lefebvre (dir. publ.) (2010), « L'agriculture écologiquement durable au Canada », *Série sur les indicateurs agro-environnementaux* – Rapport n° 3, Agriculture et Agroalimentaire Canada, Ottawa, Canada, *http://publications.gc.ca/collections/collection_2011/agr/A22-201-2010-fra.pdf.*

OCDE (2008), *La performance environnementale de l'agriculture dans les pays de l'OCDE depuis 1990,* Éditions OCDE, *http://dx.doi.org/10.1787/9789264040946-fr.*

Chapitre 12

Bromure de méthyle : appauvrissement de la couche d'ozone

Ce chapitre examine les performances environnementales de l'agriculture dans les pays de l'OCDE relatives au bromure de méthyle. Il fournit une description du contexte général (problématique et principaux défis), les définitions des indicateurs agro-environnementaux présentés, et des éléments portant sur les concepts, l'interprétation, les liens avec d'autres indicateurs, ainsi que sur la mesurabilité et la qualité des données. Le chapitre décrit ensuite les principales tendances des indicateurs agro-environnementaux, en recourant aux données disponibles couvrant la période 1990-2010 et en s'appuyant sur un ensemble de tableaux et de graphiques.

12.1. Contexte général

Problématique

Le bromure de méthyle, utilisé comme produit de fumigation par les secteurs agricole, horticole et agroalimentaire, peut être nocif pour la santé humaine et la biodiversité des sols en raison de sa grande toxicité, mais aussi il détruit la couche d'ozone, présentant ainsi un risque pour la santé humaine et l'environnement. Les parties au *Protocole de Montréal relatif à des substances qui appauvrissent la couche d'ozone* sont convenues en 1997 d'un calendrier d'élimination progressive du bromure de méthyle à l'échelle mondiale. En vertu de ce programme, les pays développés devaient réduire leur utilisation de bromure de méthyle de 25 % à l'horizon 1999, 50 % à l'horizon 2001, 70 % à l'horizon 2003 et 100 % à l'horizon 2005, par rapport aux niveaux de 1991 (OCDE, 2008 ; PNUE).

Les pays en développement (c'est-à-dire les pays visés par l'article 5 du *Protocole de Montréal*) ont commencé à geler l'utilisation du bromure de méthyle en 2002 par rapport aux niveaux moyens de 1995-98, avec un objectif de réduction de 20 % à l'horizon 2005 et de 100 % à l'horizon 2015 (PNUE). Parmi les pays de l'OCDE, le **Chili**, la **Corée**, le **Mexique** et la **Turquie** sont visés par l'article 5 du *Protocole de Montréal*.

Principaux défis

Le défi pour l'agriculture consiste à réduire l'utilisation de bromure de méthyle afin de respecter les objectifs fixés par le *Protocole de Montréal*, qui conduiront, à terme, à ne plus utiliser ce produit dans l'agriculture (tableau 12.1).

12.2. Indicateurs

Définitions

L'indicateur relatif à l'utilisation de bromure de méthyle dans le secteur agricole mesure les variations :

- de la quantité de bromure de méthyle utilisé en tonnes d'équivalents substance appauvrissant la couche d'ozone.

Concepts, interprétation, points faibles et liens avec d'autres indicateurs

Le bromure de méthyle est un produit de fumigation utilisé depuis plus de 50 ans dans les secteurs agricole, horticole et agroalimentaire. Il permet de lutter contre les insectes du sol, les maladies, les nématodes et les acariens en plein champ et en serre et contre les ravageurs attirés par le stockage de denrées alimentaires telles que les céréales. On y a également eu recours à des fins de quarantaine végétale et de traitement préalable à l'expédition (OCDE, 2008).

Le bromure de méthyle présente l'avantage d'être un produit de fumigation peu coûteux et efficace contre une large gamme de ravageurs, mais sa toxicité élevée le rend

Tableau 12.1. **Utilisation de bromure de méthyle, dans le monde et dans les pays de l'OCDE, 1991-2010**

	Potentiel de destruction de l'ozone (tonnes de PDO) résultant de l'utilisation de bromure de méthyle				Variation en % (1991 à 2010)	Objectif du *Protocole de Montréal* : % de réduction en 2005 par rapport à 1991 (2005)
	1991[1]	2008	2009	2010		
OCDE[2]	33 453	2 622	2 108	2 103	-94	x
États-Unis	15 317	1 817	1 363	1 633	-89	100
UE15	11 530	165	0	0	-100	100
Japon	3 664	236	167	149	-96	100
Israël	2 148	360	541	286	-87	100
Australie	422	25	20	21	-95	100
Canada	120	20	17	14	-88	100
Pologne	120	0	0	0	-100	100
Nouvelle-Zélande	81	0	0	0	-100	100
Hongrie	32	0	0	0	-100	100
République tchèque	6	0	0	0	-100	100
Norvège	6	0	0	0	-100	100
République slovaque	6	0	0	0	-100	100
Pays visés par l'article 5[3]	Moyenne 1995-98[1]	2008	2009	2010	Variation en % 1995-98 à 2010	Objectif du *Protocole de Montréal* : % de réduction en 2005 (2015) par rapport à 1995-98
Mexique	1 131	820	745	668	-41	20 (100)
Turquie	480	0	0	0	-100	20 (100)
Chili	213	164	165	162	-24	20 (100)
Corée	0	0	0	0	-100	20 (100)
	1991	2008	2009	2010	Variation en % 1991-2010	
Utilisation mondiale de produits à PDO (tonnes)	894 253	43 452	48 906	43 895	-95	
Part de l'utilisation de bromure de méthyle de la zone de l'OCDE dans l'utilisation mondiale totale de produits à PDO (%)	4	6	4	5		
Utilisation mondiale totale de bromure de méthyle (tonnes de PDO)	38 665	5 984	4 914	4 185	-89	
Part de la zone de l'OCDE dans l'utilisation mondiale totale de bromure de méthyle (%)	87	44	43	50		

Notes : Les pays sont classés par ordre décroissant d'utilisation de bromure de méthyle en 1991.
Les données statistiques concernant Israël sont fournies par et sous la responsabilité des autorités israéliennes compétentes. L'utilisation de ces données par l'OCDE est sans préjudice du statut des hauteurs du Golan, de Jérusalem-Est et des colonies de peuplement israéliennes en Cisjordanie aux termes du droit international.
Les pays suivants soit avaient déjà renoncé à l'utilisation du bromure de méthyle en 1991, soit n'ont pas utilisé cette substance (à l'exclusion des pays de l'UE15) : Corée, Estonie, Islande, Slovénie et Suisse.
1. La période de référence au titre du *Protocole de Montréal* est 1991 pour les pays non visés par l'article 5 et 1995-98 pour les pays visés par l'article 5.
2. L'OCDE ne comprend pas les pays suivants : Chili, Corée, Mexique et Turquie.
3. Pays visés par l'article 5 du *Protocole de Montréal*.

Source : Secrétariat de l'Ozone du PNUE (2012), *http://ozone.unep.org/new_site/fr/ozone_data_tools_access.php*.

StatLink *http://dx.doi.org/10.1787/888932993370*

dangereux pour la santé humaine et la biodiversité du sol. Il constitue en outre l'une des substances appauvrissant la couche d'ozone les plus destructrices de la couche d'ozone. Or, l'appauvrissement de la couche d'ozone compromet l'action des couches d'ozone stratosphérique. La couche d'ozone empêche les rayons ultraviolets nocifs (UV-B) d'atteindre la terre et de causer des dommages aux cultures agricoles, à la végétation forestière et à la santé humaine et animale (OCDE, 2008).

En tant que cause agissante environnementale, l'indicateur relatif à l'utilisation de bromure de méthyle est lié à l'état (et à l'évolution) de la couche d'ozone. Les pays de l'OCDE sont tenus de *répondre* en renonçant à l'utilisation de bromure de méthyle conformément au calendrier convenu dans le *Protocole de Montréal*.

Mesurabilité et qualité des données

Les données relatives à l'utilisation de bromure de méthyle sont collectées par les parties au *Protocole de Montréal* et transmises au Secrétariat de l'ozone, situé dans les locaux du Programme des Nations Unies pour l'environnement (PNUE). Les parties communiquent les quantités produites, importées et exportées en tonnes et le Secrétariat calcule la consommation pondérée en utilisant le potentiel de destruction de l'ozone (PDO) de chaque substance, indice relatif qui indique dans quelle mesure un produit chimique est susceptible d'appauvrir la couche d'ozone (OCDE, 2008). Le bromure de méthyle a un coefficient PDO de 0.6, et les tonnes de PDO sont calculées de la manière suivante :

Potentiel de destruction de l'ozone par le bromure de méthyle (en tonnes de PDO) =

bromure de méthyle utilisé (tonnes) x coefficient de potentiel de destruction de l'ozone

Conformément au *Protocole de Montréal*, les données relatives à l'utilisation de bromure de méthyle dans les États membres de l'**UE15** sont notifiées au PNUE sous forme de données agrégées. À noter que l'utilisation du bromure de méthyle à des fins de quarantaine et de traitement préalable à l'expédition ne relève pas du programme d'élimination progressive et que les données relatives à ces utilisations ne sont pas notifiées au PNUE et ne figurent donc pas dans la base de données de l'OCDE. Aussi, les pays qui indiquent, dans le présent chapitre, ne pas utiliser de bromure de méthyle dans le secteur agricole primaire, peuvent fort bien avoir recours à ce pesticide dans le secteur agroalimentaire aux fins de quarantaine et de traitement préalable à l'expédition.

12.3. Principales tendances

La plupart des pays de l'OCDE ont respecté les objectifs de réduction de l'utilisation de bromure de méthyle prévus dans le *Protocole de Montréal* à l'horizon 2010 (tableau 12.1). Cependant, certains d'entre eux, notamment les **États-Unis** et, dans une moindre mesure, **Israël** et le **Japon,** y faisaient encore appel pour des utilisations critiques jusqu'en 2010, au-delà de la date limite de 2005 établie par le *Protocole de Montréal* (tableau 12.1). Les pays de ce groupe ont sensiblement réduit leur utilisation de bromure de méthyle, de 90 % au moins en 2010 par rapport aux niveaux de 1991 (1991 est l'année de référence du *Protocole de Montréal*) (tableau 12.1). Depuis 2012, **Israël** interdit complètement l'utilisation de cette substance.

À l'échelle mondiale, l'utilisation de substances appauvrissant la couche d'ozone (SAO) a diminué de 95 % entre 1991 et 2010, tandis que la consommation de bromure de méthyle a reculé de 89 %, soit légèrement moins, et que sa part dans l'utilisation mondiale de SAO a peu évolué durant cette période, s'établissant à 5 % environ (tableau 12.1). Par ailleurs, la part des pays de l'OCDE dans l'utilisation totale mondiale de bromure de méthyle est passée de plus de 87 % en 1991 à environ 50 % en 2010, ces pays (hors ceux visés à l'article 5) ayant réduit leur utilisation du bromure de méthyle de plus de 90 % au cours de cette période (tableau 12.1).

La fumigation du sol, notamment en horticulture, représente environ les trois quarts de la consommation totale de bromure de méthyle (OCDE, 2008). En outre, le bromure de méthyle est utilisé pour le stockage de produits durables (céréales et bois, par exemple) et de denrées périssables (légumes et fruits frais, fleurs coupées, etc.) et pour le déparasitage de structures (bâtiments, navires et aéronefs, par exemple) (OCDE, 2008).

La baisse de la consommation de bromure de méthyle résulte de l'effet conjugué de réglementations gouvernementales et d'évolutions du marché, ainsi que de la pression d'organisations non gouvernementales et d'initiatives d'entreprises privées. En outre, certains pays ont adopté un calendrier d'élimination progressive plus strict que celui prévu par le *Protocole de Montréal*, et s'efforcent de mettre au point des solutions de remplacement (OCDE, 2008).

Les quatre pays de l'OCDE visés par l'article 5 du *Protocole de Montréal* – **Chili**, **Corée**, **Mexique** et **Turquie** – ont également réduit leur utilisation de bromure de méthyle entre 1995-98 et 2010 (tableau 12.1). La **Corée** et la **Turquie** ont déjà totalement cessé de l'utiliser tandis que le **Chili** et le **Mexique** ont réduit leur utilisation au-delà des exigences du Protocole, même s'ils doivent, l'un comme l'autre, aller plus loin pour respecter l'objectif d'élimination totale du bromure de méthyle à l'horizon 2015.

Pour certains pays de l'OCDE, la recherche de solutions de remplacement nécessaires pour respecter le calendrier d'élimination progressive du bromure de méthyle représentait un défi technique. Dans ce contexte, les parties au *Protocole de Montréal* ont été autorisées à demander, en plus des dérogations possibles pour quarantaine et traitement préalable à l'expédition, des ***dérogations pour utilisations critiques*** lorsqu'il n'existe pas de solution de remplacement réaliste.

Ces dérogations sont destinées à permettre aux agriculteurs, aux fumigateurs et aux autres utilisateurs de bromure de méthyle de disposer de plus de temps pour trouver des produits de substitution (OCDE, 2008). En 2009 et 2010, les parties au *Protocole de Montréal* en ont accordé pour 2012, notamment à l'**Australie**, au **Canada**, aux **États-Unis,** à **Israël** et au **Japon**, (PNUE). Ce processus de dérogation a permis aux secteurs confrontés à des enjeux techniques de trouver des solutions de remplacement pour poursuivre la production agricole tout en conduisant des recherches et en mettant en place des traitements de substitution. Il risque néanmoins de compromettre le respect du calendrier d'élimination progressive prévu par le *Protocole de Montréal* et de décourager les pays qui en bénéficient de rechercher des solutions de remplacement (OCDE, 2008).

Bibliographie

OCDE (2008), *La performance environnementale de l'agriculture dans les pays de l'OCDE depuis 1990*, Éditions OCDE, *http://dx.doi.org/10.1787/9789264040946-fr*.

PNUE (Programme des Nations Unies pour l'environnement), site Internet du Secrétariat de l'ozone, *http://ozone.unep.org/new_site/fr/index.php*.

Chapitre 13

Biodiversité : populations d'oiseaux des milieux agricoles et couverture des terres agricoles

Ce chapitre examine les performances environnementales de l'agriculture dans les pays de l'OCDE relatives à la biodiversité. Il fournit une description du contexte général (problématique et principaux défis), les définitions des indicateurs agro-environnementaux présentés, et des éléments portant sur les concepts, l'interprétation, les liens avec d'autres indicateurs, ainsi que sur la mesurabilité et la qualité des données. Le chapitre décrit ensuite les principales tendances des indicateurs agro-environnementaux, en recourant aux données disponibles couvrant la période 1990-2010 et en s'appuyant sur un ensemble de tableaux et de graphiques.

13.1. Contexte général

Problématique

La Convention sur la diversité biologique (CDB, 2002) définit la biodiversité agricole à tous les niveaux impliqués dans la production agricole ou en subissant les effets, de celui des gènes à celui des écosystèmes (encadré 13.1). La biodiversité agricole se caractérise par le fait qu'elle est en grande partie créée, entretenue et gérée par l'homme, par l'intermédiaire d'une large gamme de systèmes de production allant de l'agriculture de subsistance aux systèmes utilisant des biotechnologies et des écosystèmes terrestres profondément modifiés. À cet égard, la biodiversité agricole doit être distinguée de la biodiversité « naturelle », à laquelle on accorde une plus grande valeur *in situ* et en tant que produit de l'évolution naturelle (OCDE, 2008).

Encadré 13.1. **Définition de la biodiversité agricole**

Il est possible, en s'inspirant de la définition de la CDB, de définir la biodiversité agricole en termes de (OCDE, 2001) :

1. ***Diversité génétique :*** nombre de gènes contenus dans les espèces végétales et animales domestiquées et dans les espèces sauvages apparentées.
2. ***Diversité des espèces :*** nombre et populations d'espèces sauvages (faune et flore) qui dépendent des activités agricoles ou en subissent les conséquences, organismes du sol compris, et effets des espèces allogènes sur l'agriculture et la biodiversité.
3. ***Diversité des écosystèmes :*** populations d'espèces domestiquées et sauvages et leur environnement non vivant (par exemple, le climat), constituant un *agro-écosystème* et se trouvant en contact avec d'autres écosystèmes (à savoir, écosystèmes forestiers, aquatiques, steppiques, rupestres et urbains). L'agro-écosystème est composé de différents habitats concentrés dans une zone où les éléments écologiques sont relativement homogènes et sont cultivés, tels que les pâturages extensifs ou les vergers, ou ne sont pas cultivés mais s'insèrent dans un système d'exploitation, comme les zones humides.

Les pays de l'OCDE recourent à des mesures et approches diverses pour concilier la nécessité d'accroître la production agricole en exploitant des ressources génétiques animales et végétales, et celle de réduire les effets dommageables sur la biodiversité, en particulier sur les espèces sauvages (oiseaux, par exemple) et sur les écosystèmes (zones humides, par exemple). De surcroît, la plupart des pays de l'OCDE sont signataires d'accords internationaux importants pour la préservation de la biodiversité agricole, comme la *Convention sur la diversité biologique,* la *Convention sur la conservation des espèces migratrices appartenant à la faune sauvage* et la *Convention de Ramsar* sur la protection des zones humides. Pour mieux comprendre la complexité des liens entre agriculture et biodiversité et mettre au point un ensemble d'indicateurs permettant de saisir cette complexité, l'OCDE a élaboré un cadre des indicateurs de l'agro-biodiversité (graphique 13.1).

Graphique 13.1. **Cadre des Indicateurs de l'agro-biodiversité de l'OCDE**

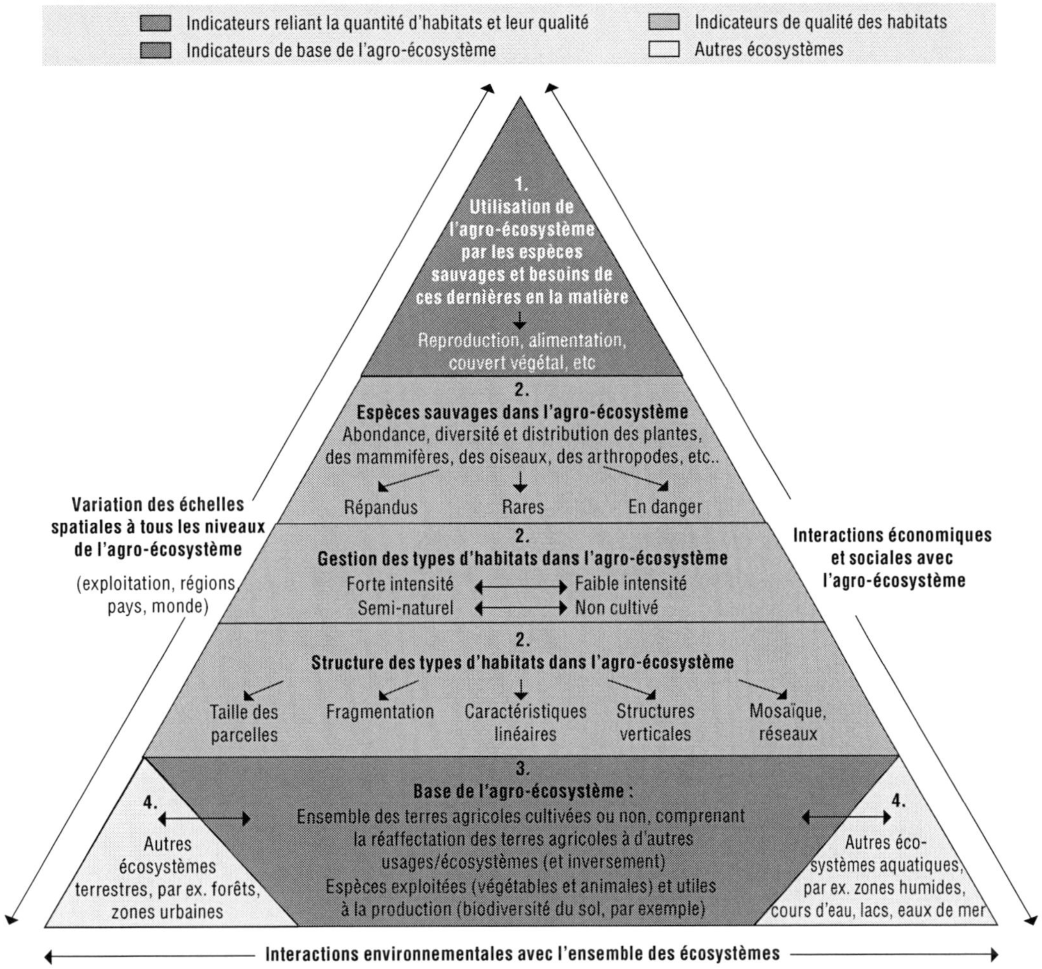

Source : OCDE (2003), *Agriculture and Biodiversity: Developing Indicators from Policy Analysis*, Paris, France, *www.oecd.org/fr/tad/agriculture-durable/indicateurs-agro-environnementaux.htm*.

Ce cadre d'analyse prend en compte trois aspects des liens entre agriculture et biodiversité, à des échelles spatiales diverses, depuis le niveau local jusqu'au niveau mondial. Premièrement, un agro-écosystème fournit à la fois des produits alimentaires et non alimentaires, ainsi que des services environnementaux (scientifiques, de loisir, écologiques, par exemple). Deuxièmement, l'agro-écosystème est composé de communautés animales et végétales (faune et flore domestiquées et espèces sauvages) qui interagissent avec les aspirations économiques et sociales des activités agricoles. Troisièmement, l'agro-écosystème a des liens avec d'autres écosystèmes, terrestres (les forêts, par exemple) et aquatiques (les zones humides, par exemple), notamment sous forme d'incidence des pratiques agricoles sur d'autres écosystèmes mais aussi d'incidence de ces écosystèmes sur l'agriculture.

Au sein d'un agro-écosystème, le cadre d'analyse de la biodiversité agricole met en lumière une structure pyramidale en trois couches, à partir de laquelle l'OCDE a élaboré certains des indicateurs présentés dans ce chapitre du rapport et d'autres, ainsi que dans des travaux antérieurs de l'OCDE (OCDE, 2008). La première couche est la base de la production agricole, en particulier l'utilisation qu'elle fait de *ressources génétiques* (faune et flore). Les indicateurs des ressources génétiques agricoles ne figurent pas dans le présent rapport, mais ont été examinés dans la première édition du *Panorama* (OCDE, 2008). La deuxième couche comprend la structure (mosaïques de parcelles, éléments linéaires, par exemple) et la gestion (différents systèmes et pratiques agricoles) des *habitats* au sein de l'agro-écosystème, avec des incidences sur la troisième et dernière couche, laquelle comprend l'abondance, la richesse et la distribution des *espèces sauvages* qui dépendent des activités agricoles ou en subissent les effets.

Principaux défis

L'agriculture est confrontée à un défi de taille en termes de biodiversité car elle est une grande utilisatrice de terres et de ressources en eau dont certaines ressources génétiques et espèces sauvages sont fortement tributaires (tableau 2.1). Les efforts déployés pour protéger les oiseaux des milieux agricoles peuvent aussi contribuer aux objectifs plus généraux de protection de la diversité des espèces sauvages et des écosystèmes liés à l'agriculture. L'enjeu essentiel pour cette dernière consiste à préserver ou à restaurer les populations en âge de reproduction, tout particulièrement celles d'oiseaux des milieux agricoles, tout en assurant une exploitation rentable des activités de façon à accroître la production agricole.

13.2. Indicateurs

Définitions

Les indicateurs relatifs à la biodiversité agricole mesurent les variations :

- des populations d'un groupe donné d'espèces d'oiseaux nicheurs qui dépendent des terres agricoles pour la nidification ou la reproduction ;
- des types de couverture des sols agricoles – grandes cultures, cultures permanentes et pâturages.

Concepts, interprétation, points faibles et liens avec d'autres indicateurs

Le secteur agricole est le principal utilisateur de terres dans la plupart des pays de l'OCDE (graphique 3.6). À ce titre, il a un impact direct sur les habitats des espèces et indirect sur l'existence même de ces espèces, mais les interactions et relations qui régissent ces impacts sont complexes (graphique 13.1). De plus, les conséquences des activités agricoles sur les espèces sauvages sont particulièrement importantes dans les pays de l'OCDE (comme l'**Australie** ou le **Mexique**) qui sont dits « mégadivers » (pays abritant une forte part des espèces sauvages animales et végétales de la planète) (OCDE, 2008).

Bien que les méthodes utilisées pour calculer certains indicateurs relatifs à la biodiversité des espèces sauvages en rapport avec l'agriculture se soient améliorées (OCDE, 2003), on dispose de peu de données comparatives et quantitatives sur l'état des espèces de la faune et de la flore sauvages en rapport avec l'agriculture au sein des pays de l'OCDE. Les données relatives aux populations d'oiseaux constituent une exception notable, même si davantage de données commencent également à être disponibles sur les papillons. En revanche, les données relatives à la flore restent beaucoup plus rares (OCDE, 2008).

Les oiseaux peuvent être considérés comme des « espèces témoins » fournissant un baromètre de la santé de l'environnement. Se situant au sommet de la pyramide trophique ou non loin, ils rendent compte plus vite que d'autres espèces des modifications de l'écosystème. L'indice relatif aux oiseaux des milieux agricoles se rapporte à l'évolution moyenne d'un groupe d'espèces se prêtant à un suivi de l'état des habitats sur les terres agricoles. En général, une diminution de cet indice signifie que l'équilibre de la population des espèces d'oiseaux évolue négativement, ce qui révèle un appauvrissement de la biodiversité. Un indice constant signifie qu'il n'y a, dans l'ensemble, eu aucun changement. Une hausse de l'indice signifie que l'équilibre des espèces d'oiseaux évolue positivement, ce qui est synonyme d'une interruption de l'appauvrissement de la biodiversité.

Une hausse de l'indice des oiseaux des milieux agricoles peut certes être synonyme d'amélioration de l'état de l'environnement, mais il n'en va pas systématiquement ainsi. Elle peut aussi résulter, dans des cas extrêmes, de l'expansion de certaines espèces d'oiseaux aux dépens d'autres. Dans tous les cas, il est indispensable de procéder à une analyse détaillée pour interpréter correctement les tendances des indicateurs, et l'évolution de l'indice composite relatif aux oiseaux des milieux agricoles peut dissimuler d'importantes variations au niveau des espèces individuelles.

Les populations d'oiseaux subissent certes les effets des activités agricoles, par exemple en cas de perte d'habitats sur les terres agricoles, mais beaucoup d'autres facteurs extérieurs à l'agriculture peuvent aussi influer sur la dynamique des populations, qu'il s'agisse de modifications des populations de prédateurs « naturels », des conditions météorologiques ou, à plus long terme, du changement climatique. À cela s'ajoute un problème de définition de l'habitat primaire agricole, car certaines espèces d'oiseaux peuvent utiliser les terres agricoles comme zone d'alimentation mais se reproduire dans une forêt située à proximité, et des modifications des écosystèmes adjacents peuvent à leur tour avoir des répercussions sur les espèces d'oiseaux qui utilisent les terres agricoles. Qui plus est, certaines espèces d'oiseaux des milieux agricoles sont des espèces migratoires, et la modification de leurs aires de migration (été ou hiver) ou des changements le long de leur voie de migration peuvent aussi avoir des retombées sur leur population (OCDE, 2003 ; et 2008).

Par ailleurs, l'indice relatif aux oiseaux des milieux agricoles est uniquement fondé sur les populations d'oiseaux nicheurs, considérés comme représentatifs de la biodiversité des terres agricoles. Or ce postulat risque d'entraîner l'exclusion de certaines espèces comme les oiseaux hivernants, tels les cygnes et les oies qui quittent chaque année leurs aires de nidification arctiques et boréales pour passer l'hiver en Irlande (et dans de nombreuses autres régions d'Europe). La plupart de ces espèces recourent aux pâturages exploités pour se nourrir pendant toute la période hivernale.

Le suivi de l'évolution de la surface d'habitats agricoles semi-naturels peut fournir des informations sur l'étendue des surfaces soumises à des pratiques agricoles de relativement « faible intensité », comme les pâturages boisés et les prairies extensives, dont la gestion n'appelle guère ou pas d'engrais et de pesticides et qui sont relativement peu perturbés par des opérations mécanisées (surtout pendant la saison de nidification), ou les surfaces non cultivées, comme les terres en jachère (les habitats non cultivés sur les terres agricoles, par exemple les haies). L'évaluation des changements affectant les habitats semi-naturels situés sur les terres agricoles est compliquée par l'absence d'une définition du terme « semi-naturel » commune aux différents pays et systèmes d'exploitation, même si des solutions à ce problème commencent à être recherchées dans le cadre d'accords internationaux tels que la Convention sur la diversité biologique.

Le fait que dans la plupart des pays, les données relatives aux habitats semi-naturels sont actuellement collectées à un niveau d'agrégation relativement élevé, ce qui compromet l'analyse des incidences potentielles sur la biodiversité, constitue une limite supplémentaire. De fait, le présent chapitre utilise la catégorie très large que constituent les pâturages permanents pour représenter les habitats semi-naturels, avec toutes les réserves signalées plus haut.

L'évolution générale de l'utilisation des terres agricoles (chapitre 3) et de la couverture des terres agricoles, évoquée dans ce chapitre, de même que les pratiques et systèmes de gestion agricole agissent de manière déterminante sur les populations d'oiseaux des milieux agricoles. Par ailleurs, l'intensité de l'utilisation d'intrants, en particulier d'éléments nutritifs (chapitre 4), de pesticides (chapitre 5) et de ressources en eau (chapitre 8), ainsi que la qualité de l'eau (chapitre 9), sont aussi des causes agissantes importantes liées à l'état et à l'évolution des populations d'oiseaux des milieux agricoles et aux réponses en termes de programmes de conservation mis en œuvre dans le cadre de dispositifs plus larges de gestion de la biodiversité agricole.

Mesurabilité et qualité des données

L'indicateur relatif aux oiseaux des milieux agricoles utilisé dans ce chapitre repose essentiellement sur le programme paneuropéen *Pan European Common Bird Monitoring Scheme* de BirdLife International (European Bird Census Council), ainsi que sur des programmes nationaux de suivi des oiseaux. Ces divers indices nationaux diffèrent par le nombre et le type d'espèces prises en compte, qui varient entre 8 et 36 espèces d'oiseaux, en fonction des situations nationales, et par les méthodes utilisées pour obtenir les indices (voir les notes détaillées sur le site Internet de l'OCDE). Les données sont traitées par BirdLife International au moyen de techniques statistiques permettant de calculer des indices nationaux relatifs aux espèces et de les associer pour obtenir des indices supranationaux par espèce, pondérés en fonction des estimations de la taille des populations nationales. La pondération tient compte du fait que certains pays abritent des proportions différentes de chaque espèce. L'association (sur une échelle géométrique) des indices supranationaux par espèce a ensuite permis d'obtenir des indicateurs multiespèces, fixés (pour les besoins de la présentation) à une valeur de 100 pour l'an 2000. Les indices relatifs aux populations d'oiseaux des milieux agricoles n'existent actuellement que pour les **pays européens de l'OCDE,** le **Canada** et les **États-Unis** (uniquement espèces de prairie), mais des efforts sont déployés dans le cadre du Partenariat relatif aux indicateurs de biodiversité (BIP) pour élaborer un indicateur mondial sur les oiseaux sauvages à partir de données nationales (voir *www.bipindicators.net/wbi*).

Les données relatives aux principales utilisations des terres agricoles (grandes cultures, cultures permanentes et pâturages permanents) sont le plus souvent collectées par voie de recensement, en général tous les 10 ans seulement pour les pâturages permanents et plus régulièrement pour les grandes cultures. Bien que les connaissances scientifiques sur les fonctions écologiques de la biodiversité se soient accrues, les systèmes d'évaluation et de surveillance des habitats restent, dans la plupart des pays de l'OCDE, relativement modestes en termes de séries temporelles désagrégées. Toutefois, bon nombre de pays commencent à s'efforcer de suivre l'évolution des habitats dans les zones semi-naturelles ou non cultivées du territoire agricole dans le cadre de plans nationaux de gestion de la biodiversité. Quoi qu'il en soit, il est possible, en examinant l'évolution de la superficie des terres agricoles affectées aux pâturages permanents, en reliant cette évolution à celle de la superficie totale des terres agricoles (chapitre 3) et en utilisant d'autres données sur les changements d'utilisation des terres et de couverture des sols, de tirer des conclusions provisoires concernant l'impact de l'utilisation des terres sur les populations d'oiseaux et autres espèces végétales et animales auxquelles les terres agricoles servent d'habitat.

13.3. Principales tendances

Oiseaux des milieux agricoles

Entre 1990 et 2010, les **populations d'oiseaux des milieux agricoles** ont affiché une tendance continue à la baisse dans presque tous les pays de l'OCDE. Dans la plupart des cas, cependant, cette diminution a été moins prononcée dans les années 2000 que pendant la décennie antérieure (graphiques 13.2 et 13.3). Dans presque tous les pays de l'OCDE, l'indice relatif aux oiseaux des milieux agricoles a diminué de plus de 15 % entre 1998-2000 et 2008-10 en **Allemagne,** en **Autriche,** en **Belgique**, au **Danemark**, en **Norvège** et aux **Pays-Bas**. Il a cependant augmenté légèrement en **Estonie**, aux **États-Unis** (uniquement espèces de prairie) et en **Irlande**. Dans quelques pays, comme l'**Allemagne,** le **Danemark** et les **Pays-Bas**, l'indice a diminué plus rapidement durant les années 2000 que durant les années 90 (graphiques 13.2 et 13.3).

L'évolution générale dans l'ensemble de la zone OCDE doit être commentée avec prudence car, exception faite du **Canada** et des **États-Unis**, aucun pays de l'OCDE extérieur à l'Europe n'est pris en compte dans la série de données. Il ressort des données partielles dont on dispose pour les pays de l'OCDE non européens que les populations d'oiseaux des milieux agricoles y suivent une tendance similaire à celle observée en Europe, à savoir qu'elles ont globalement diminué au cours des deux dernières décennies, mais à un rythme peut-être moins rapide au cours de la décennie 2000. L'indicateur **canadien** de la capacité d'habitat naturel des terres agricoles révèle qu'entre 1986 et 2006, la capacité moyenne a régressé en raison d'une diminution des couvertures naturelles et semi-naturelles des sols et de l'intensification des activités agricoles (Eilers et autres, 2010). Aux **États-Unis**, l'indice relatif aux espèces d'oiseaux des prairies connaît une baisse tendancielle depuis le milieu des années 60, mais une nette amélioration est observée depuis le milieu des années 2000 environ (graphiques 13.2 et 13.3).

S'agissant de l'**Australie**, les études mettent en lumière une raréfaction des espèces d'oiseaux vivant dans les prairies et les effets préjudiciables du défrichement dû à l'agriculture, notamment au pâturage du bétail, sur les populations d'oiseaux, malgré une amélioration considérable ces dernières années (State of the Environment 2011 Committee, 2011). Dans quelques pays, notamment la **Corée** et le **Japon,** où les rizières sont très répandues, ce système de production peut offrir aux oiseaux un habitat important. Tout dépend cependant des pratiques de gestion mises en œuvre pour la riziculture. En outre, la Corée et le Japon ne sont pour l'instant dotés d'aucun système national de suivi des oiseaux des milieux agricoles, encore que selon de récents travaux de recherche, plus de 30 % des espèces d'oiseaux autochtones dans ces deux pays utilisent les rizières comme habitat (Fujioka et autres, 2010).

Dans d'autres pays de l'OCDE qui ne surveillent pas l'évolution des populations d'oiseaux des milieux agricoles, en particulier le **Chili, Israël,** le **Mexique,** la **Nouvelle-Zélande** et la **Turquie**, il se peut que l'expansion et l'intensification de la production agricole (graphique 3.7) aient accentué les pressions exercées sur les populations d'oiseaux des milieux agricoles, qui ont sans doute enregistré récemment les mêmes tendances à la baisse que dans les autres pays.

Le ralentissement du déclin des populations d'oiseaux des milieux agricoles dans les années 2000 par rapport aux années 90 (et aux décennies antérieures), peut s'expliquer par plusieurs facteurs : les efforts consentis depuis le début des années 90 pour mettre en place dans de nombreux pays des dispositifs agro-environnementaux visant à encourager la préservation d'espaces semi-naturels sur les exploitations (bordures des champs, bandes tampon le long des cours d'eau et terres humides, par exemple) ; la modification des pratiques de gestion agricole,

Graphique 13.2. **Indice des oiseaux des milieux agricoles, pays de l'OCDE, 1990-2010**

Variation en %

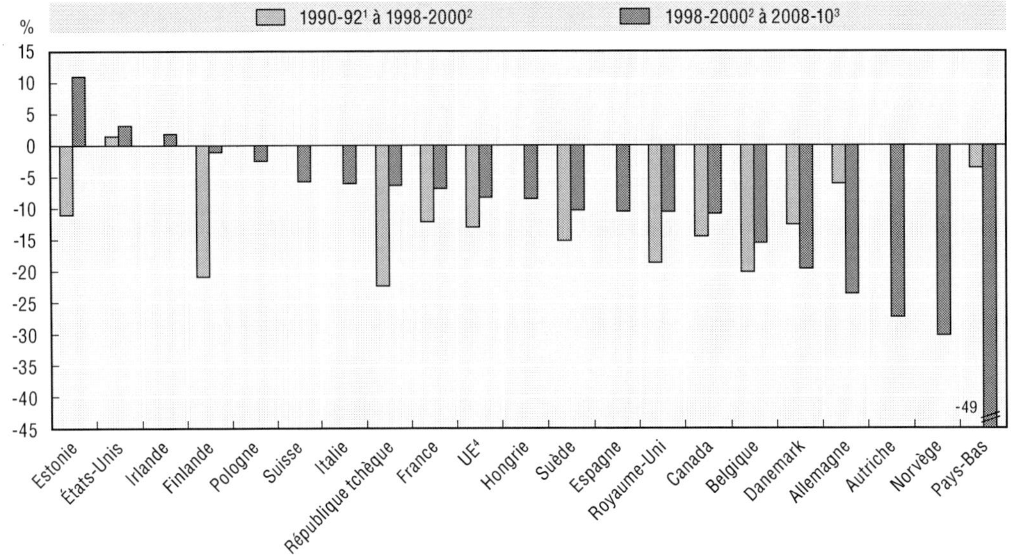

Notes : Indice agrégé d'estimations des tendances des populations pour un groupe sélectionné d'espèces d'oiseaux nicheurs qui dépendent des terres agricoles pour la nidification et pour leur alimentation. Pour le Canada et les États-Unis, il s'agit uniquement des oiseaux nicheurs des prairies.

Les pays sont classés par ordre décroissant de la variation annuelle moyenne en pourcentage pour la période 1998-2000 à 2008-10.

1. Les données de la moyenne 1990-92 correspondent à la moyenne 1991-93 pour l'Allemagne.
2. Les données de la moyenne 1998-2000 correspondent à la moyenne 1999-2001 pour la Hongrie et la Suisse ; et à la moyenne 2000-02 pour l'Italie et la Pologne.
3. Les données de la moyenne 2008-10 correspondent à la moyenne 2004-06 pour l'Estonie ; la moyenne 2005-07 pour les États-Unis ; la moyenne 2007-09 pour la Hongrie ; et la moyenne 2006-08 pour l'Allemagne, la Belgique, le Danemark, l'Espagne, la Finlande, la France, l'Irlande, le Royaume-Uni, la Suède et la Suisse.
4. Le chiffre agrégé pour l'UE est une estimation fondée sur les 17 États membres suivants : Allemagne, Autriche, Belgique, Danemark, Espagne, Estonie, Finlande, France, Hongrie, Irlande, Italie, Lettonie, Pays-Bas, Pologne, République tchèque, Royaume-Uni et Suède.

Source : Office statistique de l'Union européenne (Eurostat, *http://epp.eurostat.ec.europa.eu*) et diverses sources nationales (Allemagne, Autriche, Hongrie, Irlande, Italie, Norvège, Pays-Bas, Pologne et Suisse) ; Environnement Canada (2012), *L'état des populations d'oiseaux du Canada* ; et États-Unis (2009), *North American Bird Conservation Initiative. State of the Birds 2009*, ministère de l'Intérieur, Washington, DC.

StatLink http://dx.doi.org/10.1787/888932993104

par exemple l'extension des surfaces faisant l'objet de façons culturales antiérosives, qui a permis d'accroître la quantité de nourriture disponible pour les oiseaux et autres espèces sauvages ; la diminution des excédents d'éléments nutritifs (graphiques 4.1 et 4.2) et des ventes de pesticides (graphique 5.1) dans la majorité des pays, qui a limité les effets toxiques sur les oiseaux et leurs proies (vers, insectes, etc.) ; et les changements d'affectation des terres (évoqués plus loin).

Malgré ces améliorations observées dans beaucoup de pays de l'OCDE en matière de préservation des oiseaux vivant sur les terres agricoles, la poursuite de l'intensification de l'agriculture et de la disparition d'habitats naturels et semi-naturels continue de nuire aux populations d'oiseaux et autres espèces végétales et animales liées à l'agriculture dans certaines régions de l'OCDE. On observe aussi que les espèces d'oiseaux vivant dans d'autres habitats, notamment dans les forêts, n'ont pas connu une raréfaction aussi rapide que celles qui vivent en milieu agricole (OCDE, 2012).

Graphique 13.3. **Évolution de l'indice des oiseaux des milieux agricoles, pays de l'OCDE, 1990-2010**

Indice 2000 = 100

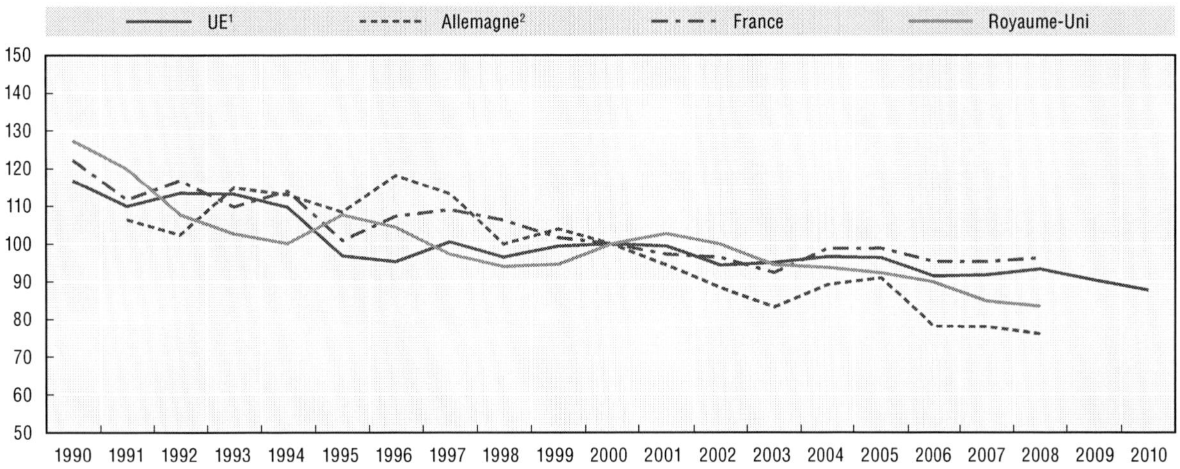

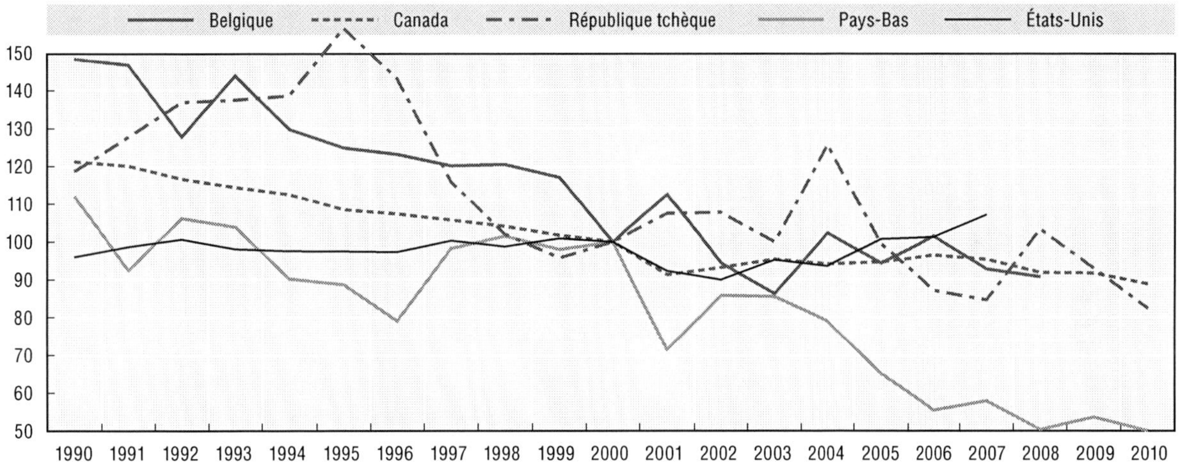

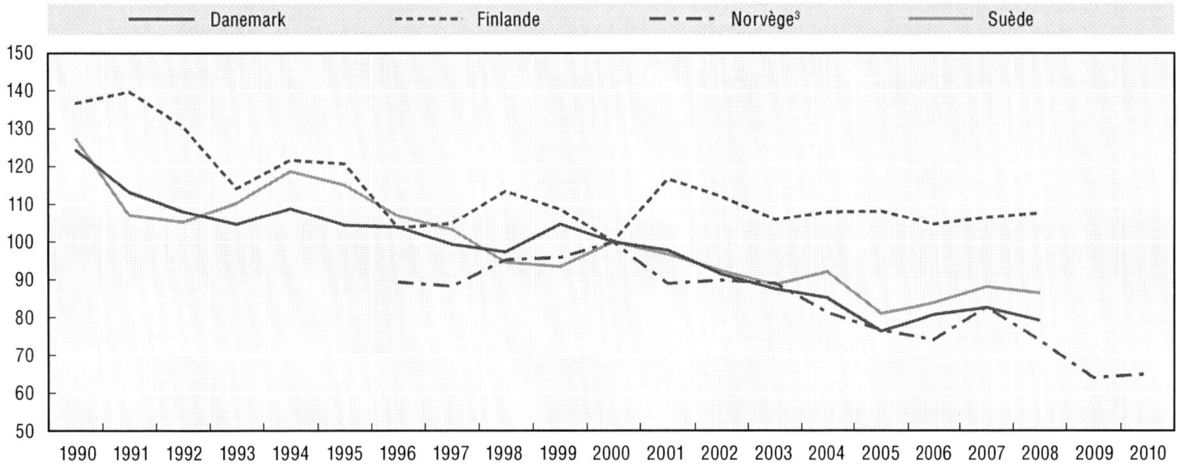

StatLink http://dx.doi.org/10.1787/888932993123

Graphique 13.3. **Évolution de l'indice des oiseaux des milieux agricoles, pays de l'OCDE, 1990-2010** *(suite)*

Indice 2000 = 100

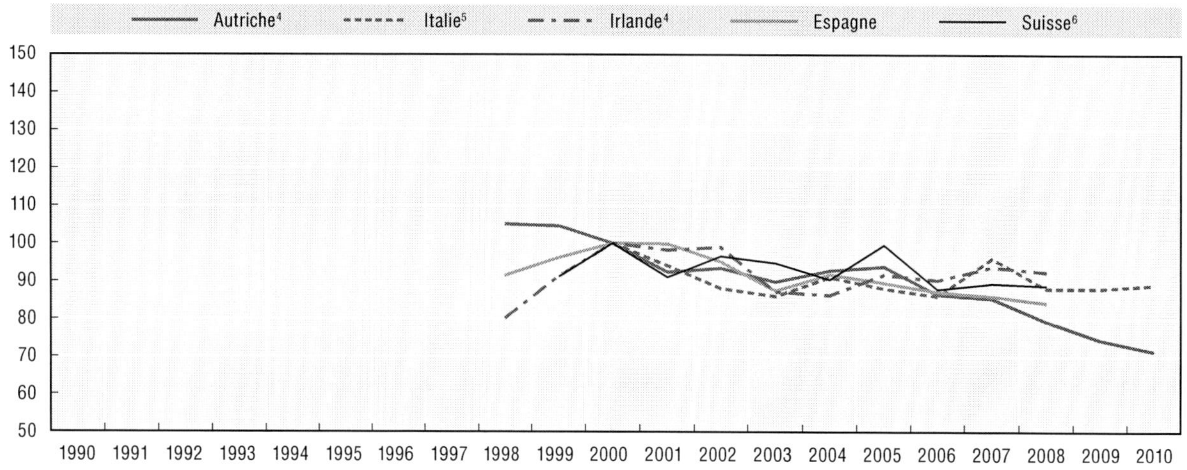

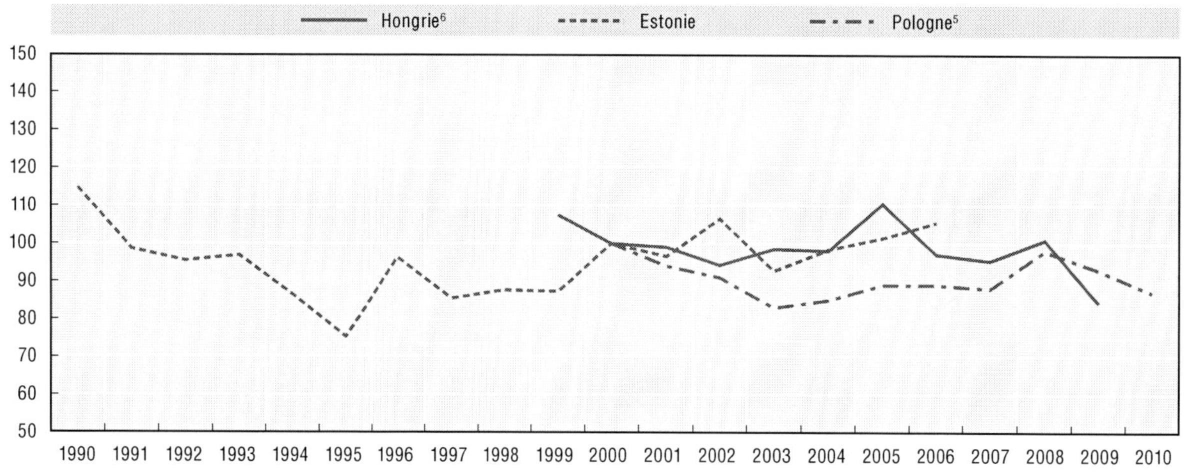

Notes : Indice agrégé d'estimations des tendances des populations pour un groupe sélectionné d'espèces d'oiseaux nicheurs qui dépendent des terres agricoles pour la nidification et pour leur alimentation. Pour le Canada et les États-Unis, il s'agit uniquement des oiseaux nicheurs des prairies.

1. Le chiffre agrégé pour l'UE est une estimation fondée sur les 17 États membres suivants : Allemagne, Autriche, Belgique, Danemark, Espagne, Estonie, Finlande, France, Hongrie, Irlande, Italie, Lettonie, Pays-Bas, Pologne, République tchèque, Royaume-Uni et Suède.
2. Les données de 1990 ne sont pas disponibles pour l'Allemagne.
3. Les données de 1990-95 ne sont pas disponibles pour la Norvège.
4. Les données de 1990-97 ne sont pas disponibles pour l'Autriche et l'Irlande.
5. Les données de 1990-99 ne sont pas disponibles pour l'Italie et la Pologne.
6. Les données de 1990-98 ne sont pas disponibles pour la Hongrie et la Suisse.

Source : Office statistique de l'Union européenne (Eurostat, *http://epp.eurostat.ec.europa.eu*) et diverses sources nationales (Allemagne, Autriche, Hongrie, Irlande, Italie, Norvège, Pays-Bas, Pologne et Suisse) ; Environnement Canada (2012), *L'état des populations d'oiseaux du Canada* ; et États-Unis (2009), *North American Bird Conservation Initiative. State of the Birds 2009*, ministère de l'Intérieur, Washington, DC.

StatLink *http://dx.doi.org/10.1787/888932993123*

Couverture des terres agricoles

Une partie importante des habitats agricoles semi-naturels est constituée de ***pâturages permanents,*** dont la superficie n'a cessé de régresser, dans l'ensemble des pays de l'OCDE, entre 1990 et 2010 (graphique 13.4). La superficie totale des terres agricoles ayant diminué depuis 1990 dans la zone de l'OCDE, celle des pâturages permanents a elle aussi régressé, mais représente encore les deux tiers de l'ensemble des terres agricoles des pays de l'OCDE (graphique 13.5).

La tendance générale pour la zone de l'OCDE masque d'importantes différences entre pays, la superficie de pâturages permanents ayant nettement augmenté dans des pays où elle représentait déjà une forte proportion du total des terres agricoles (**Chili** par exemple) et fortement diminué dans d'autres pays où elle représente aussi une forte proportion des terres agricoles (**Autriche**, **Nouvelle-Zélande** et **Pays-Bas**, par exemple). Au-delà de ces différences, la superficie affectée aux pâturages permanents a régressé dans près des deux tiers des pays de l'OCDE au cours des années 2000 (graphique 13.4).

Une grande partie de la contraction de la superficie des pâturages permanents est due à leur conversion en forêts, mais dans certains pays, elle est imputable aussi à leur conversion en terres labourables et en cultures permanentes (**Finlande** et **Pays-Bas**, par exemple) (OCDE, 2008). Les conséquences de l'évolution de la surface de pâturages permanents sur les oiseaux et autres espèces sauvages vivant sur les terres agricoles ne sont pas faciles à interpréter. Les changements d'affectation des terres peuvent être difficiles à analyser en l'absence de connaissances sur leur nature et sur les pratiques de gestion adoptées après le changement.

La conversion de pâturages en forêts, par exemple, peut être plus ou moins bénéfique pour la biodiversité selon la qualité des habitats agricoles qui sont transformés et, aussi, selon que la forêt est exploitée commercialement ou laissée libre de se développer naturellement. La conversion d'une zone de pâturage de montagne abritant une grande variété d'espèces sauvages animales et végétales en une forêt exclusivement plantée de pins, par exemple, pourrait être préjudiciable à la biodiversité. En outre, le morcellement des habitats résultant des modifications de l'utilisation des terres agricoles est également considéré comme ayant des répercussions négatives sur la biodiversité (OCDE, 2008). Toutefois, étant donné son ampleur, la diminution de la superficie des pâturages permanents observée dans la plupart des pays de l'OCDE au cours de la décennie écoulée a vraisemblablement été parmi les facteurs qui ont concouru au déclin général des populations d'oiseaux des milieux agricoles évoqué plus haut, et peut-être à celui d'autres espèces végétales et animales présentes dans les prairies permanentes.

Plus généralement, ce rapport ne présente qu'une évaluation incomplète des changements d'affectation des terres opérés aussi bien entre les usages agricoles et d'autres usages (par exemple espaces boisés, usages urbains) qu'au sein du secteur agricole (entre pâturages et grandes cultures, par exemple). La raison en est que l'on manque de données pour réaliser une étude exhaustive, notamment sur la gestion des différents types de terres et son influence sur la faune et la flore sauvages qui utilisent les terres agricoles comme habitat. D'après les récents travaux de recherche menés par l'OCDE sur la période 2000-06 (OCDE, 2011), la conversion de terres à des fins d'aménagement urbain concerne essentiellement des terres agricoles dans certains pays (par exemple, **Allemagne**, **République slovaque** et **République tchèque**) et principalement des forêts dans d'autres pays (comme la **Finlande**, la **Norvège** et la **Slovénie**). Parallèlement, les terres converties à **l'agriculture** dans des pays comme l'**Espagne,** la **Finlande,** le **Portugal** et la **Turquie** étaient principalement des terres à l'origine couvertes de forêts et de végétation naturelle.

Graphique 13.4. **Superficie affectée aux pâturages permanents, aux grandes cultures et aux cultures permanentes, pays de l'OCDE, 1990-2010**

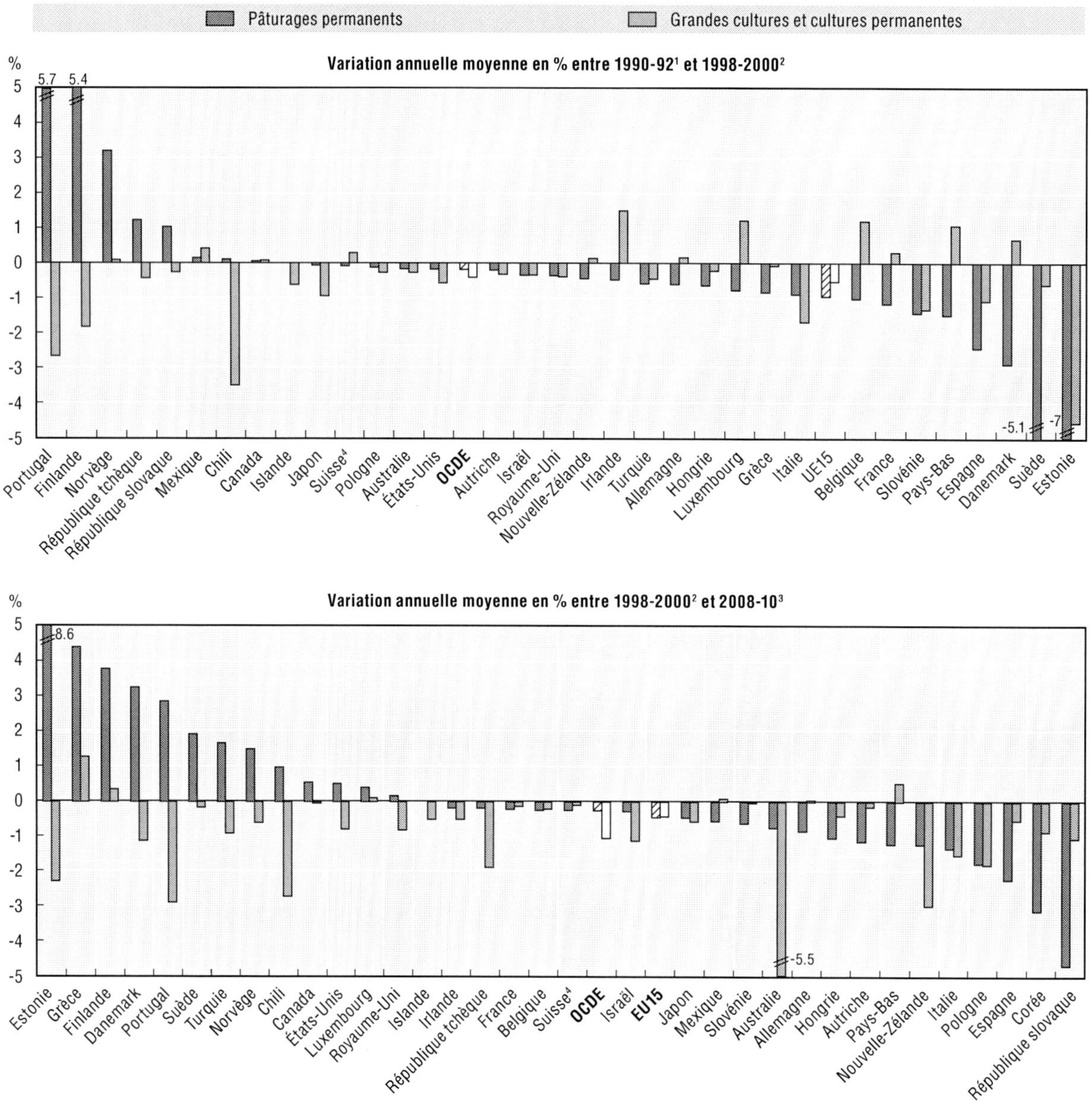

Notes : Les pays sont classés par ordre décroissant de variation annuelle moyenne en % des pâturages permanents.

Les données statistiques concernant Israël sont fournies par et sous la responsabilité des autorités israéliennes compétentes. L'utilisation de ces données par l'OCDE est sans préjudice du statut des hauteurs du Golan, de Jérusalem-Est et des colonies de peuplement israéliennes en Cisjordanie aux termes du droit international.

1. Les donnés de la moyenne 1990-92 correspondent à la moyenne 1991-92 pour la Slovénie ; l'année 1990 pour la Grèce ; et l'année 1991 pour la Suisse.
2. Les données de la moyenne 1998-2000 correspondent à la moyenne 1999-2001 pour l'Autriche ; et l'année 2000 pour la Grèce.
3. Les données de la moyenne 2008-10 correspondent à la moyenne 2007-09 pour l'Autriche, le Canada, la Corée, le Danemark, l'Islande, Israël et le Mexique ; la moyenne 2006-08 pour le Chili ; la moyenne 2007-08 pour l'Italie ; et l'année 2007 pour la Grèce.
4. Dans le cas de la Suisse, les données correspondent à la superficie agricole utilisée (en hectares), y compris les terres affectées aux grandes cultures et aux cultures permanentes mais à l'exclusion des pâturages d'été.

Source : FAOSTAT (2012) *http://faostat.fao.org* ; Office statistique de l'Union européenne (EUROSTAT, *http://epp.eurostat.ec.europa.eu*) ; et données nationales pour l'Australie, le Canada, la Corée, les États-Unis, l'Islande, le Japon et la Turquie.

StatLink http://dx.doi.org/10.1787/888932993142

Graphique 13.5. **Part des grandes cultures et des cultures permanentes, des pâturages permanents, et des autres terres agricoles dans la superficie totale des terres agricoles, pays de l'OCDE, 2008-10**

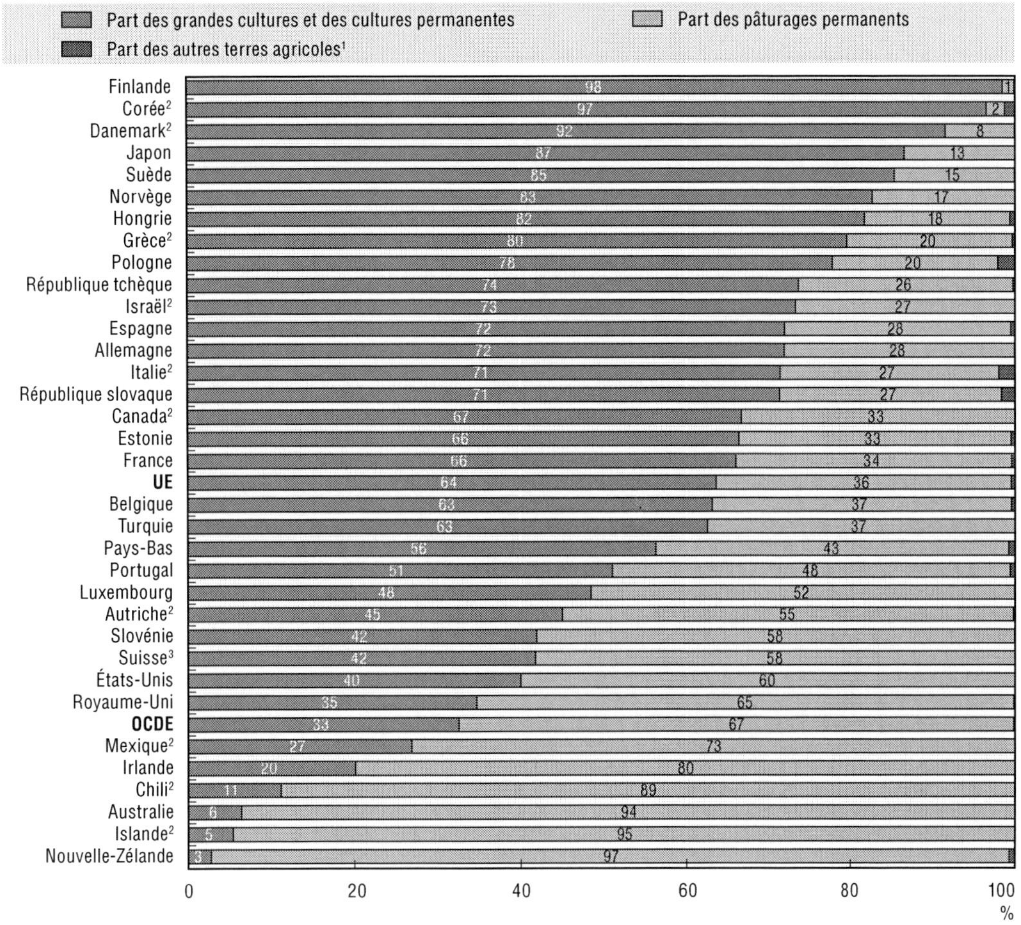

Notes : Les pays sont classés par ordre décroissant de la part des grandes cultures et des cultures permanentes dans la superficie totale des terres agricoles pour la période 2008-10.

Les données statistiques concernant Israël sont fournies par et sous la responsabilité des autorités israéliennes compétentes. L'utilisation de ces données par l'OCDE est sans préjudice du statut des hauteurs du Golan, de Jérusalem-Est et des colonies de peuplement israéliennes en Cisjordanie aux termes du droit international.

1. Les « autres terres » comprennent les jachères et les autres catégories de terres agricoles non incluses par les pays dans la catégorie des terres affectées aux grandes cultures, aux cultures permanentes ou aux pâturages permanents.
2. Les données de la moyenne 2008-10 correspondent à la moyenne 2007-09 pour l'Autriche, le Canada, la Corée, le Danemark, l'Islande, Israël et le Mexique ; à la moyenne 2006-08 pour le Chili ; à la moyenne 2007-08 pour l'Italie ; et à l'année 2007 pour la Grèce.
3. Dans le cas de la Suisse, les données correspondent à la superficie agricole utilisée (en hectares), y compris les terres affectées aux grandes cultures et aux cultures permanentes mais à l'exclusion des pâturages d'été.

Source : FAOSTAT (2012), *http://faostat.fao.org* ; Office statistique de l'Union européenne (EUROSTAT, voir *http://epp.eurostat.ec.europa.eu*) ; et données nationales pour l'Australie, le Canada, la Corée, les États-Unis, l'Islande, le Japon et la Turquie.

StatLink http://dx.doi.org/10.1787/888932993161

Tant que ces lacunes persisteront, il sera difficile d'évaluer les mesures prises pour préserver la biodiversité dans le secteur agricole ou d'attirer l'attention des décideurs et du grand public sur les initiatives préjudiciables ou au contraire favorables à cette préservation. Il convient par ailleurs de poursuivre les travaux de recherche scientifique pour mieux comprendre les conséquences environnementales de différents changements d'affectation des terres (par exemple, conversion de terres agricoles en forêts) et les répercussions de ces changements (par exemple, de la façon dont sont gérées les terres converties à un autre usage) non seulement pour les espèces sauvages et les écosystèmes, mais aussi pour l'érosion des sols, la qualité de l'eau, la protection contre les crues et la fixation du carbone, par exemple.

Bibliographie

Convention sur la diversité biologique (2002), *Biodiversité agricole – Introduction et historique*, Secrétariat de la Convention sur la diversité biologique, Programme des Nations Unies pour l'environnement, *www.biodiv.org/programmes/areas/agro/*.

Eilers, W., R. MacKay, L. Graham et A. Lefebvre (éditeurs) (2010), « L'agriculture écologiquement durable au Canada » : *Série sur les indicateurs agro-environnementaux* – Rapport n° 3, Agriculture et Agroalimentaire Canada, Ottawa, Canada, *http://publications.gc.ca/collections/collection_2011/agr/A22-201-2010-fra.pdf*.

Environnement Canada (2012), *L'état des populations d'oiseaux du Canada*, *www.etatdesoiseauxcanada.org*.

European Bird Census Council (EBCC), *www.ebcc.info*.

FAOSTAT, *Base de données utilisation des terres, http://faostat.fao.org*.

Fujioka, M.S.D. Lee, M Kurechi et H. Yoshida (2010), « Bird Use of Rice Fields in Korea and Japan », *Waterbirds*, vol. 33, Special Publication 1, pp. 8-29.

North American Bird Conservation Initiative Committee (NABCI), *www.nabci-us.org/stateofthebirds.htm*.

OECD (2012), *Vers une croissance verte : suivre les progrès – Les indicateurs de l'OCDE*, Études de l'OCDE sur la croissance verte, Éditions OCDE, *http://dx.doi.org/10.1787/9789264111370-fr*.

OCDE (2011), *Panorama des régions de l'OCDE 2011*, Éditions OCDE, *http://dx.doi.org/10.1787/reg_glance-2011-fr*.

OCDE (2008), *La performance environnementale de l'agriculture dans les pays de l'OCDE depuis 1990*, Éditions OCDE, *http://dx.doi.org/10.1787/9789264040946-fr*.

OCDE (2003), *Agriculture and Biodiversity: Developing Indicators for Policy Analysis*. Actes d'une réunion d'experts de l'OCDE, Zurich, Suisse, novembre 2011 (disponible uniquement en anglais), *www.oecd.org/fr/tad/agriculture-durable/indicateurs-agro-environnementaux.htm*.

OCDE (2001), *Indicateurs environnementaux pour l'agriculture : Méthodes et résultats Volume 3*, Éditions OCDE, *http://dx.doi.org/10.1787/9789264288553-fr*.

Partenariat relatif aux indicateurs de biodiversité, site Internet, *www.bipindicators.net/wbi*.

State of the Environment 2011 Committee (2011), *Australia State of the Environment 2011*, Department of Sustainability, Environment, Water, Population and Communities, gouvernement australien, Canberra, Australie.

Annexe A

Utilisation des indicateurs pour l'évaluation et le suivi des politiques

La pertinence politique est un critère essentiel dans le choix et la mise au point d'indicateurs agro-environnementaux (IAE). Cette section illustre par des exemples la façon dont des IAE de l'OCDE sont utilisés dans l'analyse et le suivi des politiques par divers pays, institutions et chercheurs.

Danemark : mesures visant à réduire la pollution par les éléments nutritifs

Depuis 1985, le **Danemark** met en œuvre une **série de mesures nationales pour réduire la pollution** des systèmes aquatiques causée par les éléments nutritifs utilisés dans l'agriculture, en particulier pour éviter l'eutrophisation des eaux côtières (encadré A.1). Ces mesures, qui sont conformes à la *directive Nitrates* et à la *directive-cadre sur l'eau* de l'UE, ont été financées en partie par la politique agricole commune (PAC) et l'encadré A.1 illustre l'utilisation de l'indicateur relatif au bilan des éléments nutritifs.

Encadré A.1. **Mesures de réduction de la pollution de l'environnement par les éléments nutritifs d'origine agricole au Danemark**

Lignes d'action du Danemark	Mesures imposées
1985 : plan d'action azote (N) et phosphore (P) pour réduire la pollution provoquée par ces éléments	• Capacité de stockage du lisier de 6 mois au minimum. • Interdiction d'épandre du lisier sur les sols destinés aux cultures printanières entre la récolte et le 15 octobre. • Chargement en bétail maximal correspondant à 2 unités de gros bétail (UGB) par hectare (1 UGB correspond à une vache laitière) • Diverses mesures visant à limiter les ruissellements provenant des tas d'ensilage et des tas de fumier. • Obligation d'installer une barrière flottante (formation d'une croûte naturelle ou protection artificielle) sur les réservoirs de lisier.
1987 : premier plan d'action pour le milieu aquatique (AP-1), visant à réduire de moitié les rejets d'azote (N) et de 80 % les rejets de phosphore (P)	• Capacité de stockage du lisier de 9 mois au minimum. • Interdiction d'épandre du lisier sur les sols destinés aux cultures printanières entre la récolte et le 1er novembre. • Plans d'assolement obligatoires prévoyant une rotation des cultures et des engrais. • Définition d'une superficie minimale à réserver aux cultures hivernales. • Obligation d'étaler l'épandage des effluents d'élevage sur une durée de 12 heures.
1991 : plan d'action pour une agriculture durable	• Interdiction d'épandre du lisier sur les sols entre la récolte et le 1er février, sauf sur les pâturages et le colza d'hiver. • Obligation de prévoir un plan de gestion des engrais. • Plafonnement, correspondant à l'optimum économique, de la quantité d'azote accessible aux plantes épandue sur les différentes cultures. • Définition de normes réglementaires relatives à la proportion d'azote provenant des effluents d'élevage supposée être accessible aux plantes (lisier de porcs : 60 %, lisier de bovins : 55 %, litière épaisse : 25 %, autres types : 50 %).

Encadré A.1. **Mesures de réduction de la pollution de l'environnement par les éléments nutritifs d'origine agricole au Danemark** *(suite)*

Lignes d'action du Danemark	Mesures imposées
1998 : deuxième plan d'action pour le milieu aquatique (AP-II)	• Subventions à l'établissement de zones humides. • Abaissement du chargement en bétail maximum à 1.7 UGB/ha. • Relèvement, avec effet à compter de 1999, des normes réglementaires relatives à la proportion d'azote provenant des effluents d'élevage supposée être accessible aux plantes (lisier de porcs : 65 %, lisier de bovins : 60 %, litière épaisse : 35 %, autres types : 55 %). • Abaissement, à 10 % en deçà de l'optimum économique, du plafond limitant la quantité d'azote accessible aux plantes épandue sur les différentes cultures. • Obligation de consacrer aux cultures dérobées 6 % de la superficie affectée aux céréales, légumineuses et oléagineux.
2000 : évaluation et application de l'AP-II à mi-parcours	• Durcissement des normes réglementaires relatives à la proportion d'azote provenant des effluents d'élevage accessible aux plantes. À compter de 2001 : lisier de porcs : 70 %, lisier de bovins : 65 %, litière épaisse : 40 %, autres types : 60 % ; à compter de 2002 : lisier de porcs : 75 %, lisier de bovins : 70 %, litière épaisse : 45 %, autres types : 65 %.
2004 : troisième plan d'action pour l'environnement aquatique (AP-III) L'AP-III est étroitement lié à la directive-cadre sur l'eau et à la directive Habitats de l'Union européenne. Le lessivage de l'azote doit encore reculer de 13 % à l'horizon 2015	• Accroissement de la superficie à consacrer aux cultures dérobées. • Établissement de zones tampon le long des cours d'eau et autour des lacs pour réduire les rejets de phosphore. • Application d'une taxe de 4 DKK (0.54 EUR) par kilogramme de phosphore inorganique dans l'alimentation animale. • Réalisation d'évaluations de l'impact de l'AP-III en 2008 et 2011. • Selon les résultats de l'évaluation, d'autres mesures seront prises si nécessaire.
2008 : évaluation de l'AP-III	
2009 : accord politique pour le lancement d'un quatrième plan d'action (AP-IV), également dénommé « croissance verte ». Estimation d'objectifs généraux de réduction pour le milieu aquatique, définition d'objectifs régionaux propres à chaque masse d'eau	• Nouvel accroissement de la superficie à consacrer aux cultures dérobées, qui doit représenter 140 000 hectares au total. • Interdiction de travailler le sol en automne avant les cultures printanières. • Interdiction de remettre en place des graminées fourragères en automne. • Début des travaux d'évaluation des possibilités d'introduire des « droits de lessivage échangeables ».

La mise en œuvre de ces plans d'action pour le Danemark, couplée aux aides et au cadre réglementaire instaurés par la directive Nitrates, la directive-cadre sur l'eau et la PAC, a permis une réduction sensible des excédents d'azote et de phosphore et du lessivage de l'azote à partir de la rhizosphère comme le montrent les graphiques ci-après.

Encadré A.1. **Mesures de réduction de la pollution de l'environnement par les éléments nutritifs d'origine agricole au Danemark** *(suite)*

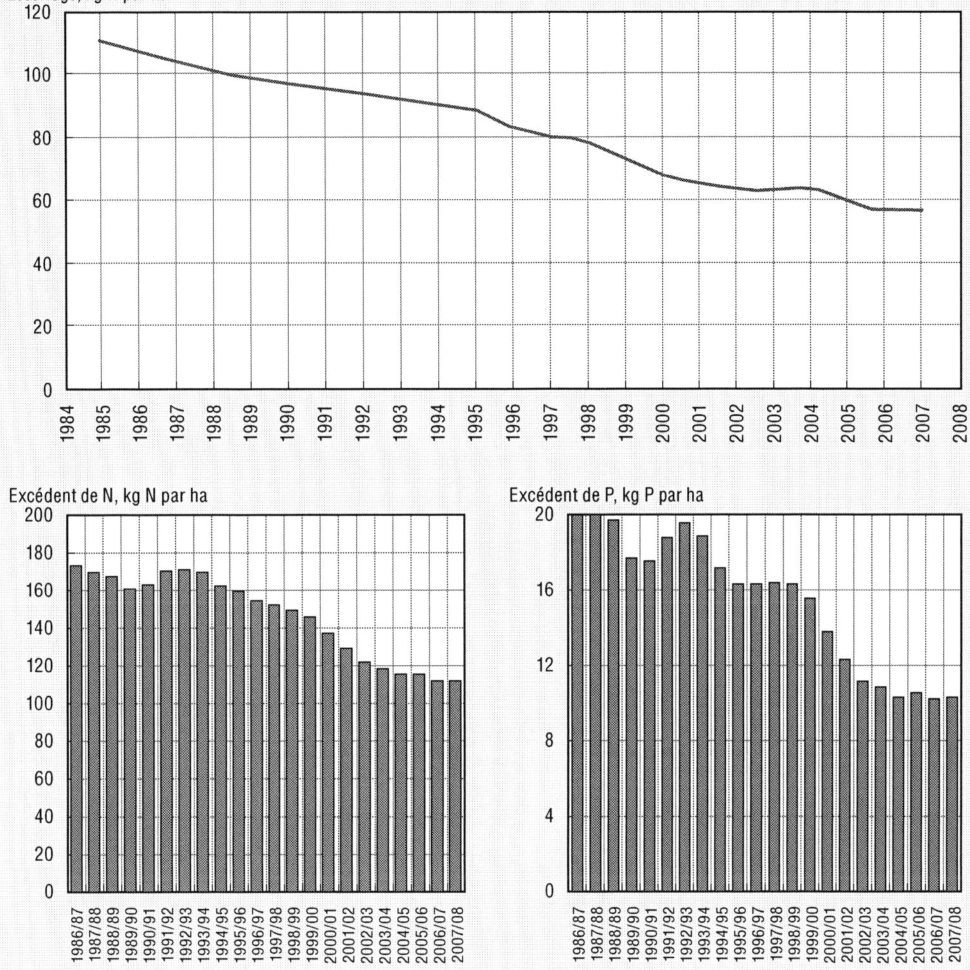

Source : Kronvang, B. et autres (2008), « Effects of policy measures implemented in Denmark on nitrogen pollution of the aquatic environment », *Environmental Science and Policy*, vol. 11, pp. 144-152 ; Maguire, R.O., G.H. Rubaek, B.E. Haggard et B.H. Foy (2009), « Critical evaluation of the implementation of mitigation options for phosphorus from field to catchment scales », *Journal of Environmental Quality*, vol. 38, pp. 1989-1997 ; et Vinther, F.P. et C.D. Borgesen (2010), *Nutrient surplus as a tool for evaluating environmental action plans in Denmark* (publié sur Internet), document présenté lors de l'atelier de l'OCDE sur les indicateurs agro-environnementaux, mars, Leysin, Suisse, voir le site Internet de l'OCDE : *www.oecd.org/agriculture/env/indicators/workshop*.

Suisse : amélioration de la productivité des intrants

En Suisse, les indicateurs relatifs à l'efficacité de l'utilisation des intrants, en particulier de l'azote et de l'énergie, ne s'améliorant pas au fil du temps (graphique A.1), le gouvernement fédéral a décidé, à compter de 2008, d'accorder des aides aux agriculteurs pour qu'ils utilisent mieux les ressources naturelles dans l'agriculture (programmes régionaux pour l'utilisation durable des ressources naturelles). Ces programmes portent sur les ressources nécessaires à la production agricole, comme l'azote, le phosphore et l'énergie, l'optimisation de la protection des espèces végétales, ainsi que la protection et la promotion d'une utilisation plus durable des sols, de la biodiversité agricole et des paysages.

Graphique A.1. **Efficacité de l'utilisation de l'azote, du phosphore et de l'énergie, Suisse, 1990-2006**

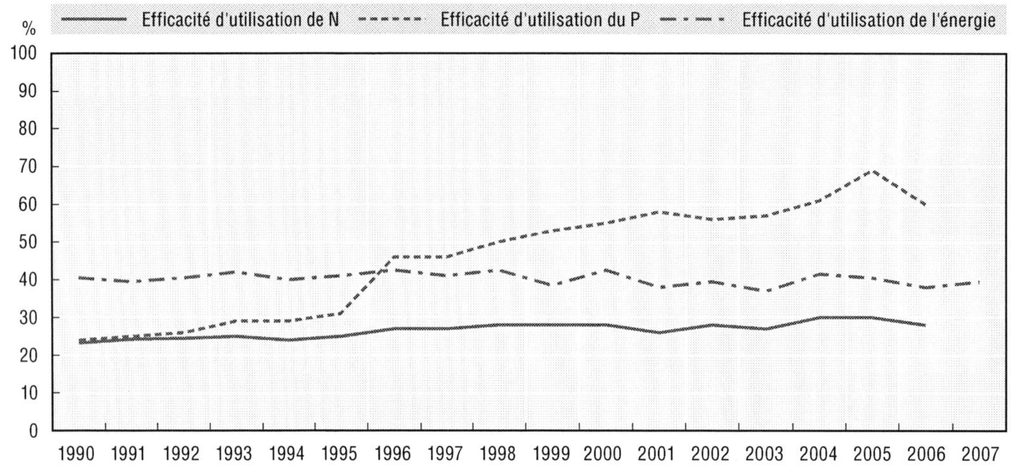

Notes : L'efficacité de l'utilisation de N et P a été obtenue par la méthode OSPAR. L'efficacité de l'utilisation de l'énergie a été obtenue en divisant l'utilisation d'énergie dans l'agriculture (énergie fossile et uranium) par l'énergie contenue dans les produits agricoles destinés à la consommation humaine.

Source : Decrausaz, B. (2010), Agri-environmental monitoring : A Tool for evaluation and support of decision-making for Swiss agricultural policy (publié sur Internet), Office fédéral de l'agriculture, Unité de direction Évaluation et stratégie, Secteur écologie, Suisse. Document présenté au Séminaire de l'OCDE sur les indicateurs agro-environnementaux, mars, Leysin, Suisse, voir le site Internet de l'OCDE à l'adresse : *www.oecd.org/agriculture/env/indicators/workshop*.

StatLink *http://dx.doi.org/10.1787/888932993180*

Union européenne : utilisation d'indicateurs pour l'évaluation et le suivi de la politique de développement rural

Des indicateurs agro-environnementaux sont utilisés pour l'évaluation et le suivi de la **politique de développement rural (PDR) de l'Union européenne**. Pour la période 2007-13, les objectifs de la PDR définis dans le Règlement du Conseil n° 1698/2005 s'articulent autour de trois axes thématiques :

1. Amélioration de la compétitivité des secteurs agricole et forestier.
2. Amélioration de l'environnement et du paysage rural.
3. Amélioration de la qualité de vie en milieu rural et encouragement de la diversification de l'économie rurale.

Pour atteindre ces objectifs, chaque pays définit un programme national de développement rural, qui décrit les mesures à prendre. Le processus d'évaluation de la PDR comprend une évaluation *à mi-parcours* et une évaluation *ex-post*. Pour assurer la cohérence entre les pays, les évaluations sont réalisées selon un schéma commun, le *Cadre commun de suivi et d'évaluation* (CCSE). Le CCSE propose une liste d'indicateurs environnementaux qui peuvent être utilisés dans ces évaluations.

Si les détails de la méthodologie et des données utilisées peuvent varier, la plupart de ces indicateurs correspondent étroitement aux indicateurs agro-environnementaux de l'OCDE : population d'oiseaux des milieux agricoles, bilan brut des éléments nutritifs, prélèvements d'eau, qualité de l'eau, etc. (voir le tableau A.1 qui présente certains des indicateurs du CCSE). Deux de ces indicateurs, la population d'oiseaux des milieux agricoles et le bilan brut des éléments nutritifs, font partie des *principaux indicateurs* que les pays doivent au minimum présenter dans leur évaluation. Le document d'orientation du CCSE

Tableau A.1. **Choix d'indicateurs agro-environnementaux utilisés pour l'évaluation et le suivi de la politique de développement rural dans l'Union européenne**

Indicateur	Mesure
Couverture des terres[1]	% des superficies classées agricoles/forestières/naturelles/artificielles
Biodiversité : population d'oiseaux des milieux agricoles[2]	Tendances de l'indice de population d'oiseaux des milieux agricoles
Biodiversité : terres agricoles à haute valeur naturelle et foresterie[2]	Superficie agricole utilisée (SAU) de terres agricoles à haute valeur naturelle
Biodiversité : composition en essences d'arbres	Répartition des groupes d'essences par surface de FATB (% conifères/% feuillus/% mixte)
Qualité de l'eau : bilan brut des éléments nutritifs[2]	Excédent d'azote en kg/ha Excédent de phosphore en kg/h
Pollution de l'eau par les nitrates et les pesticides	Tendances annuelles des concentrations de nitrates et de pesticides dans les eaux souterraines et superficielles
Qualité de l'eau[1]	% du territoire désigné en Zone vulnérable aux nitrates
Utilisation d'eau[1]	% de SAU irriguée
Sols : zones soumises à un risque d'érosion des sols	Zones soumises à un risque d'érosion des sols (t/ha/an)
Sols : agriculture biologique	SAU consacrée à l'agriculture biologique
Changement climatique : production d'énergie renouvelable par l'agriculture et la foresterie[2]	Production d'énergie renouvelable par le secteur agricole (ktoe) Production d'énergie renouvelable par le secteur forestier (ktoe)
Changement climatique : SAU consacrée aux énergies renouvelables	SAU consacrée aux cultures énergétiques et à la production de biomasse
Changement climatique/qualité de l'air : émissions de gaz	Emissions de gaz à effet de serre et d'ammoniac d'origine agricole

1. Ces indicateurs sont des indicateurs relatifs à la situation de départ associés au contexte.
2. Ces indicateurs sont les principaux indicateurs que les pays doivent au minimum présenter.

Source : Commission européenne (2006), Direction générale de l'agriculture et du développement rural.

indique aussi que les bilans bruts de l'azote et du phosphore doivent être calculés à l'aide de la méthodologie OCDE/Eurostat (Eurostat, 2013).

Travaux de l'OCDE sur la croissance verte

La crise économique mondiale qui a débuté en 2008 a convaincu nombre de pays qu'une nouvelle forme de croissance économique était nécessaire. Dans ce contexte, beaucoup de pays mettent en place des mesures destinées à stimuler une reprise verte. Associé à l'innovation, le verdissement de la croissance peut être un vecteur à long terme de croissance économique, à travers, par exemple l'investissement dans les énergies renouvelables et une utilisation plus rationnelle de l'énergie et des matières premières.

En analysant les politiques économiques et environnementales simultanément, en recherchant des moyens de stimuler l'éco-innovation et en s'intéressant à d'autres aspects essentiels de la transition vers une économie plus verte, comme les emplois et les compétences, l'investissement, la fiscalité, le commerce mondial et le développement, l'OCDE œuvre à la recherche de moyens susceptibles de rendre une économie plus propre et sobre en carbone compatible avec une croissance verte (OCDE, 2011a). L'OCDE utilise ses indicateurs agro-environnementaux pour ses travaux sur la croissance verte (OCDE, 2011b).

Les politiques en faveur de la croissance verte doivent reposer sur une bonne connaissance des déterminants de cette croissance ainsi que des arbitrages et synergies en jeu. Elles doivent en outre pouvoir s'appuyer sur des informations permettant de suivre les progrès et de mesurer les résultats. Dans ce contexte, le rapport de l'OCDE *Vers une croissance verte : suivre les progrès* (OCDE, 2011c) propose un ensemble d'indicateurs multisectoriels de la croissance verte au niveau national. Ces indicateurs, qui sont intégrés à un cadre conceptuel et choisis selon des critères bien définis, accompagnent la Stratégie de l'OCDE pour une croissance verte (OCDE, 2011a).

Dans son rapport sur le suivi des progrès vers la croissance verte, l'OCDE utilise ses indicateurs relatifs aux bilans des éléments nutritifs et du phosphore en agriculture pour construire des indicateurs partiels de productivité environnementale au niveau sectoriel pour les pays de l'OCDE (graphiques 4.6 et 4.7). Les IAE peuvent donc jouer un rôle important dans l'élaboration d'un ensemble d'indicateurs de croissance verte fondés sur des données comparables à l'échelle internationale. Les indicateurs relatifs à la croissance verte constituent un point de départ et seront améliorés par l'OCDE à mesure que de nouvelles données seront disponibles et que les concepts évolueront.

Le rapport *Alimentation et agriculture* qui s'inscrit dans la série des *Études de l'OCDE sur la croissance verte* (OCDE, 2011b) présente aussi d'autres exemples d'indicateurs partiels de l'environnement et de la productivité des ressources au niveau sectoriel, définis à partir des indicateurs agro-environnementaux de l'OCDE. Ces indicateurs illustrent des questions spécifiques en reliant l'évolution de la production agricole à celle d'un indicateur agro-environnemental particulier comme la superficie des terres, les prélèvements d'eau agricoles, les émissions de gaz à effet de serre et les bilans des éléments nutritifs. Le rapport souligne qu'à ce stade, il n'existe pas, pour le secteur de l'alimentation et de l'agriculture, d'indicateurs qui permettent, ensemble, de mesurer de façon globale et complète les progrès accomplis sur la voie de la croissance verte.

Il existe certes des indicateurs économiques, agro-environnementaux et sociaux et des indicateurs relatifs aux stocks de ressources naturelles, mais tous n'ont pas atteint le même stade de développement. En particulier, les indicateurs agro-environnementaux et ceux relatifs aux stocks de ressources naturelles se heurtent à des problèmes méthodologiques, de mesure et de manque de données. À plus long terme, les travaux menés pour élaborer des indicateurs de l'intensité d'utilisation des ressources sont à différents stades de développement, et l'évaluation des externalités environnementales, lorsqu'elle est possible, pourrait faciliter la mesure des progrès accomplis par le secteur de l'alimentation et de l'agriculture sur la voie d'une croissance verte. Pour évaluer les externalités positives et négatives imputables à l'agriculture, les indicateurs agro-environnementaux peuvent constituer pour les décideurs un point de départ solide, reconnu et utile.

Études économiques et Examens environnementaux de l'OCDE

Les indicateurs agro-environnementaux sont aussi utilisés dans deux publications régulières de l'OCDE : les *Examens environnementaux* de l'OCDE et les *Études économiques par pays* de l'OCDE. L'utilisation dans ces rapports d'indicateurs agro-environnementaux ainsi que d'autres ensembles de données sectoriels facilite le suivi et l'évaluation des politiques.

Les *Examens environnementaux* de l'OCDE « proposent des évaluations indépendantes des progrès accomplis par les pays vers la réalisation de leurs objectifs environnementaux, afin de contribuer à améliorer les performances environnementales individuelles et collectives des pays de l'OCDE » (site Internet de l'OCDE à l'adresse : *www.oecd.org/fr/env/examensenvironnementauxparpays*). Depuis le lancement de ce programme en 1992, plus de 60 examens environnementaux ont été entrepris.

Dans le récent ***Examen environnemental de l'Allemagne*** (OCDE, 2012), l'OCDE fait appel à plusieurs indicateurs indicateurs agro-environnementaux : excédent d'éléments nutritifs, émissions d'ammoniac et de gaz à effet de serre d'origine agricole et ventes de pesticides. En

Tableau A.2. **Utilisation d'indicateurs agro-environnementaux dans les récents *Examens environnementaux et Études économiques* de l'OCDE**

	Type de rapport	Date de publication	Indicateurs agro-environnementaux utilisés dans le rapport
Allemagne	*Examen environnemental*	2012	GES, ammoniac, bilan des éléments nutritifs, pollution de l'eau (pesticides)
Slovénie	*Examen environnemental*	2011	Érosion des sols, utilisation d'eau, pollution de l'eau, agriculture biologique, GES et ammoniac
Israël	*Examen environnemental*	2011	Utilisation des terres, utilisation d'eau, pollution de l'eau
Nouvelle-Zélande	*Étude économique*	2011	Émissions de GES, bilan des éléments nutritifs, utilisation de pesticides, consommation directe d'énergie par le secteur agricole
France	*Étude économique*	2011	Émissions de GES, qualité de l'eau
Espagne	*Étude économique*	2010	Utilisation d'eau pour l'irrigation, superficie irriguée, doses d'application de l'eau d'irrigation

ce qui concerne l'excédent d'éléments nutritifs, le rapport note que « l'excédent d'azote, de 100 kg par hectare, demeure quant à lui important (...). Le plafond imposé pour les nitrates (50 mg NO_3/l) était dépassé dans 15 % des stations de mesure » et que « plusieurs mesures prises en vue d'améliorer la performance environnementale de l'agriculture (...) ont permis de réduire les concentrations de phosphore et de nitrates dans les principaux cours d'eau allemands, bien qu'à un rythme inférieur à celui des années 90 ». Au sujet des pesticides, le rapport indique que « le nombre d'échantillons dont la teneur en pesticides dépasse la valeur limite a baissé de près de 50 % entre 1996-2000 et 2006-08 » et recommande à l'Allemagne de « poursuivre les efforts pour développer la surveillance de la qualité de l'eau, notamment pour les concentrations de pesticides et d'éléments nutritifs dans les eaux souterraines et les lacs. » Ce rapport illustre la façon dont les indicateurs agro-environnementaux peuvent contribuer à enrichir l'analyse et l'évaluation des politiques d'environnement.

Le tableau A.2 présente une synthèse de l'utilisation des indicateurs agro-environnementaux dans les récents *Examens environnementaux* et *Études économiques* de l'OCDE.

Les ***Études économiques par pays de l'OCDE*** sont publiées tous les deux ans pour chaque pays de l'OCDE. Chaque étude « met en évidence les principaux défis économiques auxquels est confronté le pays examiné et analyse les options envisageables pour les relever » (OCDE, 2012 : *www.oecd.org/eco/etudes*). Dans certaines de ces études, des indicateurs agro-environnementaux ont été utilisés dans le cadre du suivi et de l'évaluation des politiques, comme le montrent les exemples récents de l' **Espagne**, la **France** et la **Nouvelle-Zélande** examinés ci-après.

Dans le rapport de l'OCDE ***Études économiques : France*** (OCDE, 2011d), le chapitre 4 intitulé *Politiques environnementales de la France : internaliser les externalités globales et locales* examine en particulier les problèmes de qualité de l'eau liés à l'utilisation d'engrais et de pesticides en agriculture. Les indicateurs agro-environnementaux de l'OCDE font apparaître une forte utilisation de pesticides et d'engrais azotés par le secteur agricole.

Le rapport note que « des pesticides ont été détectés dans 91 % des points de suivi pour les cours d'eau et 59 % pour les eaux souterraines. La concentration en pesticides dépassait les valeurs autorisées par les normes environnementales en vigueur dans 11 % des cas pour les cours d'eau et 18 % pour les eaux souterraines. » La pollution azotée représente aussi un important problème d'environnement dans certains aquifères, puisqu'en 2007, « elle dépassait le maximum admissible de 50 mg/l (directive sur la protection des eaux souterraines de 2006), au-dessus duquel l'eau est jugée impropre à la consommation, dans 6 % des stations de mesure, contre 4 % en 1997 ». Sur la base de cette analyse, le rapport recommande de renforcer les mesures environnementales ciblant ces questions en instaurant soit une taxe sur les intrants, soit un système de quotas de consommation d'engrais et de pesticides.

Dans la publication ***Études économiques : Nouvelle-Zélande*** 2011 (OCDE, 2011e), l'OCDE évalue la croissance verte et le changement climatique en Nouvelle-Zélande. Cette étude s'appuie sur les indicateurs agro-environnementaux de l'OCDE et comprend une analyse de la qualité de l'eau dont il ressort que les rejets azotés provenant des engrais agricoles et de l'urine animale percolent dans le sol et dans les lacs et cours d'eau environnants, où ils contribuent à la prolifération des algues, laquelle nuit à la qualité et à la valeur esthétique des lacs et favorise les maladies transmises par l'eau. La biodiversité est compromise car le lessivage d'azote provoque l'eutrophisation des cours d'eau.

Le rapport note que le ralentissement du débit des cours d'eau et la baisse des niveaux phréatiques durant les sécheresses, ainsi que l'augmentation des prélèvements d'eau par les systèmes d'irrigation accentuent ces problèmes de qualité parce que la capacité d'absorption de l'eau se dégrade. Les usages récréatifs de l'eau, essentiels pour le secteur du tourisme comme pour la population, sont de plus en plus en concurrence avec les usages agricoles et l'utilisation par la collectivité. Quoi qu'il en soit, bien qu'il augmente, le bilan de l'azote de l'agriculture néo-zélandaise reste très inférieur à celui d'autres pays de l'OCDE grâce au pastoralisme extensif et à l'absence de soutien à la production et à l'utilisation d'intrants. La publication souligne que la Nouvelle-Zélande doit continuer d'améliorer la mesure de la qualité de l'eau en faisant évoluer les lignes directrices nationales, et lutter contre la pollution en mettant en place un système d'échange de droits à polluer.

Dans la publication de l'OCDE ***Études économiques : Espagne*** (OCDE, 2010), une grande partie de l'analyse s'appuie sur les IAE de l'OCDE pour étudier la question de la gestion durable des ressources en eau, en particulier des eaux souterrraines (voir le chapitre 4 du rapport, intitulé *Action en faveur d'une utilisation durable de l'eau*). Le rapport souligne l'importance de la part de l'agriculture dans le total des prélèvements d'eau, et la tendance à l'augmentation des prélèvements d'eaux souterraines observée au cours de la dernière décennie. En outre, la pollution par les nitrates est aussi une menace non négligeable pour la qualité de l'eau, en particulier des eaux souterraines.

Évaluer les *Perspectives mondiales de la diversité biologique*

Dans son évaluation des tendances et perspectives mondiales de la biodiversité (3e édition des *Perspectives mondiales de la diversité biologique*, GBO-3), le Secrétariat de la Convention sur la diversité biologique (2010) s'est appuyé sur les indicateurs de l'OCDE relatifs au bilan de l'azote pour examiner les risques que représente la pollution de l'eau pour la biodiversité : « La pollution par les nutriments (azote et phosphore) et d'autres polluants représente une menace permanente et croissante pour la diversité biologique des écosystèmes terrestres, côtiers et ceux des eaux continentales. Dans les écosystèmes des eaux continentales et des régions côtières, l'accumulation de phosphore et d'azote provenant essentiellement du ruissellement des terres agricoles et de la pollution apportée par les eaux usées stimule la croissance d'algues et de certaines formes de bactéries, mettant en péril la fourniture de services rendus par les écosystèmes lacustres et coralliens et entraînant une baisse de la qualité de l'eau. Ces dépôts créent également des "zones mortes" dans les océans, généralement aux embouchures d'importants cours d'eau. Dans ces régions, les algues en décomposition utilisent tout l'oxygène dissous dans l'eau, créant de vastes zones dénuées de pratiquement toute vie marine. »

Graphique A.2. **Bilan des excédents d'azote, pays européens de l'OCDE, 1990-2004**

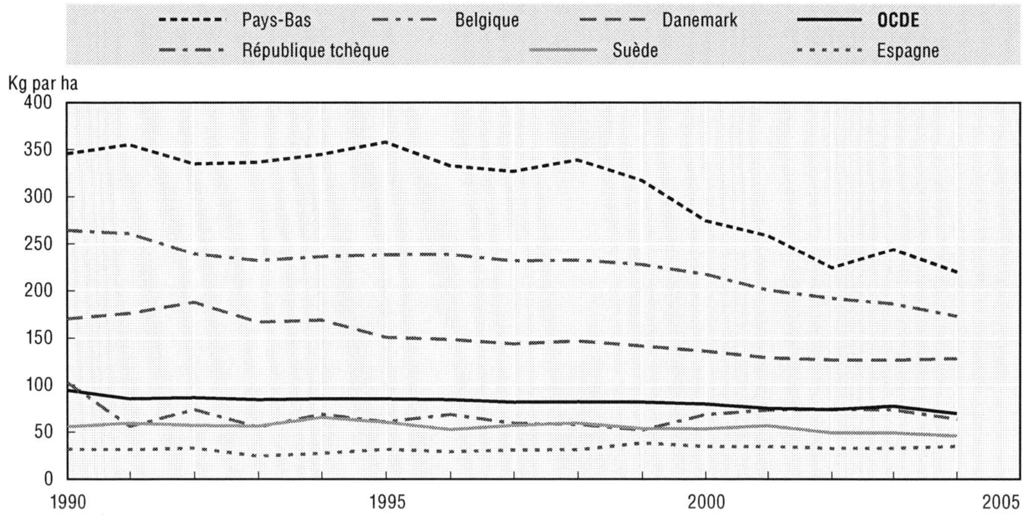

Source : Secrétariat de la Convention sur la diversité biologique (2010), *Perspectives mondiales de la diversité biologique 3*, d'après OCDE (2008), *La performance environnementale de l'agriculture dans les pays de l'OCDE depuis 1990*.

StatLink http://dx.doi.org/10.1787/888932993199

« Le nombre de zones mortes signalées a presque doublé tous les dix ans depuis les années 1960 et en 2007, il s'élevait aux alentours de 500. Bien que l'augmentation de la charge de nutriments représente l'une des perturbations les plus importantes causées par les êtres humains sur les écosystèmes, les décisions politiques prises dans certaines régions montrent que cette pression peut être contrôlée et, avec le temps, inversée. Parmi les mesures les plus exhaustives de lutte contre la pollution par les nutriments figure la *directive de l'Union européenne sur les nitrates*. Le graphique A.2 présente l'évolution du bilan azoté moyen par hectare de terre agricole (quantité d'azote ajoutée comme engrais aux terres agricoles et d'effluents d'élevage), comparée à celle utilisée par les cultures et pâturages) dans certains pays européens. La diminution observée au cours du temps dans certains pays résulte d'une utilisation plus efficace des engrais limitant ainsi le risque de dommages causés à la diversité biologique par l'écoulement des éléments nutritifs ».

Utilisation d'indicateurs agro-environnementaux par les chercheurs

Les chercheurs en général utilisent aussi les indicateurs agro-environnementaux (IAE) et les publications de l'OCDE dans ce domaine, comme le montre la sélection de documents et de rapports présentée ci-après. Le recours aux IAE par les chercheurs concerne principalement les activités suivantes (quelques exemples représentatifs sont présentés dans l'analyse ci-dessous) :

- élaboration d'indicateurs agro-environnementaux inspirés des IAE de l'OCDE ;
- utilisation des IAE de l'OCDE pour l'analyse et l'évaluation des performances environnementales de l'agriculture ; et,
- analyse des politiques basée sur la structure des IAE de l'OCDE.

Bouwman et autres (2009) ont décrit, à l'aide du modèle IMAGE (*Integrated Model to Assess the Global Environment*), les tendances mondiales géoréférencées de l'évolution des bilans de l'azote et du phosphore dans le temps. Pour valider leur modèle, ils ont également comparé les bilans de l'azote et du phosphore qu'ils ont obtenus pour 2000 aux estimations réalisées par l'OCDE (2008) pour 29 pays et ont constaté une forte corrélation entre leurs résultats et les bilans des éléments nutritifs calculés par l'OCDE. Utilisant différents scénarios dans leur modèle, ils ont prédit les futurs bilans mondiaux de l'azote et du phosphore.

Potter et autres (2010) ont obtenu des données géoréférencées sur les apports d'azote et de phosphore sous forme d'engrais en associant diverses données nationales, ainsi que des données sur les apports d'azote et de phosphore sous forme d'effluents d'élevage en utilisant des données internationales, dont les indicateurs agro-environnementaux de l'OCDE. Ils ont constaté qu'un certain nombre de points noirs contribuent à l'accumulation d'éléments nutritifs et à une dégradation de la qualité de l'eau.

Hoang et Alauddin (2010) ont étudié les flux et bilans d'azote des pays de l'OCDE entre 1985 et 2003. Ils ont évalué la performance environnementale relative à partir de trois indicateurs : l'indicateur éco-environnemental ; l'indicateur relatif à l'efficacité systémique des éléments nutritifs et le bilan des éléments nutritifs standardisé en fonction des terres agricoles. L'OCDE (2008) utilisait déjà ce dernier indicateur, mais Hoang et Alauddin ont fait appel à l'ensemble des trois indicateurs pour comparer la performance des différents pays de l'OCDE.

Quelques exemples d'études (réalisées depuis 2008) reposant sur les indicateurs agro-environnementaux de l'OCDE

Abrantes, N., R. Pereira et F. Gonçalves (2010), « Occurrence of Pesticides in Water, Sediments, and Fish Tissues in a Lake Surrounded by Agricultural Lands: Concerning Risks to Humans and Ecological Receptors », *Water, Air, & Soil Pollution*, vol. 212, n° 1-4, pp. 77-88.

Adl, S., D. Iron et T. Kolokolnikov (2011), « A Threshold Area Ratio of Organic to Conventional Agriculture Causes Recurrent Pathogen Outbreaks in Organic Agriculture », *Science of the Total Environment*, vol. 409, n° 11, pp. 2192-2197.

Balat, H., et C. Öz (2008), « Challenges and Opportunities for Bio-diesel Production in Turkey », *Energy, Exploration & Exploitation*, vol. 26, n° 5, pp. 327-346.

Bassanino, M., D. Sacco, L. Zavattaro et C. Grignani (2011), « Nutrient Balance as a Sustainability Indicator of Different Agro-environments in Italy », *Ecological Indicators*, vol. 11, n° 2, pp. 715-723.

Carew, R. (2010), « Ammonia Emissions from Livestock Industries in Canada: Feasibility of Abatement Strategies », *Environmental Pollution*, vol. 158, n° 8, pp. 2618-2626.

Darnhofera, I., J. Fairweatherb et H. Mollerc (2010), « Assessing a Farm's Sustainability: Insights from Resilience Thinking », *International Journal of Agricultural Sustainability*, vol. 8, n° 3, pp. 186-198.

Gasparatos, A. (2010), « Resource Consumption in Japanese Agriculture and its Link to Food Security », *Energy Policy*, vol. 39, pp. 1101-1112.

Gallego-Ayala, J. et J.A. Gómez-Limón (2009), « Analysis of Policy Instruments for Control of Nitrate Pollution in Irrigated Agriculture in Castilla y León, Spain », *Spanish Journal of Agricultural Research*, vol. 7, n° 1, pp. 24-40.

Grizzetti, B., F. Bouraoui et A. Aloe (2012), « Changes of Nitrogen and Phosphorus Loads to European Seas », *Global Change Biology*, vol. 18, n° 2, pp. 769-782.

Hadjikakoua, M., P.G. Whiteheada, L. Jina, M. Futterc, P. Hadjinicolaoud et M. Shahgedanovae (2011), « Modelling Nitrogen in the Yesilirmak River Catchment in Northern Turkey: Impacts of Future Climate and Environmental Change and Implications for Nutrient Management », *Science of the Total Environment*, vol. 409, n° 12, pp. 2404-2418.

Hoang, V.N. et D.S.P. Rao (2010), « Measuring and Decomposing Sustainable Efficiency in Agricultural Production : A Cumulative Energy Balance Approach », *Ecological Economics*, vol. 69, n° 9, pp. 1765-1776.

Hoang, V.N. (2011), « Measuring and Decomposing Changes in Agricultural Productivity, Nitrogen Use Efficiency and Cumulative Energy Efficiency: Application to OECD Agriculture », *Ecological Modelling*, vol. 222, n° 1, pp. 164-175.

Hoang, V.N. et M. Alauddin (2011), « Analysis of Agricultural Sustainability: A Review of Energy Methodologies and their Application in OECD Countries », *International Journal of Energy Research*, vol. 35, n° 6, pp. 459-476.

Hoang, V.N. et M. Alauddin (2011), « Input-Orientated Data Envelopment Analysis Framework for Measuring and Decomposing Economic, Environmental and Ecological Efficiency: An Application to OECD Agriculture », *Environmental and Resource Economics*.

Kaygusuz, K. (2010), « Sustainable Energy, Environmental and Agricultural Policies in Turkey », *Energy Conversion and Management*, vol. 51, pp. 1075-84.

Mishima, S., A. Endo et K. Kohyama (2010), « Recent Trends in Phosphate Balance Nationally and by Region in Japan », *Nutrient Cycling in Agroecosystems*, vol. 86, n° 1, pp. 69-77.

Mishima, S., A. Endo et K. Kohyama (2010), « Nitrogen and Phosphate Balance on Crop Production in Japan on National and Prefectural Scales », *Nutrient Cycling in Agroecosystems*, vol. 87, n° 2, pp. 159-173.

Muñoz, I., L. Milà i Canals et A.R. Fernández-Alba (2010), « Life Cycle Assessment of Water Supply Plans in Mediterranean Spain », *Journal of Industrial Ecology*, vol. 14, n° 6, pp. 902-918.

Novotny, V., X. Wang, A.J. Englande, D. Bedoya, L. Promakasikorn et R. Tirado (2010), « Comparative Assessment of Pollution by the Use of Industrial Agricultural Fertilizers in Four Rapidly Developing Asian Countries », *Environment, Development and Sustainability*, vol. 12, n° 4, pp. 491-509.

Parris, K. (2011), « Impact of Agriculture on Water Pollution in OECD Countries: Recent Trends and Future Prospects », *International Journal of Water Resources Development*, vol. 27, n° 1, pp. 33-52.

Pechera, C., E. Tassera et U. Tappeinera (2011), « Definition of the Potential Treeline in the European Alps and its Benefit for Sustainability Monitoring », *Ecological Indicators*, vol. 11, n° 2, pp. 438-447.

Prabodanie, R.A.R., J.F. Raffensperger, E.G. Read et M.W. Milke (2011), « LP Models for Pricing Diffuse Nitrate Discharge Permits », *Annals of Operations Research*, à paraître.

Rivetta, M.O., S.R. Bussb, P. Morganb, J.W.N. Smith et C.D. Bemment (2008), « Nitrate Attenuation in Groundwater: A Review of Biogeochemical Controlling Processes », *Water Research*, vol. 42, n° 16, pp. 4215-4232.

Rüdissera, J., E. Tasser et U. Tappeinera (2012), « Distance to Nature – A New Biodiversity Relevant Environmental Indicator Set at the Landscape Level », *Ecological Indicators*, vol. 15, n° 1, pp. 208-216.

Sheppard, S.C., S. Bittman, M.L. Swift, M. Beaulieu et M. Sheppard (2011), « Ecoregion and Farm Size Differences in Dairy Feed and Manure Nitrogen Management: A Survey », *Canadian Journal of Animal Science*, vol. 91, n° 3, pp. 459-473.

Sieber, S., D. Pannell, K. Muller, K. Holm-Muller, P. Kreinsd et V. Gutschee (2010), « Modelling Pesticide Risk : A Marginal Cost-benefit Analysis of an Environmental Buffer-zone Programme », *Land Use Policy*, vol. 27, n° 2, pp. 653-661.

Spiess, E. (2011), « Nitrogen, Phosphorus and Potassium Balances and Cycles of Swiss Agriculture from 1975 to 2008 », *Nutrient Cycling in Agroecosystems*, vol. 91, n° 3, pp. 351-365.

Sugito, T., K. Yoshida, M. Takebe, T. Shinano et K. Toyota (2010), « Soil Microbial Biomass Phosphorus as an Indicator of Phosphorus Availability in a Gleyic Andosol », *Soil Science and Plant Nutrition*, vol. 56, n° 3, pp. 390-398.

Swink, S.N., Q.M. Ketterings, L.E. Chase, K.J. Czymmek et M.E. van Amburgh (2011), « Nitrogen Balances for New York State: Implications for Manure and Fertilizer Management », *Journal of Soil and Water Conservation*, vol. 66, n° 1, pp. 1-17.

Van Hoi, P., A.P.J. Mol et P.J.M. Oosterveer (2009), « Market Governance for Safe Food in Developing Countries: The Case of Low-pesticide Vegetables in Vietnam », *Journal of Environmental Management*, vol. 91, n° 2, pp. 380-388.

VanderZaag, A.C., S. Jayasundara et C. Wagner-Riddle (2011), « Strategies to Mitigate Nitrous Oxide Emissions from Land Applied Manure », *Animal Feed Science and Technology*, vol. 166-167, pp. 464-479.

Vidal, T., N. Abrantes, A.M.M. Gonçalves et F. Gonçalves (2011), « Acute and Chronic Toxicity of Betanal® Expert and its Active Ingredients on Nontarget Aquatic Organisms from Different Trophic Levels », *Environmental Toxicology*.

Weaver, D.M. et M.T.F. Wong (2011), « Scope to Improve Phosphorus (P) Management and Balance Efficiency of Crop and Pasture Soils with Contrasting P Status and Buffering Indices », *Plant and Soil*, vol. 349, n° 1-2, pp. 37-54.

de Wit, M., M. Londo et A. Faaij (2011), « Productivity Developments in European Agriculture: Relations to and Opportunities for Biomass Production », *Renewable and Sustainable Energy Reviews*, vol. 15, n° 5, pp. 2397-2412.

Bibliographie

Bouwman, A.F., A.H.W. Beusen et G. Billen (2009), « Human Alteration of the Global Nitrogen and Phosphorus Soil Balances for the Period 1970-2050 », *Global Biogeochemical Cycles*, vol. 23.

Convention sur la diversité biologique (2010), *Perspectives mondiales de la diversité biologique* 3 (GBO-3), CDB, Montréal, Canada.

Eurostat (2013), *Nutrient Budgets – Methodology and Handbook*, Version 1.02, Eurostat et OCDE, Luxembourg. *www.oecd.org/fr/tad/agriculture-durable/indicateurs-agro-environnementaux.htm*.

Hoang, V.N. et M. Alauddin (2010), « Assessing the Eco-environmental Performance of Agricultural Production in OECD Countries: The Use of Nitrogen Flows and Balance », *Nutrient Cycling in Agroecosystems*, vol. 87, n° 3, pp. 353-368.

OCDE (2012), *Examens environnementaux de l'OCDE, Allemagne 2012*, Éditions OCDE, *http://dx.doi.org/10.1787/9789264169388-fr*.

OCDE (2011a), *Vers une croissance verte*, Éditions OCDE, *http://dx.doi.org/10.1787/9789264111332-fr*.

OCDE (2011b) *Alimentation et agriculture, Études de l'OCDE sur la croissance verte*, Éditions OCDE, *http://dx.doi.org/10.1787/9789264107892-fr*.

OECD (2012c), *Vers une croissance verte : Suivre les progrès : Les indicateurs de l'OCDE*, Études de l'OCDE sur la croissance verte, Éditions OCDE, *http://dx.doi.org/10.1787/9789264111370-fr*.

OCDE (2011d), *Études économiques de l'OCDE : France 2011*, Éditions OCDE, *http://dx.doi.org/10.1787/eco_surveys-fra-2011-fr*.

OCDE (2011e), *Études économiques de l'OCDE : Nouvelle-Zélande 2011*, Éditions OCDE, *http://dx.doi.org/10.1787/eco_surveys-nzl-2011-fr*.

OCDE (2010), *Études économiques de l'OCDE : Espagne 2010*, Éditions OCDE, *http://dx.doi.org/10.1787/eco_surveys-esp-2010-fr*.

OCDE (2008), *La performance environnementale de l'agriculture : Panorama*, Éditions OCDE, *http://dx.doi.org/10.1787/9789264046771-fr*.

Potter, P., N. Ramankutty, E. Bennett et S. Donner (2010), « Characterizing the Spatial Patterns of Global Fertilizer Application and Manure Production », *Earth Interactions*, vol. 14, n° 2, pp. 1-22.